天津外国语大学"求索"文库

WISDOM OF SCIENTIFIC
PHILOSOPHERS

西方哲人智慧丛书

佟 立◎主编

科学-哲学家的智慧

冯 红 郭 敏 等◎编著

天津出版传媒集团

天津人民出版社

图书在版编目（CIP）数据

科学哲学家的智慧／冯红等编著. -- 天津：天津
人民出版社,2020.4
（西方哲人智慧丛书：天津外国语大学"求索"文
库／佟立主编）
ISBN 978 - 7 - 201 - 15675 - 0

Ⅰ.①科… Ⅱ.①冯… Ⅲ.①科学哲学 Ⅳ.①N02

中国版本图书馆 CIP 数据核字（2019）第 272068 号

科学哲学家的智慧
KEXUE ZHEXUEJIA DE ZHIHUI

出　　　版	天津人民出版社	
出　版　人	刘　庆	
地　　　址	天津市和平区西康路 35 号康岳大厦	
邮政编码	300051	
邮购电话	（022）23332469	
网　　　址	http://www.tjrmcbs.com	
电子信箱	reader@ tjrmcbs.com	

策划编辑　王　康
责任编辑　林　雨
装帧设计　明轩·王烨

印　　　刷　高教社（天津）印务有限公司
经　　　销　新华书店
开　　　本　710 毫米×1000 毫米 1/16
印　　　张　27.5
插　　　页　2
字　　　数　280 千字
版次印次　2020 年 4 月第 1 版　2020 年 4 月第 1 次印刷
定　　　价　108.00 元

天津外国语大学"求索"文库

天津外国语大学"求索"文库编委会

主　任：陈法春

副主任：余　江

编　委：刘宏伟　杨丽娜

总序 展现波澜壮阔的哲学画卷

2017 年 5 月 12 日，在 56 岁生日当天，我收到天津外国语大学佟立教授的来信，邀请我为他主编的一套丛书作序。当我看到该丛书各卷的书名时，脑海里立即涌现出的就是一幅幅波澜壮阔的哲学画卷。

一、古希腊哲学：西方哲学的起点

如果从泰勒斯算起，西方哲学的发展历程已经走过了两千五百多年。按照德国当代哲学家雅斯贝斯在他的重要著作《历史的起源与目标》中所提出的"轴心时代文明"的说法，公元前 800—前 200 年所出现的各种文明奠定了后来人类文明发展的基石。作为晚于中国古代儒家思想和道家思想出现的古希腊思想文明，成为西方早期思想的萌芽和后来西方哲学的一切开端。英国哲学家怀特海曾断言："两千五百年的西方哲学只不过是柏拉图哲学的一系列脚注而已。"[①] 在西方人看来，从来没有一个民族能比希腊人更公正地评价自己的天性和组织制度、道德及习俗，从

[①] 转引自 [美] 威廉·巴雷特：《非理性的人》，段德智译，上海译文出版社，2012 年，第 103 页。

来没有一个民族能以比他们更清澈的眼光去看待周围的世界，去凝视宇宙的深处。一种强烈的真实感与一种同等强烈的抽象力相结合，使他们很早就认识到宗教观念实为艺术想象的产物，并建立起凭借独立的人类思想而创造出来的观念世界以代替神话的世界，以"自然"解释世界。这就是古希腊人的精神气质。罗素在《西方哲学史》中如此评价古希腊哲学的出现："在全部的历史里，最使人感到惊异或难以解说的莫过于希腊文明的突然兴起了。构成文明的大部分东西已经在埃及和美索不达米亚存在了好几千年，又从那里传播到了四邻的国家。但是其中却始终缺少着某些因素，直到希腊人才把它们提供出来。"① 亚里士多德早在《形而上学》中就明确指出："不论现在还是最初，人都是由于好奇而开始哲学思考，开始是对身边所不懂的东西感到奇怪，继而逐步前进，而对更重大的事情发生疑问，例如关于月相的变化，关于太阳和星辰的变化，以及万物的生成。"② 这正是古希腊哲学开始于惊奇的特点。

就思维方式而言，西方哲学以理论思维或思辨思维为其基本特征，而希腊哲学正是思辨思维的发源地。所谓"思辨思维"或者"理论思维"也就是"抽象思维"（abstraction），亦即将某种"属性"从事物中"拖"（traction）出来，当作思想的对象来思考。当代德国哲学家文德尔班指出："古代的科学兴趣，尤其在希腊人那里，被称为'哲学'。它的价值不仅仅在于它是历史研究和文明发展研究中的一个特殊主题。实际上，由于古代思想的内容

---

① ［英］罗素：《西方哲学史》，李约瑟译，商务印书馆，1982年，第24页。
② ［古希腊］亚里士多德：《形而上学》，吴寿彭译，商务印书馆，1997年，第31页。

在整个西方精神生活的发展过程中有其独特的地位，因此它还蕴含着一种永恒的意义。"的确，希腊人把简单的认知提升到了系统知识或"科学"的层次，不满足于实践经验的积累，也不满足于因宗教需要而产生的玄想，他们开始为了科学本身的缘故而寻求科学。像技术一样，科学作为一种独立事业从其他文化活动中分离出来，所以关于古代哲学的历史探究，首先是一种关于普遍意义上的西方科学之起源的洞察。文德尔班认为，希腊哲学史同时也是各个分支科学的诞生史。这种分离的过程首先开始于思想与行动的区分、思想与神话的区分，然后在科学自身的范围内继续分化。随着事实经验的积累和有机整理，被希腊人命名为"哲学"的早期简单的和统一的科学，分化为各门具体科学，也就是各个哲学分支，继而程度不同地按照各自的线索得到发展。古代哲学中蕴含的各种思想开端对后世整个科学的发展有着非常重要的影响。尽管希腊哲学留下来的材料相对较少，但是它以非常简明扼要的方式，在对事实进行理智性阐述的方面搭建了各种概念框架；并且它以一种严格的逻辑，在探索世界方面拓展出了所有的基本视域，其中包括了古代思想的特质，以及属于古代历史的富有教育意义的东西。

事实上，古代科学的各种成果已经完全渗透到了我们今天的语言和世界观之中。古代哲学家们带有原始的朴素性，他们将单方面的思想旨趣贯彻到底，得出单边的逻辑结论，从而凸显了实践和心理层面的必然性——这种必然性不仅主导着哲学问题的演进，而且主导着历史上不断重复的、对这些问题的解答。按照文德尔班的解释，我们可以这样描绘古代哲学在各个发展阶段上的典型意义：起初，哲学以大无畏的勇气去探究外部世界。然而当它在这里遭遇阻碍的时候，它转向了内部世界，由这个视域出发，它以新的力量尝试去思考"世界－大全"。即使在服务社会和满足宗教需要的方面，古代思想赖以获取概念性知识的这种方式也具有一种超越历史的特殊意义。然而古代文明的显著特征就在于，它具有"容易识别"的精神生活，甚至是特别单纯和朴素的精神生活，而现代文明在相互关联中则显得复杂得多。

二、中世纪哲学：并非黑暗的时代

古希腊哲学的幅幅画卷向我们展示了古代哲学家们的聪明才智，更向我们显示了西方智慧的最初源头。而从古希腊哲学出发，我们看到的是中世纪教父哲学和经院哲学在基督教的召唤下所形成的变形的思维特征。无论是奥古斯丁、阿伯拉尔，还是托马斯·阿奎那、奥卡姆，他们的思想始终处于理智的扭曲之中。这种扭曲并非说明他们的思想是非理智的，相反，他们是以理智的方式表达了反理智的思想内容，所以中世纪哲学往往被称作"漫长的黑暗时代"。一个被历史学家普遍接受的说法是，"中世纪黑暗时代"这个词是由14世纪意大利文艺复兴人文主义学者彼特拉克所发明的。他周游欧洲，致力于发掘和出版经典的拉丁文和希腊文著作，志在重新恢复罗马古典的拉丁语言、艺术和文化，对自罗马沦陷以来的变化与发生的事件，他认为不值得研究。人文主义者看历史并不按奥古斯丁的宗教术语，而是按社会学术语，即通过古典文化、文学和艺术来看待历史，所以人文主义者把这900年古典文化发展的停滞时期称为"黑暗的时期"。自人文主义者起，历史学家们对"黑暗的时期"和"中世纪"也多持负面观点。在16世纪与17世纪基督教新教徒的宗教改革中，新教徒也把天主教的腐败写进这段历史中。针对新教徒的指责，天主教的改革者们也描绘出了一幅与"黑暗的时期"相反的图画：一个社会与宗教和谐的时期，一点儿也不黑暗。而对"黑暗的时期"，许多现代的负面观点则来自于17世纪和18世纪启蒙运动中的伏尔泰和康德的作品。

然而在历史上，中世纪文明事实上来自于两个不同的但又相互关联的思想传统，即希腊文明和希伯来文明传统，它们代表着在理性与信仰之间的冲突和融合。基督教哲学，指的就是一种由信仰坚定的基督徒建构的、自觉地以基督教的信仰为指导的，但又以人的自然理性论证其原理的哲学形态。虽然基督教哲学对后世哲学的发展带来了巨大的负面影响，但其哲学思想本身却仍然具有重要的思想价值。例如，哲学的超验性在基督教哲学中就表现得非常明显。虽然希腊哲学思想中也不乏超验的思想（柏拉图），但是从主导方面看是现实主义的，而基督教哲学却以弃绝尘世的方式向人们展示了一个无限的超感性的世界，从而在某种程度上开拓并丰富了人类的精神世界。此外，基督教哲学强调精神的内在性特征，这也使得中世纪哲学具有不同于古希腊哲学的特征。基督教使无限的精神（实体）具体化于个人的心灵之中，与希腊哲学对自然的认识不同，它诉诸个人的内心信仰，主张灵魂的得救要求每个人的灵魂在场。不仅如此，基督教的超自然观念也是中世纪哲学的重要内容。在希腊人那里，自然是活生生的神圣的存在，而在基督教思想中自然不但没有神性，而且是上帝为人类所创造的可供其任意利用的"死"东西。基督教贬斥自然的观念固然不利于科学的发展，然而却从另一方面为近代机械论的自然观开辟了道路。当然，中世纪哲学中还有一个重要的观念值得关注，这就是"自由"的概念。因为在古希腊哲学中，"自由"是一个毋庸置疑的概念，一切自主的道德行为和对自然的追求一定是以自由为前提的。但在中世纪，自由则是一个需要讨论的话题，因为只有当人们缺乏自由意志但又以为自己拥有最大自由的时候，自由才会成为一个备受关注的话题。

三、文艺复兴与启蒙运动：人的发现

文艺复兴和思想启蒙运动是西方近代哲学的起点。虽然学界对谁是西方近代哲学的第一人还存有争议，但 17 世纪哲学一般被认为是近代哲学的开端，中世纪的方法，尤其是经院哲学在路德宗教改革的影响下衰落了。17 世纪常被称为"理性的时代"，既延续了文艺复兴的传统，也是启蒙运动的序曲。这段时期的哲学主流一般分为两派：经验论和唯理论，这两派之间的争论直到启蒙运动晚期才由康德所整合。但将这段时期中的哲学简单地归于这两派也过于简单，这些哲学家提出其理论时并不认为他们属于这两派中的某一派。而将他们看作独自的学派，尽管有着多方面的误导，但这样的分类直到今天仍被人们所认可，尤其是在谈论17 世纪和 18 世纪的哲学时。这两派的主要区别在于，唯理论者认为，从理论上来说（不是实践中），所有的知识只能通过先天观念获得；而经验论者认为，我们的知识起源于我们的感觉经验。这段时期也诞生了一流的政治思想，尤其是洛克的《政府论》和霍布斯的《利维坦》。同时哲学也从神学中彻底分离开来，尽管哲学家们仍然谈论例如"上帝是否存在"这样的问题，但这种思考完全是基于理性和哲学的反思之上。

文艺复兴（Renaissance）一词的本义是"再生"。16世纪意大利文艺史家瓦萨里在《绘画、雕刻、建筑的名人传》里使用了这个概念，后来沿用至今。这是一场从14世纪到16世纪起源于意大利，继而发展到西欧各国的思想文化运动，由于其搜集整理古希腊文献的杰出工作，通常被称为"文艺复兴"，其实质则是人文主义运动。它主要表现为"世界文化史三大思想运动"：古典文化的复兴、宗教改革（Reformation）、罗马法的复兴运动，主要特征是强调人的尊严、人生的价值、人的现世生活、人的个性自由和批判教会的腐败虚伪。莎士比亚在《哈姆雷特》中赞叹道："人是多么了不起的一件作品！理想是多么高贵，力量是多么无穷，仪表和举止是多么端正，多么出色。论行动，多么像天使，论了解，多么像天神！宇宙的精华，万物的灵长！"[1] 恩格斯则指出，文艺复兴"是一次人类从来没有经历过的最伟大的、进步的变革，是一个需要巨人而且产生了巨人——在思维能力、热情和性格方面，在多才多艺和学识渊博方面的巨人的时代"[2]。

文艺复兴的重要成就是宗教改革、人的发现和科学的发现。

---

① ［英］莎士比亚：《莎士比亚全集》（第九卷），人民文学出版社，1978年，第49页。
② 《马克思恩格斯全集》（第3卷），人民出版社，1960年，第445页。

在一定意义上，我们可以把宗教改革看作人文主义在宗教神学领域的延伸，而且其影响甚至比人文主义更大更深远。宗教改革直接的要求是消解教会的权威，变奢侈教会为廉洁教会，而从哲学上看，其内在的要求则是由外在的权威返回个人的内心信仰：因信称义（路德）、因信得救（加尔文）。

"人文主义"（humanism）一词起源于拉丁语的"人文学"（studia humanitatis），指与神学相区别的那些人文学科，包括文法、修辞学、历史学、诗艺、道德哲学等。到了 19 世纪，人们开始使用"人文主义"一词来概括文艺复兴时期人文学者对古代文化的发掘、整理和研究工作，以及他们以人为中心的新世界观。人文主义针对中世纪抬高神、贬低人的观点，肯定人的价值、尊严和高贵；针对中世纪神学主张的禁欲主义和来世观念，要求人生的享乐和个性的解放，肯定现世生活的意义；针对封建等级观念，主张人的自然平等。人文主义思潮极大地推动了西欧各国文化的发展和思想的解放，文艺复兴由于"首先认识和揭示了丰满的、完整的人性而取得了一项尤为伟大的成就"，这就是"人的发现"。

文艺复兴时代两个重要的发现：一是发现了人；二是发现了自然，即"宇宙的奥秘与人性的欢歌"。一旦人们用感性的眼光重新观察它们，它们便展露出新的面貌。文艺复兴主要以文学、艺术和科学的发现为主要成就：文学上涌现出了但丁、薄伽丘、莎士比亚、拉伯雷、塞万提斯等人，艺术上出现了达·芬奇、米开朗基罗、拉斐尔等人，科学上则以哥白尼、特勒肖、伽利略、开普勒、哈维等人为代表，还有航海上取得的重大成就，以哥伦布、麦哲伦为代表。伽利略有一段广为引用的名言："哲学是写在那本永远在我们眼前的伟大书本里的——我指的是宇宙——但是，我们如果不先学会书里所用的语言，掌握书里的符号，就不能了解它。这书是用数学语言写出的，符号是三角形、圆形和别的几何图像。没有它们的帮助，是连一个字也不会认识的；没有它们，人就在一个黑暗的迷宫里劳而无功地游荡着。"①

实验科学的正式形成是在 17 世纪，它使用的是数学语言（公式、模型和推导）和描述性的概念（质量、力、加速度等）。这种科学既不是归纳的，也不是演绎的，而是假说-演绎的（hypothetico-deductive）。机械论的自然是没有活力的，物质不可能是自身运动的原因。17 世纪的人们普遍认为上帝创造了物质并使之处于运动之中，有了这第一推动，就不需要任何东西保持物质的运动，运动是一种状态，它遵循的是惯性定律，运动不灭，动量守恒。笛卡尔说："我的全部物理学就是机械论。"新哲学家们抛弃了亚里士多德主义的质料与形式，柏拉图主义对万物的等级划分的目的论，把世界描述为一架机器、一架"自动机"（automaton），"自然是永远和到处同一的"。因此，自然界被夺去了精神，自然现象只能用自身来解释；目的论必须和精灵鬼怪一起为机械论的理解让路，不能让"天意成为无知的避难所"。所有这些导致了近代哲学的两个重要特征，即对确定性的追求和对能力或力量的追求。培根提出的"知识就是力量"，充分代表了近代哲学向以往世界宣战的口号。

马克思和恩格斯在《神圣家族》中指出："18 世纪的法国启

---

① ［美］M. 克莱因：《古今数学思想》（第二册），北京大学数学系数学史翻译组译，上海科学技术出版社，1979 年，第 33 页。

蒙运动，特别是法国唯物主义，不仅是反对现存政治制度的斗争，还是反对现存宗教和神学的斗争，而且还是反对一切形而上学，特别是反对笛卡尔、马勒伯朗士、斯宾诺莎和莱布尼茨的形而上学的公开而鲜明的斗争。"① 黑格尔在《哲学史讲演录》中写道："我们发现法国人有一种深刻的、无所不包的哲学要求，与英国人和苏格兰人完全两样，甚至与德国人也不一样，他们是十分生动活泼的：这是一种对于一切事物的普遍的、具体的观点，完全不依靠任何权威，也不依靠任何抽象的形而上学。他们的方法是从表象、从心情去发挥；这是一种伟大的看法，永远着眼于全体，并且力求保持和获得全体。"② 当代英国哲学家柏林在《启蒙的时代》中认为："十八世纪天才的思想家们的理智力量、诚实、明晰、勇敢和对真理的无私的热爱，直到今天还是无人可以媲美的。他们所处的时代是人类生活中最美妙、最富希望的乐章。"③ 本系列对启蒙运动哲学的描绘，让我们领略了作为启蒙思想的先驱洛克、三权分立的倡导者孟德斯鸠、人民主权的引领者卢梭、百科全书派的领路人狄德罗和人性论的沉思者休谟的魅力人格和深刻思想。

四、理性主义的时代：从笛卡尔到黑格尔

笛卡尔是西方近代哲学的奠基人之一，黑格尔称他为"现代

---

① 《马克思恩格斯全集》(第2卷)，人民出版社，1957年，第159页。

② ［德］黑格尔：《哲学史讲演录》(第四卷)，贺麟、王太庆译，商务印书馆，1983年，第220页。

③ ［英］以赛亚·柏林：《启蒙的时代》，孙尚扬译，光明日报出版社，1989年，第25页。

哲学之父"。他自成体系，熔唯物主义与唯心主义于一炉，在哲学史上产生了深远的影响。笛卡尔在哲学上是二元论者，并把上帝看作造物主。但他在自然科学范围内却是一个机械论者，这在当时是有进步意义的。笛卡尔堪称17世纪及其后的欧洲科学界最有影响的巨匠之一，被誉为"近代科学的始祖"。笛卡尔的方法论对于后来物理学的发展有重要的影响。他在古代演绎方法的基础上创立了一种以数学为基础的演绎法：以唯理论为根据，从自明的直观公理出发，运用数学的逻辑演绎推出结论。这种方法和培根所提倡的实验归纳法结合起来，经过惠更斯和牛顿等人的综合运用，成为物理学特别是理论物理学的重要方法。笛卡尔的普遍方法的一个最成功的例子是，运用代数的方法来解决几何问题，确立了坐标几何学，即解析几何学的基础。

　　荷兰的眼镜片打磨工斯宾诺莎，在罗素眼里是哲学家当中人格最高尚、性情最温厚可亲的人。罗素说："按才智讲，有些人超越了他，但是在道德方面，他是至高无上的。"① 在哲学上，斯宾诺莎是一名一元论者或泛神论者。他认为宇宙间只有一种实体，即作为整体的宇宙本身，而"上帝"和宇宙就是一回事。他的这个结论是基于一组定义和公理，通过逻辑推理得来的。"斯宾诺莎的上帝"不仅仅包括了物质世界，还包括了精神世界。在伦理学上，斯宾诺莎认为，一个人只要受制于外在的影响，他就是处于奴役状态，而只要和上帝达成一致，人们就不再受制于这种影响，而能获得相对的自由，也因此摆脱恐惧。斯宾诺莎还主张"无知是一切罪恶的根源"。对于死亡，斯宾诺莎的名言是："自

_____

① ［英］罗素：《西方哲学史》(下卷)，马元德译，商务印书馆，1976年，第92页。

由人最少想到死，他的智慧不是关于死的默念，而是对于生的沉思。"① 斯宾诺莎是彻底的决定论者，他认为所有已发生事情的背后绝对贯穿着必然的作用。所有这些都使得斯宾诺莎在身后成为亵渎神和不信神的化身。有人称其为"笛卡尔主义者"，而有神论者诋毁之为邪恶的无神论者，但泛神论者则誉之为"陶醉于神的人""最具基督品格"的人，不一而足。但所有这些身份都无法取代斯宾诺莎作为一位特征明显的理性主义者在近代哲学中的重要地位。

笛卡尔最为关心的是如何以理性而不是信仰为出发点，以自我意识而不是外在事物为基础，为人类知识的大厦奠定了一个坚实的地基；斯宾诺莎最为关心的是，如何确立人类知识和人的德性与幸福的共同的形而上学基础；而莱布尼茨的哲学兴趣是，为个体的实体性和世界的和谐寻找其形而上学的基础。笛卡尔的三大实体是心灵、物体和上帝，人被二元化了；斯宾诺莎的实体是唯一的神或自然，心灵和身体只是神的两种样式；而莱布尼茨则要让作为个体的每个人成为独立自主的实体，"不可分的点"。按照莱布尼茨的观点，宇宙万物的实体不是一个，也不是两个或者三个，而是无限多个。因为实体作为世界万物的本质，一方面必须是不可分的单纯性的，必须具有统一性；另一方面必须在其自身之内就具有能动性的原则。这样的实体就是"单子"。所谓"单子"就是客观存在的、无限多的、非物质性的、能动的精神实体，它是一切事物的"灵魂"和"隐德来希"（内在目的）。每

---

① ［荷］斯宾诺莎：《伦理学》，贺麟译，商务印书馆，1997 年，第 222 页。

个单子从一种知觉到另一种知觉的发展，也具有连续性。"连续性原则"只能说明在静态条件下宇宙的连续性，而无法解释单子的动态的变化和发展。在动态的情况下，宇宙这个单子的无限等级序列是如何协调一致的呢？莱布尼茨的回答是，因为宇宙万物有一种"预定的和谐"。整个宇宙就好像是一支庞大无比的交响乐队，每件乐器各自按照预先谱写的乐谱演奏不同的旋律，而整个乐队所奏出来的是一首完整和谐的乐曲。莱布尼茨不仅用"预定的和谐"来说明由无限多的单子所组成的整个宇宙的和谐一致，而且以此来解决笛卡尔遗留下来的身心关系问题。一个自由的人应该能够认识到他为什么要做他所做的事。自由的行为就是"受自身理性决定"的行为。"被决定"是必然，但是"被自身决定"就是自由。这样，莱布尼茨就把必然和自由统一起来了。莱布尼茨哲学在西方哲学史上具有极其重要的历史地位。在他之后，沃尔夫（Christian Wolff）曾经把他的哲学系统发展为独断论的形而上学体系，长期统治着德国哲学界，史称"莱布尼茨—沃尔夫哲学"。黑格尔在他的《哲学史讲演录》中这样评价沃尔夫哲学："他把哲学划分成一些呆板形式的学科，以学究的方式应用几何学方法把哲学抽绎成一些理智规定，同时同英国哲学家一样，把理智形而上学的独断主义捧成了普遍的基调。这种独断主义，是用一些互相排斥的理智规定和关系，如一和多，或简单和复合，有限和无限，因果关系等等，来规定绝对和理性的东西的。"①

康德哲学面临的冲突来自牛顿的科学和莱布尼茨的形而上学、

---

① ［德］黑格尔：《哲学史讲演录》（第四卷），贺麟、王太庆译，商务印书馆，1978年，第188页。

理性主义的独断论和怀疑主义的经验论、科学的世界观和道德宗教的世界观之间的对立。因此,康德的努力方向就是要抑制传统形而上学自命不凡的抱负,批判近代哲学的若干立场,特别是沃尔夫等人的独断论,也要把自己的批判立场与其他反独断论的立场区分开来,如怀疑论、经验论、冷淡派(indifferentism)等。在反独断论和经验论的同时,他还要捍卫普遍必然知识的可能性,也就是他提出的"要限制知识,为信仰留下地盘"的口号,这就是为知识与道德的领域划界。他在《纯粹理性批判》中明确指出:"我所理解的纯粹理性批判,不是对某些书或体系的批判,而是对一般理性能力的批判,是就一切可以独立于任何经验而追求的知识来说的,因而是对一般形而上学的可能性和不可能性进行裁决,对它的根源、范围和界限加以规定,但这一切都是出自原则。"

费希特是康德哲学的继承者。他在《知识学新说》中宣称:"我还应该向读者提醒一点,我一向说过,而且这里还要重复地说,我的体系不外就是跟随康德的体系。"① 他深为批判哲学所引起的哲学革命欢欣鼓舞,但也对康德哲学二元论的不彻底性深感不满。因此,费希特一方面对康德保持崇敬的心情,另一方面也对康德哲学进行了批评。对费希特来说,康德的批判哲学是不完善的,理论理性和实践理性分属两个领域,各个知性范畴也是并行排列,没有构成一个统一的有机体系。康德不仅在自我之外设定了一个不可知的物自体,而且在自我的背后亦设定了一个不可知的"我自身",这表明康德的批判也是不彻底的。按照费希特的观点,哲学的任务是说明一切经验的根据,因而哲学就是认识

---

① 梁志学主编:《费希特著作选集》(卷二),商务印书馆,1994 年,第 222 页。

论，他亦据此把自己的哲学称为"知识学"（Wissenschaftslehre，直译为"科学学"）。于是费希特便为了自我的独立性而牺牲了物的独立性，将康德的理论理性和实践理性合为一体，形成了"绝对自我"的概念。从当代哲学的角度看，费希特的哲学是试图使客观与主观合一的观念论哲学，与实在论相对立。但他提供了丰富的辩证法思想，包括发展的观点、对立统一的思想、主观能动性的思想等。总之，费希特改进了纯粹主观的唯心论思想，推进了康德哲学的辩证法，影响了黑格尔哲学的形成。

正如周瑜的感叹"既生瑜何生亮"，与黑格尔同时代的谢林也发出了同样的感叹。的确，在如日中天的黑格尔面前，原本是他的同窗和朋友的谢林，最后也不得不承认自己生不逢时。但让他感到幸运的是，他至少可以与费希特并驾齐驱。谢林最初同意费希特的观点，即哲学应该是从最高的统一原则出发，按照逻辑必然性推演出来的科学体系。不过他很快也发现了费希特思想中的问题。在谢林看来，费希特消除了康德的二元论，抛弃了物自体，以绝对自我为基础和核心建立了一个知识学的体系，但他的哲学体系缺少坚实的基础，因为在自我之外仍然有一个无法克服的自然或客观世界。谢林认为，绝对自我不足以充当哲学的最高原则，因为它始终受到非我的限制。谢林改造了斯宾诺莎的实体学说，以自然哲学来弥补费希特知识学的缺陷，建立了一个客观唯心主义的哲学体系。谢林始终希望表明，他的哲学与黑格尔的哲学之间存在着某种根本的区别。这种区别就在于，他试图用一种积极肯定的哲学说明这个世界的存在根据，而黑格尔则只是把思想的观念停留在概念演绎之中。他对黑格尔哲学的批判动摇了唯心主义的权威，费尔巴哈的唯物主义为此要向谢林表示真诚的敬意，恩格斯称谢林和费尔巴哈分别从两个方面批判了黑格尔，从而宣告了德国古典唯心主义的终结。

作为德国古典哲学的最后代表和集大成者，黑格尔哲学面临的问题就是康德哲学的问题。的确，作为德国古典哲学的开创者和奠基人，康德一方面证明了科学知识的普遍必然性，另一方面亦通过限制知识而为自由、道德和形而上学保留了一片天地，确立了理性和自由这个德国古典哲学的基本原则。由于其哲学特有的二元论使康德始终无法建立一个完善的哲学体系，这就给他的后继者们提出了一个亟待解决的难题。黑格尔哲学面临的直接问题是如何消解康德的自在之物，将哲学建立为一个完满的有机体系，而就近代哲学而言，也就是思维与存在的同一性问题。自笛卡尔以来，近代哲学在确立主体性原则，高扬主体能动性的同时，亦陷入了思维与存在的二元论困境而不能自拔。康德试图以彻底的主体性而将哲学限制在纯粹主观性的范围之内，从而避免认识论的难题，但是他却不得不承认物自体的存在。费希特和谢林都试图克服康德的物自体，但是他们并不成功。费希特的知识学实际上是绕过了物自体。由于谢林无法解决绝对的认识问题，因而也没有完成这个任务。当费希特面对知识学的基础问题时，他只好诉诸信仰；当谢林面对绝对的认识问题时，他也只好诉诸神秘性的理智直观和艺术直观。

黑格尔扬弃康德自在之物的关键在于，他把认识看作一个由知识与对象之间的差别和矛盾推动的发展过程。康德对理性认识能力的批判基本上是一种静态的结构分析，而黑格尔则意识到，认识是一个由于其内在的矛盾而运动发展的过程。如果认识是一个过程，那么我们就得承认，认识不是一成不变的，而认识的发展变化则表明知识是处于变化更新的过程之中的，不仅如此，对象也一样处于变化更新的过程之中。因此，认识不仅是改变知识的过程，同样也是改变对象的过程，在认识活动中，不仅出现了新的知识，也出现了新的对象。黑格尔的《精神现象学》所展示的就是这个过程，它通过人类精神认识绝对的过程，表现了绝对自身通过人类精神而成为现实，成为"绝对精神"的过程。换句话说，人类精神的认识活动归根结底乃是绝对精神的自我运动，因为人类精神就是绝对精神的代言人，它履行的是绝对精神交付给它的任务。从这个意义上说，《精神现象学》也就是对于"绝对即精神"的认识论证明。

对黑格尔来说，这个艰苦漫长的"探险旅行"不仅是人类精神远赴他乡，寻求关于绝对的知识的征程，同时亦是精神回归其自身，认识自己的还乡归途。马克思曾经将黑格尔《精神现象学》的伟大成就概括为"作为推动原则和创造原则的否定的辩证法"①。在《精神现象学》中，黑格尔形象地把绝对精神的自我运动比喻为"酒神的宴席"：所有人都加入了欢庆酒神节的宴席，每个人都在这场豪饮之中一醉方休，但是这场宴席却不会因为我或者你的醉倒而终结，而且也正是因为我或者你以及我们大家的醉倒而成其为酒神的宴席。我们都是这场豪饮不可缺少的环节，而这场宴席本身则是永恒的。

---

① [德] 卡尔·马克思：《1844年经济学—哲学手稿》，刘丕坤译，人民出版社，1979年，第116页。

黑格尔是有史以来最伟大的形而上学家，他一方面使自亚里士多德以来哲学家们所怀抱的让哲学成为科学的理想最终得以实现，另一方面亦使形而上学这一古典哲学曾经漫步了两千多年的哲学之路终于走到了尽头。黑格尔哲学直接导致了马克思主义哲学的诞生：马克思和恩格斯在吸收了黑格尔辩证法的基础上打破了他的客观唯心主义思想体系，建立了辩证的唯物主义和历史的唯物主义，完成了哲学上的一场革命。黑格尔哲学是当代西方哲学批判的主要对象，也是西方哲学现代转型的重要起点。胡塞尔正是在摈弃了黑格尔本质主义的基础上建立了"描述的现象学"，弗雷格、罗素和摩尔等人也是在反对黑格尔哲学的基础上开启了现代分析哲学的先河。

五、20 世纪西方哲学画卷：从现代到后现代

本丛书的一个重要特征是重视现代哲学的发展，这从整个系列的内容排列中就可以明显地看出来：本丛书共有九卷，其中前五卷的内容跨越了两千多年的历史，而展现现代哲学的部分就有四卷，时间跨度只有百余年，但却占整个系列的近一半篇幅。后面的这四卷内容充分展现了现代西方哲学的整体概貌：既有分析哲学与欧洲大陆哲学的区分，也有不同哲学传统之间的争论；既有对哲学家思想历程的全面考察，也有对不同哲学流派思想来源的追溯。从这些不同哲学家思想的全面展示，我们可以清楚地看到，20 世纪西方哲学经历了从现代到后现代的历程。

从哲学自身发展的内在需要看，传统哲学的理性主义精神受

到了当代哲学的挑战。从古希腊开始，理性和逻辑就被看作哲学的法宝；只有按照理性的方式思考问题，提出的哲学理论只有符合逻辑的要求，这样的哲学家才被看作重要的和有价值的。虽然也有哲学家并不按照这样的方式思考，如尼采等人，但他们的思想也往往被解释成一套套理论学说，或者被纳入某种现成的学说流派中加以解释。这样哲学思维就被固定为一种统一的模式，理性主义就成为哲学的唯一标志。但是自20世纪60年代开始，从法国思想家中涌现出来的哲学思想逐渐改变了传统哲学的这种唯一模式。这就是后现代主义的哲学。

　　如今我们谈论后现代主义的时候，通常把它理解为一种反传统的思维方式，于是后现代主义中反复提倡的一些思想观念就成为人们关注的焦点，也由此形成了人们对后现代主义的一种模式化理解。但事实上，后现代主义在法国的兴起直接与社会现实问题，特别是与现实政治密切相关。我们熟知的"五月风暴"被看作法国后现代主义思想最为直接的现实产物，而大学生们对社会现实的不满才是引发这场革命的直接导火索。如果说萨特的自由主义观念是学生们的思想导师，那么学生们的现实运动则引发了像德里达这样的哲学家们的反思。在法国，政治和哲学从来都是不分家的，由政治运动而引发哲学思考，这在法国人看来是再正常不过的了，而这种从现实政治运动中产生的哲学观念，又会对现实问题的解决提供有益的途径。正是在这种意义上，后现代主义的兴起应当被看作西方哲学家的研究视角从纯粹的理论问题转向社会的现实问题的一个重要标志。

　　如今我们都承认，"后现代"并不是一个物理时间的概念，因为我们很难从年代的划分上区分"现代"与"后现代"。"后现代"这个概念主要意味着一种思维方式，即一种对待传统以及处理现实问题的视角和方法。从这个意义上来说，特别是从对待传统的不同态度上来看，我们在这里把"后现代"的特征描述为"重塑启蒙"。近代以来的启蒙运动都是以张扬理性为主要特征的，充分地运用理性是启蒙运动的基本口号，这也构成了现代哲学的主要特征。但在后现代主义者的眼里，启蒙不以任何先在的标准或目标为前提，当然不会以是否符合理性为标准。相反，后现代哲学家们所谓的启蒙恰恰是以反对现代主义的理性精神为出发点的。这样，启蒙就成为反对现代性所带来的一切思想禁令的最好标志。虽然不同的哲学家对后现代哲学中的启蒙有不同的理解和解释，但他们不约而同地把对待理性的态度作为判断启蒙的重要内容。尽管任何一种新的思维产生都会由于不同的原因而遭遇各种敌意和攻击，但对"后现代"的极端反应却主要是由于对这种思想运动本身缺乏足够的认识，而且这种情况还因为人们自以为对"现代性"有所了解而变得更为严重。其实，我们不必在意什么人被看作"后现代"的哲学家或思想家。我们应当关心的是，"后现代"的思想为现代社会带来的是一种新的启蒙。这种启蒙的意义就在于，否定关于真实世界的一切可能的客观知识，否定语词或文本具有唯一的意义，否定人类自我的统一，否定理性探索与政治行为、字面意义与隐晦意义、科学与艺术之间的区别，甚至否定真理的可能性。总之，这种启蒙抛弃了近代西方文明大部分的根本思想原则。在这种意义上，我们可以把"后现代主义"看作对近现代西方启蒙运动的一种最新批判，是对18世纪以来近代社会赖以确立的某些基本原则的批判，也是对以往一切批判的延续。归根结底，这种启蒙就是要打破一切对人类生活起着支配作用、占有垄断地位的东西，无论它是宗教信念还是理性本身。

历史地看，后现代对现代性的批判只是以往所有对现代性批判的一种继续，但西方社会以及西方思想从现代到后现代的进程却不是某种历史的继续，而是对历史的反动，是对历史的抛弃，是对历史的讽刺。现代性为人类所带来的一切已经成为现实，但后现代主义会为人类带来什么却尚无定数。如今，我们可以在尽情享受现代社会为我们提供的一切生活乐趣的同时对这个社会大加痛斥，历数恶果弊端，但我们却无法对后现代主义所描述的新世界提出异议，因为这原本就是一个不可能存在的世界，是一个完全脱离现实的世界。然而换一个角度说，后现代主义又是对现代社会的一个很好的写照，是现代性的一个倒影、副产品，也是现代性发展的掘墓人。了解西方社会从现代走向后现代的过程，也就是了解人类社会（借用黑格尔的话说）从"自在"状态到"自为"状态的过程，是了解人类思想从对自然的控制与支配和人类自我意识极度膨胀，到与自然的和谐发展和人类重新确立自身在宇宙中的地位的过程。尽管这是一个漫长的历史进程，对人类以及自然甚至是一个痛苦的过程，但人类正是在这个过程中真正认识了自我，学会了如何与自然和谐相处，懂得了发展是以生存为前提这样一个简单而又十分重要的道理。

最后，我希望能够对本丛书的编排体例说明一下。整个丛书按照历史年代划分，时间跨度长达两千五百多年，包括了四十九位重要哲学家，基本上反映了西方哲学发展历史中的重要思想。我特别注意到，本丛书中的各卷结构安排独特，不仅有对卷主的生平介绍和思想阐述，更有对卷主理论观点的专门分析，称为"术语解读与语篇精粹"，所选的概念都是哲学家最有特点、最为突出，也是对后来哲学发展产生重要影响的概念。这些的确为读者快速把握哲学家思想和理论观点提供了非常便利的形式。这种编排方式很是新颖，极为有效，能够为读者提供更为快捷的阅读体验。在这里，我要特别感谢该丛书的主编佟立教授，他以其宽阔的学术视野、敏锐的思想洞察力以及有效的领导能力，组织编写了这套丛书，为国内读者献上了一份独特的思想盛宴。还要感谢他对我的万分信任和倾力相邀，让我为这套丛书作序。感谢他给了我这样一个机会，把西方哲学的历史发展重新学习和仔细梳理了一遍，以一种宏观视角重新认识西方哲学的内在逻辑和思想线索。我还要感谢参加本丛书撰写工作的所有作者，是他们的努力才使得西方哲学的历史画卷如此形象生动地展现在读者面前！

　　是为序。

2017 年 8 月 18 日

前　言

　　西方哲人智慧，是人类精神文明成果的重要组成部分，也是人类社会历史发展的产物。从古希腊到当代，它代表了西方各历史时期思想文化的精华，影响着人类社会发展进步的方向。我们对待不同的文明，需要取长补短、交流互鉴、共同进步。如习近平指出："每种文明都有其独特魅力和深厚底蕴，都是人类的精神瑰宝。不同文明要取长补短、共同进步，文明交流互鉴成为推动人类社会进步的动力、维护世界和平的纽带。"① 寻求文明中的智慧，从中汲取营养，加强中外文化交流，为人们提供精神支撑和心灵慰藉，对于增进各国人民友谊，解决人类共同面临的各种挑战，维护世界和平，都具有重要的实践意义。习近平指出："对待不同文明，我们需要比天空更宽阔的胸怀。文明如水，润物无声。我们应该推动不同文明相互尊重、和谐共处，让文明交流互鉴成为增进各国人民友谊的桥梁、推动人类社会进步的动力、维护世界和平的纽带。我们应该从不同文明中寻求智慧、汲取营养，为人们提供精神支撑和心灵慰藉，携手解决人类共同面临的各种挑战。"② 本丛书坚持以马克思主义哲学为指导，深入考察西

---

① 习近平于2017年1月18日在联合国日内瓦总部的演讲。
② 习近平于2014年3月27日在联合国教科文组织总部的演讲。

方哲学经典，汲取和借鉴国外有益的理论观点和学术成果，对于加快构建中国特色哲学社会科学，促进中外学术交流，为我国思想文化建设，提供较为丰厚的理论资源和文献翻译成果，具有重要的理论和现实意义。

如果说知识就是力量，那么智慧则是创造知识的力量。智慧的光芒，一旦被点燃，顷刻间便照亮人类幽暗的心灵，散发出启迪人生的精神芬芳，创造出提升精神境界的力量。

古往今来，人们对知识的追求，对智慧的渴望，一天也没停止过，人们不断地攀登时代精神的高峰，努力达到更高的精神境界，表现出对智慧的挚爱。热爱智慧，从中汲取营养，需要不断地交流互鉴，克服认知隔膜，克服误读、误解和误译。习近平指出："纵观人类历史，把人们隔离开来的往往不是千山万水，不是大海深壑，而是人们相互认知上的隔膜。莱布尼茨说，唯有相互交流我们各自的才能，才能共同点燃我们的智慧之灯。"①

"爱智慧"起源于距今两千五百年前的古希腊，希腊人创造了这个术语"Φιλοσοφία"。爱智慧又称"哲学"（Philosophy）。希腊文"哲学"（Philosophia），是指"爱或追求（philo）智慧（sophia）"，合在一起是"爱智慧"。人类爱智慧的活动，是为了提高人们的思维认识能力，试图富有智慧地引导人们正确地认识自然、社会和整个世界的规律。哲学家所探讨的是人类认识世界和改造世界的根本性问题，其中最基本的问题是思维与存在、精神与物质、主观与客观、人与自然等关系问题。对这些问题的研究，丰富了人类思想文化的智库，对于推动物质文明和精神文明

---

① 习近平于2014年3月28日在德国科尔伯基金会的演讲。

建设，发挥了重要作用。如习近平指出："人类社会每一次重大跃进，人类文明每一次重大发展，都离不开哲学社会科学的知识变革和思想先导。"①

西方哲学源远流长，从公元前6世纪到当代，穿越了大约两千五百多年的历史，其内容丰富，学说繁多，学派林立。习近平总书记在哲学社会科学工作座谈会上的讲话中深刻揭示了西方思想文化发展的历史规律，阐明了各个历史时期许多西方重要的哲学家、思想家和文学艺术家对社会构建的深刻思想认识。习近平指出："从西方历史看，古代希腊、古代罗马时期，产生了苏格拉底、柏拉图、亚里士多德、西塞罗等人的思想学说。文艺复兴时期，产生了但丁、薄伽丘、达·芬奇、拉斐尔、哥白尼、布鲁诺、伽利略、莎士比亚、托马斯·莫尔、康帕内拉等一批文化和思想大家。他们中很多人是文艺巨匠，但他们的作品深刻反映了他们对社会构建的思想认识。"②英国资产阶级革命、法国资产阶级革命和美国独立战争前后"产生了霍布斯、洛克、伏尔泰、孟德斯鸠、卢梭、狄德罗、爱尔维修、潘恩、杰弗逊、汉密尔顿等一大批资产阶级思想家，形成了反映新兴资产阶级政治诉求的思想和观点"③。

习近平在谈到马克思主义的诞生与西方哲学社会科学的关系时指出："马克思主义的诞生是人类思想史上的一个伟大事件，而马克思主义则批判吸收了康德、黑格尔、费尔巴哈等人的哲学思想，圣西门、傅立叶、欧文等人的空想社会主义思想，亚当·斯密、大卫·李嘉图等人的古典政治经济学思想。可以说，没有

---

①②③　习近平于2016年5月17日在哲学社会科学工作座谈会上的讲话。

18、19 世纪欧洲哲学社会科学的发展，就没有马克思主义的形成和发展。"①习近平为我们深刻阐明了马克思、恩格斯与以往西方哲学家、同时代西方哲学家的关系。历史表明，社会大变革的时代，一定是哲学社会科学大发展的时代。"当代中国正经历着我国历史上最为广泛而深刻的社会变革，也正在进行着人类历史上最为宏大而独特的实践创新。这种前无古人的伟大实践，必将给理论创造、学术繁荣提供强大动力和广阔空间。这是一个需要理论而且一定能够产生理论的时代，这是一个需要思想而且一定能够产生思想的时代。"②

20 世纪以来，西方社会矛盾不断激化，"为缓和社会矛盾、修补制度弊端，西方各种各样的学说都在开药方，包括凯恩斯主义、新自由主义、新保守主义、民主社会主义、实用主义、存在主义、结构主义、后现代主义等，这些既是西方社会发展到一定阶段的产物，也深刻影响着西方社会"③。他们考查了资本主义在文化、经济、政治、宗教等领域的矛盾与冲突，反映了资本主义社会的深刻危机。如贝尔在《资本主义文化矛盾》中所说："我谈论七十年代的事件，目的是要揭示围困着资产阶级社会的文化危机。从长远看，这些危机能使一个国家瘫痪，给人们的动机造成混乱，促成及时行乐（carpe diem）意识，并破坏民众意志。这些问题都不在于机构的适应能力，而关系到支撑一个社会的那些意义本身。"④欧文·克利斯托曾指出，资产阶级在道德和思想

---

①②③　习近平于2016年5月17日在哲学社会科学工作座谈会上的讲话。
④　［美］丹尼尔·贝尔：《资本主义文化矛盾》，赵一凡、蒲隆、任晓晋译，生活·读书·新知三联书店，1989年，第73~74页。

上都缺乏对灾难的准备。"一方面，自由主义气氛使人们惯于把生存危机视作'问题'，并寻求解决的方案。（这亦是理性主义者的看法，认为每个问题都自有答案。）另一方面，乌托邦主义者则相信，经济这一奇妙机器（如果不算技术效益也一样）足以使人获得无限的发展。然而灾难确已降临，并将不断袭来。"①

　　研究西方哲学问题，需要树立国际视野，加快构建中国特色哲学社会科学。一是要坚持马克思主义哲学的指导地位，二是要坚持传承中国传统文化的优秀成果，三是要积极吸收借鉴国外有益的理论观点和学术成果，坚持外国哲学的研究服务我国现代化和思想文化建设的方向。恩格斯指出："一个民族想要站在科学的最高峰，一刻也不能没有理论思维。但理论思维仅仅是一种天赋的能力。这种能力必须加以发展和锻炼，而为了进行这种锻炼，除了学习以往的哲学，直到现在还没有别的手段。"② 习近平继承和发展了马克思主义，他指出："任何一个民族、任何一个国家都需要学习别的民族、别的国家的优秀文明成果。中国要永远做一个学习大国，不论发展到什么水平都虚心向世界各国人民学习，以更加开放包容的姿态，加强同世界各国的互容、互鉴、互通，不断把对外开放提高到新的水平。"③

　　西方哲人智慧丛书共分九卷，分别介绍了各历史时期著名哲学家的思想。

　　《古希腊罗马哲学家的智慧》(*Wisdom of Ancient Greek & Roman*

---

　　① ［美］丹尼尔·贝尔：《资本主义文化矛盾》，赵一凡、蒲隆、任晓晋译，生活·读书·新知三联书店，1989年，第74页。

　　② 《马克思恩格斯选集》（第三卷），人民出版社，1972年，第467页。

　　③ 习近平于2014年5月22日在上海召开外国专家座谈会上的讲话。

Philosophers），我们选编的著名哲学家代表有：苏格拉底（Socrates）、柏拉图（Plato）、亚里士多德（Aristotle）、普罗提诺（Plotinus）、塞涅卡（Lucius Annaeus Seneca）等。

《中世纪哲学家的智慧》（*Wisdom of Medieval Philosophers*），我们选编的著名哲学家代表有：奥古斯丁（Saint Aurelius Augustinus）、阿伯拉尔（Pierre Abelard）、阿奎那（Thomas Aquinas）、埃克哈特（Meister Johannes Eckhar）、奥卡姆（Ockham William）等。

《文艺复兴时期哲学家的智慧》（*Wisdom of Philosophers in the Renaissance*），我们选编的著名哲学家、思想家的重要代表有：但丁（Dante Alighieri）、彼特拉克（Francesco Petrarca）、达·芬奇（Leonardo di ser Piero da Vinci）、马基雅维里（Niccolò Machiavelli）、布鲁诺（Giordano Bruno）等。

近代欧洲哲学时期，我们选编的著名哲学家代表有：洛克（John Locke）、孟德斯鸠（Charles de Secondat，Baron de Montesquieu）、卢梭（Jean－Jacques Rousseau）、狄德罗（Denis Diderot）、休谟（David Hume）、笛卡尔（Rene Descartes）、斯宾诺莎（Baruch de Spinoza）、莱布尼茨（Gottfried Wilhelm Leibniz）、康德（Immanuel Kant）、黑格尔（Georg Wilhelm Friedrich Hegel）等。为便于读者了解世界历史上著名的启蒙运动和理性主义及其影响，我们把近代经验主义哲学家、启蒙运动时期的哲学家、近代理性主义哲学家、德国古典哲学家等重要代表选编为《启蒙运动时期哲学家的智慧》（*Wisdom of Philosophers in the Enlightenment*）和《理性主义哲学家的智慧》（*Wisdom of Rationalistic Philosophers*）。

《分析哲学家的智慧》（*Wisdom of Analytic Philosophers*），我们

选编的著名哲学家的重要代表有：罗素（Bertrand Russell）、维特根斯坦（Ludwig Josef Johann Wittgenstein）、卡尔纳普（Paul Rudolf Carnap）、蒯因（Quine Willard Van Orman）、普特南（Hilary Whitehall Putnam）等。

《现代人本主义哲学家的智慧》（*Wisdom of Modern Humanistic Philosophers*），我们选编的著名哲学家的重要代表有：叔本华（Arthur Schopenhauer）、尼采（Friedrich Wilhelm Nietzsche）、柏格森（Henri Bergson）、弗洛伊德（Sigmund Freud）、萨特（Jean-Paul Sartre）、杜威（John Dewey）、列维-斯特劳斯（Claude Lévi-Strauss）等。

《科学-哲学家的智慧》（*Wisdom of Scientific Philosophers*），我们选编的著名哲学家、科学家的重要代表有：爱因斯坦（Albert Einstein）、石里克（Friedrich Albert Moritz Schlick）、海森堡（Werner Karl Heisenberg）、波普尔（Karl Popper）、库恩（Thomas Sammual Kuhn）、费耶阿本德（Paul Feyerabend）等。

《后现代哲学家的智慧》（*Wisdom of Postmodern Philosophers*），我们选编了后现代思潮的主要代表有：詹姆逊（Fredric R. Jameson 国内也译为杰姆逊）、霍伊（David Couzen Hoy）、科布（John B. Cobb Jr.）、凯尔纳（Douglas Kellner）、哈钦（Linda Hutcheon）、巴特勒（Judith Butler）等。

本丛书以西方哲人智慧为主线，运用第一手英文资料，以简明扼要、通俗易懂的语言，阐述各历史时期先贤智慧、哲人思想，传承优秀文明成果。为便于读者进一步理解各个时期哲学家的思想，我们在每章的内容中设计了"术语解读与语篇精粹"，选引了英文经典文献，并进行了文献翻译，均注明了引文来源，便于读者查阅和进一步研究。

本丛书有三个特点：

一是阐述了古希腊至当代以来的四十九位西方哲学家的身世背景、成长经历、学术成就、重要思想、理论内涵、主要贡献、后世影响及启示等。

二是选编了跨时代核心术语，做了比较详尽的解读，尽力揭示其丰富的思想内涵，反映从古希腊到当代西方哲学思潮的新变化。

三是选编了与核心术语相关的英文经典文献，并做了有关文献翻译，标注了引文来源，便于读者能够在英文和汉语的对照中加深理解，同时为哲学爱好者和英语读者进一步了解西方思想文化，提供参考文献。

需要说明的是，在后现代主义思潮中，有一批卓有建树的思想家，如福柯（Michel Foucault）、德里达（Jacques Derrida）、利奥塔（Jean - Francois Lyotard）、罗蒂（Richard Rorty）、贝尔（Daniel Bell）、杰姆逊（Fredric R. Jameson）、哈桑（Ihab Hassan）、佛克马（Douwe W. Fokkema）、斯潘诺斯（William V. Spanos）、霍尔（Stuart Hall）、霍兰德（Norman N. Holland）、詹克斯（Charles Jencks）、伯恩斯坦（Richard Jacob Bernstein）、格里芬（David Ray Griffin）、斯普瑞特奈克（Charlene Spretnak）、卡斯特奈达（C. Castaneda）等。我在拙著《西方后现代主义哲学思潮》（天津人民出版社，2003 年）和《全球化与后现代思潮研究》（天津人民出版社，2012 年）中，对上述有关人物和理论做了浅尝讨

论，欢迎读者批评指正。

西方后现代思潮与西方生态思潮在理论上互有交叉、互有影响。伴随现代工业文明而来的全球性生态危机，超越了国家间的界限，成为当代人类必须面对和亟需解决的共同难题。从哲学上反省现代西方工业文明，批判西方中心论、形而上学二元论和绝对化的思想是当代西方"后学"研究的重要范畴，这些范畴所涉及的理论和实践进一步促进了生态哲学思想的发展，从而形成了"后学"与生态哲学的互动关系和有机联系。一方面，"后学"理论对当代人类生存状况的思考、对时代问题的探索、对现代性的质疑和建构新文明形态的认识，为生态哲学的研究提供了理论基础；另一方面，生态哲学关于人与自然的关系研究，关于生态伦理、自然价值与生物多样性及生命意义的揭示，对种族歧视、性别歧视、物种歧视的批判，丰富了哲学基本问题的研究内容和言说方式，为当代哲学研究提供了新的范式。二者在全球问题的探索中，表现出殊途同归的趋势，这意味着"后学"理论和生态思潮具有时代现实性，促进了生态语言学（ecolinguistics）和生态思想（ecological thought）在全球的传播。我在《天津社会科学》（2016 年第 6 期）发表的《当代西方后学理论研究的源流与走向》一文，对此做了初步探讨，欢迎读者批评指正。

在当代西方生态哲学思潮中，涌现出一批富有生态智慧的思想家，各种流派学说在人与自然、人与人、人与社会的关系问题上（包括生态马克思主义、心灵生态主义等），既存在着相互渗透、相互影响和相互融合的倾向，也存在着分歧。他们按照各自的立场、观点和方法，研究人类共同关心的人与生态环境问题，即使在同一学派也存在着理论纷争，形成了多音争鸣的理论景观。主要代表有：

施韦泽（Albert Schweitzer）、利奥波德（Aldo Leopold）、卡逊（Rachel Carson）、克利考特（J. Baird Callicott）、纳斯（Arne Naess）、特莱沃（Bill Devall）、塞逊斯（George Sessions）、福克斯（Warwick Fox）、布克金（Murray Bookchin）、卡普拉（Fritjof Capra. Capra）、泰勒（Paul Taylor）、麦茜特（Carolyn Merchant）、高德（Greta Gaard）、基尔（Marti Kheel）、沃伦（Karen J. Warren）、罗尔斯顿（Holmes Rolston）、克鲁岑（Paul Crutzen）、科韦利（Joel Kovel）、罗伊（Michael Lowy）、奥康纳（James O'Connor）、怀特（Lynn White）、克莱顿（Philip Clayton）、梭罗（Henry David Thoreau）、艾比（Edward Abbey）、萨根（Carl Sagan）、谢帕德（Paul Shepard）、福克斯（Matthew Fox）、卡扎（Stephanie Kaza）、洛夫洛克（James Lovelock）、马西森（Peter Matthiessen）、梅茨纳（Ralph Metzner）、罗扎克（Theodore Roszak）、施耐德（Gary Snyder）、索尔（Michael Soule）、斯威姆（Brian Swimme）、威尔逊（Edward O. Wilson）、温特（Paul Winter）、怀特海（Alfred North Whitehead）、戈特利布（Roger S. Gottlieb）、托马肖（Mitchell Thomashow）、帕尔默（Martin Palmer）、蒂姆（Christian Diehm）、怀特（Damien White）、托卡（Brian Tokar）、克沃尔（Joel Kovel）、瓦尔·普鲁姆伍德（Val Plumwood）、卡罗尔·J. 亚当斯（Carol J. Adams）、克里斯坦·蒂姆（Christian Diehm）、海森伯（W. Heisenberg）、伍德沃德（Robert Burns Woodward）等。我在主编的《当代西方生态哲学思潮》（天

津人民出版社，2017 年）中，对有关生态哲学思潮做了浅尝讨论。2017 年 5 月 31 日《天津教育报》以"服务国家生态文明建设"为题，做了专题报导。今后有待于深入研究《西方生态哲学家的智慧》，同时希望与天津人民出版社继续合作，努力服务我国生态文明建设。

习近平指出："文明因交流而多彩，文明因互鉴而丰富。文明交流互鉴，是推动人类文明进步和世界和平发展的重要动力。"[①] 这为哲学社会科学工作者开展中西学术交流与互鉴指明了方向。

我负责丛书的策划和主编工作。本丛书的出版选题论证、写作方案、写作框架、篇章结构、写作风格等由我策划，经与天津人民出版社副总编王康老师协商，达成了编写思路共识，组织了欧美哲学专业中青年教师、英语专业教师及有关研究生开展文献调研和专题研究工作及编写工作，最后由我组织审订九卷书稿并撰写前言和后记，报天津人民出版社审校出版。

参加编写工作的主要作者有：

《古希腊罗马哲学家的智慧》：吕纯山（第一章至第五章）、刘昕蓉（第一章术语文献翻译、第二章术语文献翻译、第五章术语文献翻译）、李春侠（第三章术语文献翻译）、张艳丽（第四章术语文献翻译）、方笑（搜集术语资料）。

《中世纪哲学家的智慧》：聂建松（第一章）、张洪涛（第二章、第三章、第四章）、姚东旭（第五章）、任悦（第一章至第五章术语文献翻译）。

---

① 习近平于2014 年 3 月 27 日在联合国教科文组织总部的演讲。

　　《文艺复兴时期哲学家的智慧》：金鑫（第一章至第四章）、曾静（第五章）、夏志（第一章至第三章术语文献翻译）、刘瑞爽（第四章至第五章术语文献翻译）。

　　《启蒙运动时期哲学家的智慧》：骆长捷（第一章至第五章）、王雪莹（第一章、第二章、第三章术语文献翻译）、王怡（第四章、第五章术语文献翻译，选译第一章至第五章开篇各一段英文）、袁鑫（第一章至第五章术语解读）、王巧玲（收集术语资料）。

　　《理性主义哲学家的智慧》：马芳芳（第一章）、姚东旭（第二章、第三章）、季文娜（第一章术语解读及文献翻译、第二章术语解读及文献翻译）、郑淑娟（第三章术语解读及文献翻译）、武威利（第四章、第五章）、郑思明（第四章术语文献翻译、第五章术语文献翻译）、袁鑫（第四章术语解读、第五章术语解读）、王巧玲（搜集第四章、第五章术语部分资料）。

　　《分析哲学家的智慧》：吴三喜（第一章）、吕雪梅（第二章、第三章）、那顺乌力吉（第四章）、沈学甫（第五章）、夏瑾（第一章术语解读及文献翻译、第三章术语解读部分）、吕元（第二章至第五章术语解读及文献翻译）、郭敏（审校第一章至第五章部分中文书稿、审校术语文献翻译）。

　　《现代人本主义哲学家的智慧》：方笑（第一章）、孙瑞雪（第二章）、郭韵杰（第三章）、张亦冰（第四章）、刘维（第五章）、朱琳（第六章）、姜茗浩（第七章）、马涛（审校第一章至第七章部分中文书稿、审校术语文献翻译）、于洋（整理编辑审校部分书稿）。

　　《科学-哲学家的智慧》：方笑（第一章并协助整理初稿目录）、孙瑞雪（第二章）、刘维（第三章）、张亦冰（第四章）、郭韵杰、朱琳（第五章）、姜茗浩（第六章）。冯红（审校第一章至第六章术语文献翻译）、郭敏（审校第一至第二章部分中文）、赵春喜（审校第三章部分）、张洪巧（审校第四章部分中文）、赵君（审校第五章部分中文）、苏瑞（审校第六章部分中文）。

　　《后现代哲学家的智慧》：冯红（第一章）、高莉娟（第二章）、张琳（第三章）、王静仪（第四章）、邓德提（第五章）、祁晟宇（第六章）、张虹（审校第二章至第六章术语文献翻译，编写附录：后现代思潮术语解读）、苏瑞（审校第一至六章部分中文书稿）、郭敏（审校附录部分中文）。

　　由于我们编著水平有限，书中一定存在诸多不足和疏漏之处，欢迎专家学者批评指正。

佟　立

2019 年 4 月 28 日

目　录

第一章　爱因斯坦：科学巨匠的人文关怀

What is the meaning of human life, or, for that matter, of the life of any creature? To know an answer to this question means to bereligious. You ask: Does it make any sense, then, to pose this question? I answer: The man who regards his own life and that of his fellow creatures as meaningless is not merely unhappy but hardly fit for life.[①]

——Albert Einstein

人生的意义是什么？换言之，生命的意义何在？认识到对这个问题如何作答，意味着信仰。你可能会问：提出这样的问题到底有没有意义？我的回答是，认为自己的生命，或是其他的生命没有意义的人不仅仅是不快乐的，而且很难适应生活。

——阿尔伯特·爱因斯坦

---

① Albert Einstein, *Ideas and Opinions*, Crown Publishers Inc., 1960, p.11.

一、成长历程

（一）故乡与身世

现代科学家阿尔伯特·爱因斯坦（Albert Einstein）是一个值得我们铭记的人物，他通常被认为是上个世纪最伟大的科学家之一，当然他在哲学等人文领域的贡献是不容忽视的，这里会对他的贡献作一个探究。

爱因斯坦出身于犹太人家庭，和当时的许多犹太人家庭一样，他家主要从事商业。他的父亲，赫尔曼·爱因斯坦，来自德意志的符腾堡，自 1665 年起，爱因斯坦家族就在这里定居了。在爱因斯坦父亲身处的 19 世纪中叶，欧洲犹太人在政治、经济等领域所受的压迫有所缓和，1862 年，符腾堡的犹太人被授予公民权利。赫尔曼·爱因斯坦因此能够在斯图加特城接受较好的教育，而后由于经商的原因，他迁居到了乌尔姆（Ulm）城，与该地的一户富裕家庭联姻。

1876 年，赫尔曼·爱因斯坦夫妇结婚了，并于 1880 年迁居慕尼黑之前一直住在乌尔姆，爱因斯坦于 1879 年 3 月 14 日的上午在该地出生，其母亲保罗琳·爱因斯坦（Pauline Einstein）多才多艺，尤其是在音乐与艺术方面。在迁居慕尼黑之后的 1881 年 11 月 18 日，爱因斯坦的妹妹玛利亚·爱因斯坦（Maria Einstein）出生了。爱因斯坦的家境是比较富裕的，在那个时候，赫尔曼·爱因斯坦和他的弟弟雅克布·爱因斯坦在生意上都小有成就，后来甚至进入了新兴的电力行业。

爱因斯坦的父母亲非常重视对他的教育。在爱因斯坦五岁的时候，他的父亲给了他一只罗盘，这激起了他对自然现象的兴趣。尽管爱因斯坦身为犹太人，却在天主教学校学习。爱因斯坦聪敏好学，但并不喜欢老师过分严厉的教育方式和死记硬背。他喜欢提出问题，而且喜欢自学，早在 12 岁的时候，他就自学了几何学知识。

后来，由于生意上的变故，爱因斯坦的家人迁居到了意大利，而把爱因斯坦留在一位远亲家直到上完中学。爱因斯坦是家中的长子，被寄予了更高的期望。1895 年，爱因斯坦的母亲托人将阿尔伯特·爱因斯坦送到了瑞士，报考苏黎世联邦理工学院。可是爱因斯坦没能通过当年的入学考试，在阿劳（Aarau）的一所中学补习了一年的课程之后于 1896 年被录取。

（二）求索之路：从瑞士到美国

在瑞士学习期间，爱因斯坦的家庭财务状况仍然不佳，他受到了亲戚的资助，才得以完成学业。而且在这一段时间，他结识了米列娃（Mileva Maric），后来不顾家人的反对娶她为妻，他们育有一女二子，不过这段婚姻后来以失败告终。

毕业之后，爱因斯坦本打算在学校担任助教，可是并未如愿。他离开学校后，曾经担任过一段时间的代课教师，然后在瑞士伯尔尼（Bern）的专利局担任检查员的职务，他的任务就是对提交到专利局的专利申请进行审查。凭借其精湛的专业素养，爱因斯坦能够胜任本职工作，还有闲暇时间思考物理问题。他在业余时间和几个朋友一起谈论斯宾诺莎等人的哲学思想。

后来，他于 1901 年取得了瑞士国籍。凭借着这个中立国的国民身份，他得以安然度过一战，不用为德国或者其他国家履行军事义务，而且能够在各国间自由旅行；甚至在二战期间，瑞士国民的身份使得他能够更好地庇护遭受迫害的犹太人，以及他们的财产。

（爱因斯坦在 1921 年）

鉴于爱因斯坦的学术成就，布拉格德意志大学向他发出了聘书，邀请他担任教职。在 1921 年，爱因斯坦首访美国，为世界犹太复国运动组织（World Zionist Organization）筹集款项。爱因斯坦受到了广泛的欢迎，他甚至受邀在华盛顿的美国国家科学会（National Academy of Science）作演讲。

他在 1931 年又一次访问了美国的加州理工学院（California Institute of Technology）。[1] 到了 1933 年，由于受到纳粹的迫害，爱因斯坦迁居美国，最后定居新泽西。这次迁居对他来说是最有意义的，他得到了在纳粹德国无法享有的自由，使他在生活上和事业上都享有了更充分的便利。

（三）科学与人文思潮对爱因斯坦的影响

爱因斯坦很早就对哲学产生了兴趣。在他 16 岁时，于瑞士

---

[1] Michel Janssen，Christoph Lehner eds.，*The Cambridge Companion to Einstein*，Cambridge University Press，2014，p.298.

联邦技术学院期间，阅读了康德的《纯粹理性批判》《实践理性批判》和《判断力批判》。他还在 1897 年听过新康德主义代表人物斯塔德勒（August Stadler）关于康德哲学的讲座，以及在当年冬季开设的"科学思想的理论"讲座。斯塔德勒是新康德主义运动的一员，他们致力于将当时自然科学的方法论建立在康德哲学基础之上。由此，和这个学校的其他学生一样，爱因斯坦受到了良好的科学思想上的训练，这种训练在当时是不多见的，也为爱因斯坦接下来的成就打下了良好的哲学基础。爱因斯坦还阅读了马赫的《力学》和《热学原理》、叔本华的《附录与补遗》、罗森博格的《牛顿及其物理学原理》。

在毕业之后，爱因斯坦对哲学的兴趣仍在继续。当他 1902 年开始在专利局任职之后，在工作之余，爱因斯坦每周和一些青年才俊在哲学、古典文学等领域进行探讨，他们给这个每周一次的小聚会起了一个很有意思的名字——"奥林匹亚学会"（Olympia Academy）。① 他们读过休谟的《人类理解论》、密尔的《逻辑体系》、庞加莱的《科学与假设》，还有斯宾诺莎、马赫等人的著作，以及安培的《科学的哲学经验》，物理学家亥姆霍兹的文章，数学家黎曼的著名演讲《论作为几何学基础的假设》，戴德金、克利福德的数学论文，彭加勒的《科学和假设》，等等。他们也不"重理轻文"，还一起读过古希腊悲剧作家索福克勒斯的《安提戈涅》、拉辛的作品、狄更斯的《圣诞故事》、塞万提斯的《唐·吉诃德》，以及世界文学中许多代表性作品。阅读这些作品，为他在 1905 年这个"奇迹年"取得的巨大成就打下了坚

① Don A. Howard，Albert Einstein as a Philosopher of Science，*Physics Today*，2005：36.

实的哲学思辨基础。

作为 20 世纪最负盛名的物理学家之一的爱因斯坦，对科学哲学也做出了许多重要的贡献，且深受当时哲学家的影响。早期的爱因斯坦，在很大程度上受到了当时的逻辑经验主义（Logical Empiricism）的影响。在 1909 年，爱因斯坦在苏黎世大学任职时，遇到了弗雷德里希·阿德勒（Friedrich Adler），阿德勒是马赫实证主义的拥护者，即便是普朗克在 1908 年对马赫做出批判之后。1908 年皮埃尔·杜根（Pierre Duhem）的《物理理论的目标与结构》（*Aim and Structure of Physical Theory*）一书出版，使得爱因斯坦从杜根及其支持者庞加莱那里吸收了传统主义的哲学思想。1909 年，爱因斯坦和马赫见了面。1914 年，爱因斯坦来到了柏林，见到了卡西尔等哲学家。卡西尔在 1921 年著有《爱因斯坦的相对论》，试图将相对论纳入康德的哲学框架。但是对爱因斯坦影响最大的哲学家还是石里克（Moritz Schlick）与赖欣巴哈（Hans Reichenbach）等维也纳学派成员，当然，爱因斯坦与这些著名的哲学家既有合作，又有争鸣，由此在哲学领域也取得了新的成就。

爱因斯坦的思想是对新康德主义（Neo-Kantainism）、传统主义（Conventionalism）和逻辑经验主义等学说的综合。值得注意的是，爱因斯坦的哲学观受到了他物理学研究实践的深刻影响。

（四）"奇迹年"：爱因斯坦改变了什么

1905 年是爱因斯坦的"奇迹年"，那年他 26 岁。那时，担任过专利局检查员，又担任教职不久的爱因斯坦并不出名，而在这一年之后，一切都改变了。

在 1905 年，爱因斯坦发表了五篇具有决定性影响的论文：

第一篇发表于 1905 年 3 月 17 日，题为"关于光的产生和转变的一个启发性观点"。关于光的性质，不同的物理学家作了不同的假设，有的认为光是波动，还有的认为光是粒子，而爱因斯坦提出了光量子概念。这篇文章使他获得了 1921 年的诺贝尔奖。爱因斯坦也认为，这篇文章是最有"革命性"的一篇。

一个月之后，他发表了《分子尺度的新测定》一文，这使得他获得了苏黎世大学的学位。在这篇文章中，他运用了流体动力学的方法来对分子进行测量，而且运用布朗运动确定了原子的形状与大小，还解决了困扰当时科学界的问题——原子和分子是不是真正的物理实体。

爱因斯坦在 5 月 11 日，又发表了《根据分子运动论研究静止液体中悬浮颗粒的运动》一文，描述了液体中的粒子为何运动，以及运动的方式是什么。

他发表的第四篇文章《论动体的电动力学》是相当重要的，它与狭义相对论的提出有着直接关系。在这篇文章中，他提到了和第一篇文章一样的问题：光的性质。从不同的参照系看来，光的速度是不同的。举个例子：在疾驰的列车上，打开手电筒，其射出光线的速度要大于列车减慢或停止时的光速。这使得物理学在定律的应用上遇到了难题。当然在不考虑参照系的情况下，光的速度是相同的，变化只发生在时间和空间上。

$E=mc^2$，是用来描述质量与能量关系的公式。这个公式相当著名，出自《物质惯性与能量的关系》。这篇文章可以视作对上一篇的补充：在不同的参照系上，物理定律一样是成立的。对不同速度之下呈现出不同的现象，如光速的差异等，他这样解释：物体的能量是与物体质量的变更有关。而且值得一提的是，在篇幅上，这篇文章是五篇文章之中最短的。

在专利局任职时期的宽松气氛和充裕时间，使得爱因斯坦有了这样一个非凡的"奇迹年"。在这五篇文章中，他在相关领域对自己的思想作了初步阐述，后续的研究仍在继续。这五篇文章的一个共同之处在于，它们都是对之前物理知识的一种挑战，而这种挑战得到了当时诸多科学家的认同：推动对光电效应证明的诺贝尔物理学奖得主菲利浦·莱纳德（Philipp Lenard）赞赏了爱因斯坦的成就[①]；普朗克在了解到爱因斯坦的相对论之后，立即向自己的学生介绍了这一学说。于是，爱因斯坦开始在科学界广为人知，更多的科学家开始认识到以相对论为代表的学说价值。

（五）借鉴与争鸣——爱因斯坦与科学哲学

众所周知，爱因斯坦对理论物理学做出了开创性的贡献，特别是他的相对论。理论物理学与实验科学既有区别，又有联系。理论物理学，强调的是从基本定律推导出的结论的逻辑演绎过程，在爱因斯坦之前，物理学家倾向于从可观测的经验事实中归纳基本定律，然而爱因斯坦在广义相对论的建立过程中，认识到这种研究路径的不完备性。由此，爱因斯坦不仅仅是一位久负盛名的物理学家，同时也在科学哲学与科学研究方法论领域做出了

---

① Michel Janssen, Christoph Lehner eds., *The Cambridge Companion to Einstein*, Cambridge University Press, 2014, p.144.

突出的贡献。在 20 世纪初期理论物理学中，许多物理学家本人，同样也是著名的哲学家或研究方法论者，比如奥地利维也纳学派的石里克与马赫，还有波兹曼（Boltzmann）等人。科学哲学在物理学探索中的作用，主要体现在理论认知与理论选择当中。物理学家从理论当中发现值得做出进一步认知与阐释的内容，靠的正是科学哲学与方法论的引领。在物理研究的过程当中，对客观现象做出的分析，有助于科学家增进对自然的了解与体悟，使得理论的解释性与前瞻性得到进一步发展。

作为广义相对论与狭义相对论的开创者，爱因斯坦的学术成就挑战了当时占据主导地位的科学理论与哲学观点。而且，对旧有理论的动摇，也导致新理论需要一种新的实证思维方法来维系自身。尽管在创立相对论的过程中，马赫的实证主义在一定程度上起到了催化剂的作用，但是马赫主义对广义相对论的作用是有限的，因此后来爱因斯坦的哲学观逐渐偏离了马赫主义。在 20 世纪理论物理的研究中，诸多学者倾向于运用实证主义等能够指导对原子领域直接观察的理论，但是爱因斯坦认为，对原子进行直接观察与测量是远远不够的。不过即便如此，马赫对爱因斯坦的影响也是相当显著的，爱因斯坦本人也承认这一点。爱因斯坦认为有五位科学家是他的思想先驱，包括牛顿、洛伦兹、普朗克、麦克斯韦与马赫。爱因斯坦哲学观的转变，是从实证主义转向实在论（realism）的，这种转变主要体现在广义相对论方面。

爱因斯坦对哲学具有广泛的兴趣与深厚的积淀。而且哲学在爱因斯坦的成长与成就的历程中起到的作用是相当持久的。尽管爱因斯坦早在 16 岁时就已经熟读康德的《纯粹理性批判》《判断力批判》与《实践理性批判》，但是他反对当时盛行一时的新康德主义思潮，因为当时新康德主义的一些代表人物试图用康德主义的框架来囊括当时的所有科学知识。当然，爱因斯坦早年的哲学积淀，会随着他的物理学研究逐渐走向深入而发生相当的改变。

爱因斯坦的哲学思想，不仅仅是受了开普勒和普朗克的影响，还可以追溯到唯理论的认识传统。唯理论的认识路径与经验论相对立，最初由笛卡尔（Descarte）开创，反对片面强调感觉经验、重视理性的作用，对后来的科学研究产生了相当深远的影响。唯理论的杰出代表人物斯宾诺莎同样在多个方面影响了爱因斯坦。这种影响主要体现在世界观上，因为斯宾诺莎的哲学体系着力于构建一个因果联系的世界。而且斯宾诺莎的"自由"理念并非唯心主义的绝对意志自由，注重的是人的自由本性，体现了人对必然性的认识与自觉主动的状态。[①] 斯宾诺莎还认为，人需要通过认识事物的必然性才能获得自由。斯宾诺莎同样有着自由主义的政治哲学主张，反对强权与社会压迫，而且同样推崇思想自由，认为人是自己思想的主人。这些主张也坚定了爱因斯坦反对战争与压迫，促进和平与正义的信念。爱因斯坦对斯宾诺莎的态度是相当崇敬的。在 1932 年，爱因斯坦被邀请为斯宾诺莎三百年诞辰撰文，而他拒绝了，他谦虚地称，自己并不能对斯宾诺莎的思想做出透彻的分析。

爱因斯坦本人的哲学观也发生过变化。广义相对论的发展使得爱因斯坦转向了"理性实在论"。同样，相对论的诸多诠释者，

---

① Don A. Howard，Albert Einstein as a Philosopher of Science，*Physics Today*，2005：36，32.

不一定准确、明白地阐释了爱因斯坦的本意。在 1914 年爱因斯坦迁居柏林时，他与卡西尔等新康德主义者相识。1921 年卡西尔出版了《爱因斯坦的相对论》（ *Einstein's Theory of Relativity* ），和其他的新康德主义者一样，这本著作试图将相对论装进新康德主义的框架当中进行哲学的诠释，但爱因斯坦的广义相对论中的相对时空观与康德主义并不相符。曾经师从爱因斯坦的维也纳学派的赖欣巴哈在 1928 年写了《空间与时间的哲学》（ *Philosophy of Space and Time* ），意在对相对论进行逻辑经验主义的解读。

爱因斯坦的理论常常被不尽正确地用来维护逻辑经验主义思潮，但是需要说明的是，尽管逻辑经验主义不可否认地对这些理论产生了影响，但是这并不等于爱因斯坦也是逻辑经验主义的代表人物。所谓逻辑经验主义，正是实证主义与分析哲学的结合，也广泛地应用在了科学的实证研究当中，特点是对形而上学意义的拒斥，将形而上的空泛论断称为"伪陈述"（Peseudo-statement）。维也纳学派的石里克与卡那普（Carnap）正是这一思潮的重要代表人物。不过确定无疑的是，以石里克为代表的逻辑经验主义者将哲学讨论引入了时间与空间的范畴中，起到了哲学与自然科学桥梁的作用，经过了几十年的变化发展之后，其影响至今仍然存在于哲学界。

起初，石里克反对新康德主义的思想，特别是卡西尔等马堡学派（Marbug School）思想家的观点。马堡学派重视认识论问题，致力于为自然与人文科学建构统一的逻辑体系。新康德主义者认为时间和空间是先验（a priori）的，这遭到了石里克与爱因斯坦的一致抨击，他们在科学探索的方法论领域持约定论而非先验论或经验论的主张，即理论应当随着科学的进步而进步。不过在 1930 年，爱因斯坦与石里克因为意见不合而分道扬镳。

值得一提的是，爱因斯坦同样重视对物理学家进行科学哲学的培训。在 20 世纪 20 年代，爱因斯坦在柏林大学任职期间，提议设立科学哲学的学科，开设了"科学思考理论"（The Theory of Scientific Thought）的课程，这在当时还是很不平常的举措，相异于同时代的大多数物理学家。本拟担当这一教职的是赖欣巴哈，但是由于种种原因并未就任，而后爱因斯坦帮助他在其他学校取得了科学哲学的教职。

二、理论内涵

（一）相对论

相对论（ General Theory of Relativity ）是爱因斯坦对科学的重要贡献。宇宙论（Cosmology）是哲学诞生以来就不断进行探索的话题。兼备科学家与哲人智慧的爱因斯坦，同样推动了这种讨论的发展。爱因斯坦的广义相对论，改变了长期以来人们对时空观的认识，突破了以往伽利略、牛顿等科学家的经典力学时空观。

古希腊哲学家亚里士多德认为，地球位居宇宙的中心，而且宇宙可以划分为七个同心圆，地球、月球、太阳和行星都按照各自的轨迹而运行，在这个宇宙体系当中，空间的位置与方向是相对而言的，绝对的观念并不成立。牛顿的"万有引力"概念，则推动了时空观方面的另一次进步，当然牛顿力学中仍然存在着绝对静止的空间与绝对不变的时间这两个概念。

随着科技的进步与天文观测手段的不断发展，人类认识宇宙的范围不断扩展，迄今已经达到一百亿光年之远的总星系范围。银河只是总星系的很小一部分，太阳系位于银河系当中，而人类熟知的地球、火星等星体，则属于太阳系。无论是哲学家还是科学家，对宇宙的认识总是经历了这三个阶段的扩展：过去人们所能认识的宇宙，往往局限在太阳系。19 世纪 50 年代以后，天文学家的注意力才向外扩张。而且随着数学与物理知识被逐步运用到天文学中，人们对天体运行的探究也有了新的手段。牛顿的万有引力，开普勒等人对天体运行的测算，使得对宇宙的探究走向了科学化、近代化。

随着天文学的这些进步，还有宇宙观察手段在近代以来的迅速发展，很多观察事实与旧有的理论不符。陈旧的时空观，不能解释宇宙中存在的一些事实现象，因此这些理论的解释力受到了质疑。比如牛顿的"万有引力"定律不能很好地解释水星轨道近日点的运动，当然不少学者同样发现了这一点。马赫的时空观突破了牛顿、伽利略的观点，对爱因斯坦创立相对论起到了积极的作用。爱因斯坦开创了物理学的新纪元，狭义相对论和继而发表的广义相对论突破了旧有的时空观，提升了我们对宇宙的认知，并为人类提供了一个更为先进的认知图景。

牛顿引力理论的核心是万有引力定律，但是并没有明确地阐述引力实际是如何运作的。牛顿认为引力是超距的、瞬时的，对地球等天体的引力是不需要时间的，而爱因斯坦认为万物的速度都不能超越光速，当然也包括引力。广义相对论是有关引力的普遍理论，它与牛顿引力理论的根本不同在于以引力场代替超距力。从等效原理出发，将引力等效为时空的弯曲。广义相对论使得欧几里得几何在天文学中不再具备绝对优势，因为相对论表明了空间事实是弯曲的非欧空间。[1] 例如，在牛顿经典力学中，有两个具有相当质量的物体之间存在着相互吸引的万有引力，存在着彼此接近的趋势，而在爱因斯坦的广义相对论中并非如此，因为物体会影响周遭的时空，使之发生变化，亦即存在于相应时空的物体会使时空发生"弯曲"。因此旧有的空间观念受到了冲击，原来不能解释的现象从此能够得到恰当的解释。爱因斯坦广义相对论发表后不久，就得到水星轨道近日点进动、光线在强引力场中的弯曲和引力红移三大实验事实的验证，从而为物理学界所公认。广义相对论为物理学界接受之后，把人类对宇宙的认识推向了更为深广的领域，为创立现代宇宙学奠定了理论基础。

当然爱因斯坦的宇宙思维也来自于他对物理学旧有理论的独特审思。他并不盲从主流，而是在许多问题上有自己的深入思考与独特见解。为了更好地使人们理解相对论，爱因斯坦还提出了观察光速运动时所看到的情景。达到光速后，物体的可反射光消失，反向相对来说，眼睛看到的是一片黑暗，看不到一切光，因为与光同速，钟表上显示的时间停留。爱因斯坦除了研究马赫与石里克等人的思想之外，还认真研究了电磁理论与电动力学。"尽管爱因斯坦没能建立一门新的电动力学，这个悖论的现象应

---

[1] Spenta R. Wadia ed., *The Legacy of Albert Einstein*：*A Collection of Essays in Celebration of the Year of Physics*，World Scientific Publishing Co. Pte. Ltd.，2007，p.180.

该是被爱因斯坦主要作为运动学问题来看待，这说明经典的加速度学说、相对论，以及假设光速是恒定的，独立于观察者的说法之间的不相容性。与洛伦兹提出的情况相反，后两个因素对于爱因斯坦来说同样重要，虽然不能马上达成一致。"[1] 爱因斯坦之前的科学界存在着一个影响深远的以太假说，以太是介质，是绝对参照系。光通过以太海洋传播，以太相对于地球运动。爱因斯坦在最初考虑这个问题时并没有怀疑以太的存在，即不怀疑地球穿过以太的运动。迈克耳孙实验表明以太不能做绝对参照系，地球上的光速都是相同的，这样的结果与牛顿力学和绝对时空观发生了严重矛盾，使得整个牛顿力学的定律成了问题。1905 年爱因斯坦在迈克耳孙实验的基础上，抛弃了以太学说和绝对静止参照系的假设提出了两条狭义相对论原理：相对性原理与光速不变原理。

这就不能不引起爱因斯坦对以太学说的怀疑。经过研究，爱因斯坦发现，除了作为绝对参照系和电磁场的荷载物外，以太在洛伦兹理论中已经没有实际意义。于是他认为将以太当作绝对参照系已经不是必要的了。1905 年 6 月 30 日，德国《物理学年鉴》接受了爱因斯坦《论动体的电动力学》的论文，并在同年 9 月发表。这篇论文是关于狭义相对论的第一篇文章，它包含了狭义相对论的基本思想和基本内容。在这篇文章中，爱因斯坦提出光速不变这样一个大胆的假设，他还指出质量随着速度的增加而增加，当速度接近光速时，质量趋于无穷大。这是爱因斯坦多年来

---

[1] Michel Janssen, Christoph Lehner eds., *The Cambridge Companion to Einstein*, Cambridge University Press, 2014, p.67.

思考以太与电动力学问题的结果，他从同时的相对性这一点作为突破口，建立了全新的时间和空间理论，这是物理学发展史上的一个巨大进展，是人们对时空观认识的一个质的飞越。

（二）宇宙宗教

宇宙宗教（Cosmic Religion）是爱因斯坦科学思想的核心术语之一。科学能够观察到的宇宙的范围是随着时代而不断扩展，对宇宙之美的体悟，从观察到的表象之美不断深入到本原的理论之美，而这种理论之美，来自理论的统一与和谐性。尽管对现有理论进行更大范围的推广，存在着诸多的不确定性，例如前文提到的牛顿经典力学与相对论在解释力方面的差异；但是新的理论突破也是在先前原理的基础上完成的，例如通过牛顿的万有引力定律才能发现爱因斯坦的广义相对论。因此理论的统一性是历史的、缜密的，是随着客观事实而不断发展与完备的。在对统一性的探索过程中，又往往会有新的发现。从微观到宏观，再到无限宇宙甚至更远，理论统一性的探索是科学发现的必由之路。

早在 17 世纪，牛顿发表了著名的万有引力定律，指出使月球围绕地球旋转的力和在地球上使苹果落到地面上的力是同一种力，这是科学走向统一的初步探索。一百多年后，麦克斯韦用数学来解释电磁之间的关系，将电与磁归纳为一种力，即电磁力。爱因斯坦将麦克斯韦的电磁统一理论称为"物理学的伟大成就"，并且他也非常敬仰麦克斯韦。爱因斯坦在建立广义相对论之后，便立即放眼于更宏大的目标，就是要将当时已知的另一种力：电磁力也归纳到它的引力新理论之中。爱因斯坦深信宇宙有一个全面的、美满的运作模式。爱因斯坦是那种要了解上帝思维、要了解事物全局的思想家。爱因斯坦满怀信心地认为，若将他的新引力论与麦克斯韦的电磁理论统一起来，就能得出一组总的方程式，就可以描述万物、描述整个宇宙。在通过广义相对论把万有引力几何化后，爱因斯坦希望把电磁力也几何化，从而完成这两种力的统一。他在后半生当中，致力于构建统一场论，尽管他并没有完成这项工作，但是为致力于构建统一理论的后来者提供了有益的启示。

在对科学之美的发现当中，"爱因斯坦相信他所谓的'宇宙宗教'，在研究宇宙时，他认为人类本质上局限于只是对自然部分理解的宗教。总是会有一个人类不能理解的存在的层面：复杂的、不可解释的、微妙的事物。对这种神秘现象的尊重和热爱，就是'宇宙宗教'"①。而且科学之美也体现在理论思辨的过程中。爱因斯坦深受叔本华的动机论与美学观的影响。叔本华提到了世界意志与表象的二分，而爱因斯坦致力于在宇宙论当中打造统一的世界体系，即宇宙的和谐与统一、秩序井然；叔本华等哲人的美学观认为，科学和艺术探索的无论是"消极的动机"还是"积极的动机"，都是理性与非理性思维的结合。科学与美，由此实现了融会贯通。

在爱因斯坦探索的过程中体现了人本主义精神，斯宾诺莎的唯理论思想虽然深深地影响了爱因斯坦，但是极端的唯理论与他本人的探索实践并不完全契合。斯宾诺莎的"上帝"在爱因斯坦

---

① Karen C. Fox & Aries Keck eds., *Einstein A to Z*, John Wiley & Sons Inc., 2004, pp.255-256.

的理论中扮演的是理性的角色。虽然科学探索是严谨的，而且普遍被认为充满了技术性，但爱因斯坦在他的研究过程中也体现出了一种"宗教"情怀，正如评论者所称，他皈依了一种所谓的"宇宙宗教"。斯宾诺莎的"上帝"体现了所有存在的事物的相互联结和普遍的联系，它们都服从普世的、固定不移的规律，整个宇宙就是由它们构成的一个和谐有序的总体或系统。爱因斯坦称，"我相信斯宾诺莎的上帝，他在世界规律的和谐中呈现自身，而不是关乎人类命运和行为的那个上帝"[①]。

与爱因斯坦对艺术的观点类似，他认为科学也是基于对自然界征服的结果，也是人类的创造成果，同样具备美学特质。很明显，科学理论不具备艺术品所具备的直接美感，但科学研究因为创造而带来的美感，与艺术家创作、品评艺术品时的审美感受本质相似。在爱因斯坦看来，正因为科学与艺术相似相通，这就必然导致了艺术对科学思维的促进，因而可以借鉴音乐、美术等艺术的创作方法来对科学研究方法进行关注。

爱因斯坦本人也是一个音乐爱好者，在工作与科研之余，演奏小提琴是他一贯的爱好。对小提琴具有极高天赋的爱因斯坦，既是一位出色的"第一小提琴手"，又是一位钢琴家。音乐帮助他掌握了作曲家的创作方法，学会了作曲家的思维方式。他通过音乐了解作曲家探索的实质，力求勾勒出反映自然界和谐与秩序的宏伟蓝图。也正是音乐赋予他敏锐的直觉能力，使他能够对直觉、猜想等非理性思维方式运用自如。

[①] Michel Janssen, Christoph Lehner eds., *The Cambridge Companion to Einstein*, Cambridge University Press, 2014, p.32.

尽管科学研究者的理论选择不尽相同，然而在爱因斯坦之后，统一性原则成为理论选择当中的一个理想选项，作为他毕生构建科学理论体系的有效工具或者评价选择科学理论的标准。科学理论之美，遵循着逻辑简单性，从统计物理学到统一场论，凸显了爱因斯坦的理论素养与创造力和他对各种科学方法的综合运用能力。对于后者而言，从相当有限的材料中进行理论演绎，可以更好地发挥演绎逻辑，而爱因斯坦的"思想实验"，则良好运用了直觉顿悟等非理性方法。直觉想象等非理性因素在这样的思想实验中也起到了相当重要的作用，它们可以补充事实链条中的不足和还没有发现的环节。

（三）战斗的和平主义者

反对战争，追求和平，是爱因斯坦一以贯之的和平主义态度。他的一生经历了两次世界大战及冷战，尤其是在二战中，纳粹对他出身的犹太族裔进行了惨无人道的迫害。因此，他对战争所带来的惨痛后果有着更为深刻的认识。他关于和平与裁军的著述多达数百万字，为后世留下了宝贵的思想财富。

早在 1914 年一战爆发的时候，爱因斯坦拒绝为德国军队服役，或是参与和军事有关的任何科研活动，这与当时的一些著名科学家有所不同。爱因斯坦还亲自参与了反战行动，为和平的到来做出了贡献。20 年代以后，爱因斯坦逐渐在学术领域享有声望。虽然一战以德国的战败告终，但他强烈反对将德国科学家从世界性的学术交流中排除出去。

1922 年，爱因斯坦参与了国联安排的为促进和平而进行的学术对话。他们探讨了战争为什么发生的问题，对话后来被结集成册，即《战争为何发生？》(*Why War?*)，这也是爱因斯坦与和平主义有关的早期著述。

在 1933 年纳粹掌权之后，包括弗洛伊德、爱因斯坦等学者的学术著作遭到禁毁，而他也难以在纳粹德国的学术界立足。尽管如此，马克斯·普朗克等人仍然对他表示认同与支持，甚至将他与牛顿和开普勒相提并论。当纳粹主义在德国肆虐，大肆迫害异己，甚至侵害到科学界时，爱因斯坦不得已迁居美国。1933 年他在普林斯顿等地工作时，最喜欢读的书是甘地的《自传》，在相当大的程度上受到非暴力思想的影响。但是到了后来，当他意识到纳粹的军国主义暴政需要全世界的正义力量来推翻，其中军事手段是必不可少的时候，这种非暴力的立场才发生了改变。①

于是爱因斯坦参与了美国海军的研究项目，为反法西斯战争做出了应有的贡献。他称："我不只是和平主义者，我是战斗的和平主义者。"② 他上书罗斯福总统，提议研究原子武器，为的是防止纳粹德国在该领域抢先，当时海森堡等人在德国也展开了类似的研究，但是由于诸多原因未能如愿。

---

① Michel Janssen，Christoph Lehner eds. *The Cambridge Companion to Einstein*，Cambridge University Press，2014，p.449.

② Karen C. Fox & Aries Keck eds. *Einstein A to Z*. John Wiley & Sons，Inc.，2004，p.201.

爱因斯坦与和平主义

　　二战期间，希特勒命人炮制了一份《百位科学家反对爱因斯坦》的檄文，对他个人与现代物理学都进行了无端无据的攻击，爱因斯坦对此的回应是：如果他错了，一个人反驳就够了。

　　纳粹广为人知的暴行是种族灭绝政策。在种族灭绝与屠杀的狂潮当中，爱因斯坦尽力帮助了不少人。希特勒在《我的奋斗》中声称，犹太人以伪善的面目出现，试图奴役工人并统治世界，因而学校不再教授"犹太人物理学"，即爱因斯坦等人的学说。

　　尽管早在 1939 年爱因斯坦曾经上书罗斯福，提议研究原子武器，但是他当初的目的仅仅是为了防止纳粹德国抢先造出这种武器来危害人类。然而到了二战以后，爱因斯坦面对着美苏冷战，核战争一触即发的态势，他发觉之前建议研究原子武器带来的是他不希望看到的后果，核军备竞赛与核武器的蔓延成为世界和平的不确定因素。1955 年 7 月 9 日，在英国哲学家伯兰特·罗素的倡议与爱因斯坦的积极参与下，旨在维护世界和平、反对军备竞赛、反对以武力实现政治目的的罗素—爱因斯坦宣言（Russell–Einstein Manifestto）得到了科学界与思想界的广泛响应，有多位诺贝尔奖得主在该宣言上签字。这使得 1955 年成为世界和平运动中标志性的一年。

尽管象征着迫害与压迫的纳粹德国最终被正义的力量击败，但是战争的隐患仍未完全消散。丘吉尔的铁幕演说与美国的杜鲁门主义，标志着新的对抗——美苏冷战的开始。美国一度在核武器领域占有垄断地位，直到 1949 年苏联进行第一次核试验成功才打破这一垄断。在冷战的对抗当中，美苏两国都致力于扩充核武库，不仅仅是原子弹，后来还有氢弹与中子弹等；在投放手段上，最初是轰炸机，后来是洲际弹道导弹；在使用策略上，先是核讹诈，后来是核捆绑……旧的世界大战刚刚过去，新的世界大战风险又出现了，而且很容易导致核战争的爆发。

一些有良知的科学家对冷战抱有质疑的态度。从纳粹德国流亡的爱因斯坦向往和平与自由，在科学研究的同时表现出了知识分子对时局的独特敏感性。而且爱因斯坦在整个世界都享有崇高的声誉，当他发表有关时局与政治观点的意见时，能够取得更为强大的号召力。尽管爱因斯坦致力于追求世界和平与公正，但是当时的政治形势给了美国的情报部门调查局为他专门设档的充足理由。

爱因斯坦在原子能科学家紧急委员会（The Emergency Committee of Atomic Scientists）与原子能科学家联合会（the Federation of Atomic Scientists）中发挥了重要作用，促使更多从事这一尖端领域研究的科学家致力于科学的和平应用，防止科学技术的滥用危害到人类的生存，并且他们的活动能够使公众更多地意识到核军备竞赛的危险。在原子弹刚刚出现并投入使用时，美国在这个领域把持着垄断地位，直到苏联在 1949 年 8 月 28 日实验了一颗原子弹，对此美国的回应是研制更具毁灭性的武器——氢弹。由此，控制核武器与核裁军的问题开始为世人所关注，就连当时曼哈顿工程的领导人物奥本海默，对核武器与军备竞赛也持有保留态度。

"罗素—爱因斯坦宣言"指出，核战争与之前的一切常规战争是极为不同的，随着核技术的进步，核武器的杀伤力也随之上升，一旦出现发展失控，人类就有可能遭受灭顶之灾。1982 年年初，有关科学家提出了"核冬天"（Nuclear Winter）的理论，使得公众对这一话题更为关心，一些有识之士对人类的前途进行了审思。

（四）人道主义

爱因斯坦的人道主义（Humanism）具有人文主义的情怀。爱因斯坦生活的年代是一个现代性不断发展的时期。工业革命的基本完成，原子能的发现与运用，各种人文思潮的此起彼伏，都为这个时代留下了缤纷异彩的印迹。回顾现代性发展的历程，只有发掘爱因斯坦在现代性历程中扮演的角色，才能更好地领悟科学巨匠的人文关怀。经历过诸多的纷争和变乱，爱因斯坦对人道主义问题有着深刻的感知，他认为，人道主义的维系仅靠国家和个人的努力是不够的，"只有通过创造爱因斯坦提出的一种权威胜过国际联盟的超国家政权，才能在长期保障人道主义的生存。

反过来，这种生存必须基于对人类本能攻击的压制"①。二战后，由于教育的发展和民主力量的高涨，人们的觉悟在不断地上升，随着科学技术的新发展，人类对自己前途的信心大为增强。与此同时，不少有识之士对人类的前途命运进行着持续不断的探寻，致力于反对迫害与压迫。尽管人类社会正在从工业时代向后工业时代过渡，但是一些时代难题也随之而来，造成了新的社会危机。比如，近百年来科学的力量推动了社会的进步，但是科学的滥用与误用产生了相当的伦理与道德问题。通过集成了伽利略、斯宾诺莎与笛卡尔等哲人的唯理论精神，爱因斯坦认识到了这一点，而且身体力行，以人道主义的情怀和精神推动着科学和人类的进步。

爱因斯坦是伟大的物理学家，也是一位有着崇高人文主义精神的理论家与社会活动家。所谓人文精神，指的是人性，即人类对真善美的永恒追求的展现。这种对真善美的追求是一种崇高的精神境界的追求。在科研历程中对统一理论的追寻、对理论之美的探求、对和平与正义的追求体现了爱因斯坦的现代人文主义情怀。爱因斯坦的理论贡献还在于他为现代的各种思潮提供了舞台，他的理论在很大程度上成为诸多现代主义与后现代主义思想流派的先声。如同爱因斯坦时代物理学的争鸣推动着物理学本身从旧的学科范式走向新范式的历程一样，在20世纪的思想文化中，艺术、文学、社会科学等领域都在发生着新的变动，各种思想流派相互交流，激烈碰撞，形成了色彩斑斓的现代性画面。而且正如爱因斯坦构建物理学的统一理论，试图创造理论领域的

① Don A. Howard，Albert Einstein as a Philosopher of Science，*Physics Today*，2005：33.

"大同"一样，这个世界也在日益走向扁平化，诸多学科、诸多领域之间的交叉与融会使得思想在多样性的外表之下，形成了相互统一、相互包容的倾向。

回顾过去的探索历程，无论是物理学还是人文科学的发展，都是一个打破旧有理论框架束缚的过程，不过这样的进步同样也是建立在之前的理论成就之上的。尽管爱因斯坦的相对论突破了牛顿力学，但是爱因斯坦仍然重视牛顿力学的价值。物理学是科学理性精神的集中体现，同时也体现了人文自由的思想意涵与自由探索的精神。这样的精神，推动着思想文化一步一步地趋向现代性。

（五）爱因斯坦名言及译文

（1）I do not at all believe in human freedom in the philosophical sense. Everybody acts not only under external compulsion but also in accordance with inner necessity. Schopenhauer's saying, "A man can do what he wants, but not want what he wants," has been a very real inspiration to me since my youth; it has been a continual consolation in the face of life's hardships, my own and others', and an unfailing well-spring of tolerance. This realization mercifully mitigates the easily paralyzing sense of responsibility and prevents us from taking ourselves and other people all too seriously; it is conducive to a view of life which, in particular, gives humor its due.[1]

---

[1]　Michel Janssen, Christoph Lehner eds., *The Cambridge Companion to Einstein*, Cambridge University Press, 2014, p.449.

我并不完全相信在哲学意义上的人类自由。每个人不仅仅是在内在冲动之下，而且是依照各自的需求行事。叔本华说过，"人做他想做的事情，但是不想他需要什么"，这句话自我青年时代起就一直启迪着我。在我本人与其他人遭遇困难的时候，它总能慰藉着我，不断激发我的宽容与隐忍，唤醒我那渐渐麻痹的责任感，避免我们自视清高亦或是妄自菲薄，使我们用更为幽默的眼光来看待生活。

（2）The true value of a human being is determined primarily by the measure and the sense in which he has attained liberation from the self.①

人类的真正价值，主要在于他能在多大程度上实现自身的解放。

（3）When we survey our lives and endeavors, we soon observe that almost the whole of our actions and desires is bound up with the existence of other humanbeings. We notice that our whole nature resembles that of the social animals. We eat food that others have produced, wear clothes that others have made, live in houses that others have built. The greater part of our knowledge and beliefs has been communicated to us by other people through the medium of a language which others have created. Without language, our mental capacities would be poor indeed, comparable to those of the higher animals; we have, therefore, to admit that we owe our principal advantage over the beasts to the fact of living in human society. The

---

① Albert Einstein, *Ideas and Opinions*, Crown Publishers Inc., 1960, p.12.

individual, if left alone from birth, would remain primitive and beastlike in his thoughts and feelings to a degree that we can hardly conceive. The individual is what he is and has the significance that he has not so much in virtue of his individuality, but rather as a member of a great human community, which directs his material and spiritual existence from the cradle to the grave.[①]

当我们探查我们自己的生活与奋斗，我们很快发觉几乎我们的所有行动与期望都受到了他人存在的制约。我们注意到，人是社会性动物，我们吃的是他人生产的食物，穿的是他人制作的衣物，住的是他人建造的房屋。我们的知识与信念的更大一部分是通过他人创造的语言与他人交流而得的。如果没有语言，即使与高等动物相比，人的精神能力还是贫弱的，因此我们不得不承认我们与野兽的差距就是生活在人类社会当中。如果一个人自出生之始就被置于孤独当中，那么他在思维与感觉上就会倒退到我们难以想象的程度。就个人而言，人并没有太大的价值，但是在人类共同体当中则不然，因为人从出生到死亡的物质与精神的存在都受其指引。

（4）In my opinion, the present manifestations of decadence are explained by the fact that economic and technologic developments have highly intensified the struggle for existence, greatly to the detriment of the free development of the individual. But the development of technology means that less and less work is needed

---

① Albert Einstein, *Ideas and Opinions*, Crown Publishers Inc., 1960, p.12, 13.

from the individual for the satisfaction of the community's needs.[①]

在我看来，当前人的堕落是因为经济与技术发展在很大程度上加剧了生存的压力，特别不利于个人的自由发展。但是技术的发展，意味着个人满足共同体需求所做的工作在逐渐减少。

（5）When confronted with a specific case, however, it is no easy task to determine clearly what is desirable and what should be eschewed, just as we find it difficult to decide what exactly it is that makes good painting or good music. It is something that may be felt intuitively more easily than rationally comprehended.[②]

然而在一定的具体情形之下，难以对该做什么与不该做什么做出决断，正如我们发觉自己难以断定画作与音乐的优劣一样。这就适宜用直观感觉而非理性来理解。

（6）The frightful dilemma of the political world situation has much to do with this sin of omission on the part of our civilization. Without "ethical culture" there is no salvation for humanity.[③]

政治领域中最令人恐惧的情形与我们文明中的过失相关。若没有所谓的"种族文化"，就没有人性的救赎。

（7）Bear in mind that the wonderful things you learn in your schools are the work of many generations, produced by enthusiastic effort and infinite labor in every country of the world. All this is put into your hands as your inheritance in order that you may receive it,

---

① Albert Einstein, *Ideas and Opinions*, Crown Publishers Inc., 1960, p.13.

② Ibid., p.15.

③ Ibid., p.51.

honor it, add to it, and one day faithfully hand it on to your children. Thus do we mortals achieve immortality in the permanent things which we create in common.

If you always keep that in mind you will find a meaning in life and work and acquire the right attitude toward other nations and ages.[①]

请铭记在心——你们在学校里所学的了不起的知识是几代人的积淀和传承，是每个国家的人们不懈努力和劳作的成果。你们要学习这些东西，并以之为荣，为之添砖加瓦，而且在未来把知识传给你们的下一代。因此我们共同为下一代创造恒久不朽的东西。

如果你能够时常感受到这点，你就会发现生活与工作的意义，而且对其他的国家与时代持有正确的态度。

（8）The most important motive for work in the school and in life is the pleasure in work, pleasure in its result, and the knowledge of thevalue of the result to the community. In the awakening and strengthening of these psychological forces in the young man, I see the most important task given by the school. Such a psychological foundation alone leads to a joyous desire for the highest possessions of men, knowledge and artist-like workmanship.[②]

学习与生活中最重要的动因就是工作中的快乐。工作带来快乐，价值观的认知最终造福于社会。我发现学校最重要的工

---

① Albert Einstein, *Ideas and Opinions*, Crown Publishers, Inc., 1960, p.54.
② Ibid., p.62.

作就是唤醒与强化年轻人的这些精神力量。如此的精神基础会使人拥有对人类最高价值、知识以及高超技艺追求的愉悦的渴求。

（9）It is not enough to teach man a specialty. Through it he may become a kind of useful machine but not a harmoniously developed personality. It is essential that the student acquire an understanding of and a lively feeling for values. He must acquire a vivid sense of the beautiful and of the morally good. Otherwise he–with his specialized knowledge–more closely resembles a well–trained dog than a harmoniously developed person. He must learn to understand the motives of human beings, their illusions, and their sufferings in order to acquire a proper relationship to individual fellow–men and to the community.[①]

把专业知识教授给人是远远不够的。尽管掌握专业技能会使人成为一架有用的机器，但是在人格上是不甚完备的。作为学生，有必要对价值观有所理解并获得鲜活的感知。他必须明确什么是美与善。否则有着专业技能的学生与其说是和谐发展的人，还不如训练良好的狗。他必须学会理解人类的行为动机，观念与遭遇，以和他人与社会建立良好的关系。

（10）What can right–minded people, people who are proof against the emotional temptations of the moment, do to repair the damage? With the majority of intellectual workers still so excited, truly international congresses on the grand scale cannot yet be held.

---

① Albert Einstein, Ideas and Opinions, Crown Publishers Inc., 1960, p.66.

The psychological obstacles to the restoration of the international associations of scientific workers are still too formidable to be overcome by the minority whose ideas and feelings are of a more comprehensive kind. Men of this kind can aid in the great work of restoring the international societies to health by keeping in close touch with like-minded people all over the world, and steadfastly championing the international cause in their own spheres.[1]

　　为了弥补这样的损失，那些不受瞬间冲动情绪的影响，运用理智思考的人们需要做些什么呢？尽管大多数的科研工作者跃跃欲试，然而真正的大范围的国际性会议仍很难召开。恢复科研工作者的国际性合作仍然存在着很大的壁垒，这绝非少数具有全局观的有识之士所能推动的。为了促进国际合作的健康发展，全世界那些有共同目标的人们应该紧密联系，并应在各自的领域里稳步地倡导国际合作这一事业的发展。

三、主要影响

（一）突破狭隘经验，改变时空观念

　　从古人的天圆地方说，到亚里士多德的宇宙中心论，再到牛顿的绝对时空观，到爱因斯坦的相对论时空观，是人类对时空观的认识不断深化发展的过程，同时也是冲破传统偏见的束缚，不断创新的过程，正是由于一代代科学家的不懈努力，才建立了科

---

① Albert Einstein, Ideas and Opinions, Crown Publishers Inc., 1960, p.83.

学的时空观。从时空观的发展过程来看，人们看到的并不一定是真的，习以为常的也并不一定是正确的。只有用科学的发展观才能不断地探索自然界的奥妙，才能将科学不断完善。

（二）世界的合理可知性与构造统一理论的尝试

尽管物理现象是纷繁复杂的，而且就目前来看，真理并未穷尽，但毫无疑问，物理学的理论研究是以世界的可知性为前提开展的。爱因斯坦在量子力学的成功面前，依然不肯放弃严格的因果性，因为只有找出蕴含在现象与理论中的因果性，才能揭示世界的可知性与理论的合理性。而且逻辑简单性原则的构建是爱因斯坦的科学信念之一，这个标准体现了理论的美，亦即理论的内在完备性。在爱因斯坦看来，相信自然规律的简单性具有客观的特征，它并非只是思维经济的结果，而是通过纯粹的数学构造来发现概念以及把这些概念联系起来的定律，这些概念和定律是理解自然现象的钥匙。

爱因斯坦意图确证科学理论的统一性。一开始是对微观领域的探索，即论文毛细管现象所得的推论，是促进微观领域与宏观领域理论统一的尝试，到相对论的产生与对晚年潜心构造统一场论，他的研究工作无一不体现对统一性的追求。坚信世界的和谐性，是爱因斯坦矢志不移的科学信念；追求以世界和谐为前提的科学理论的统一性，是爱因斯坦始终不渝的既定目标。

（三）对自由与正义观念的影响

科学家的道义责任，一直以来是受到广泛关注的话题。爱因斯坦弘扬社会正义，反对压迫与迫害，履行了科学家扬善抑恶的道义责任。科学研究的目的是为了人类自身的发展与进步，因此科学家要从事对人类有益的工作，仅仅注重应用科学本身是不够的。两次世界大战引起了有识之士对科学技术滥用及其所带来问题的一系列反思，例如合成氨的运用在增加农业产量的同时还被应用于军火制造，化学制剂被用于制造毒气。因而他们提出了科学对人类的价值和学者对世界和平的责任等问题，这要求科学与伦理学在新的水平上的统一。在推进科学与道德互相适应的过程中，自居里夫人以来，诸多科学家都身体力行，起到了非常重要的推动作用。爱因斯坦在他的科学生涯中奉行将科学和人文价值相统一的原则，他本人是坚决的人道主义与和平主义者，他在科学研究中坚持科学技术是具有伦理与道德二重性的，这启发了人们对相关领域认识的提升：科学是人类理性的产物，并非不具价值属性的，科学应当为人类的利益与幸福服务。但是当人们运用科学技术的时候，不一定注意到科学技术也是一把双刃剑。关键是人类要学会科学技术的合理应用，实现科技与道德的统一。

科技工作者的社会良知的增强，体现出了这个世界不断提升的道德水平。对于科学伦理而言，科学家需要明白科学应该为人类服务，规范科学家的研究成果不会被滥用。对于科学共同体而言，将科学伦理的研究进行下去，可以减少科学灾难的发生，推动社会走向进步。在科学大发展的近现代时期，许多科学家在科学研究中逐渐产生了科学良心，而且对科技的二重性产生了清醒的认识。无论是科学精英还是普通的科技从业者，都必须具备道德自觉和伦理责任意识，对社会与公众进行科学伦理的教育，以制止科学的异化与技术的滥用。

尽管"自由是科学之母"，学术的自由是重要的，但要注意到科学的应用是有游戏规则可言的。这个游戏规则，就是人类的共同利益和"善"的价值观。评判科学的一切标准，就是是否有利于社会进步、有利于人类的发展。"科学研究无禁区，应用有规则"，爱因斯坦对科学研究者的启发，就是在研究的整个过程中应当关心和反思所从事的研究对人类自身抑或对生态环境可能造成消极的影响。那种只管埋头研究，不管应用后果的科学家是不严肃、不负责任的莽汉。实践证明：现代社会需要的科学家是"既会埋头研究，又会抬头看路"的人。

四、启 示

（一）重视科学的公众普及

科学家作为理论世界与新兴技术的开拓者与探索者，担负着更多的社会责任。在谨遵科学伦理，对人类社会的和平与繁荣负责的同时，科学家还要担负起向公众普及科学的义务。爱因斯坦相当重视科学的公众传播。当他享有崇高声望的时候，许多人向他寄来书信，其中有的是关于科学的探讨，有的是关于社会与人生话题。这些书信的相当一部分，由他亲自给予了相当认真的回复，即便来信者是一位小学生也是如此。

而且爱因斯坦将科学普及与保卫和平联系起来。冷战的两极——北约和华约，均装备有相当数量的核武器，而且随着核武器的扩散，不仅存在战争和对抗中意想不到的差错，还有核武器制造、储藏与运输当中存在的各种严重事故隐患，因此即使在和平状态下，也存在核威胁。重视向公众普及科学知识，就是为了正确地认识核战争的危害与和平利用核能的重要性，和平和发展是时代的主题，随着能源匮乏的日益严重，核能成为一个比较理想的替代品。在《罗素—爱因斯坦宣言》中有所提及，科学家有义务向公众普及原子武器的巨大危险性，使得公众能够对严峻的核战争形势与后果加以认识，团结起来呼吁政府进行核裁军，以防止原子武器对人类社会造成危害。他的所作所为，彰显了科学家反对战争、维护和平的神圣职责。爱因斯坦以自己的行动实践了自己的誓言。他多次声称自己是战斗的和平主义者，并认为战争与和平问题是当代的首要问题，他一生发表最多的也是这方面的言论。

（二）重视教育，求真务实

爱因斯坦在一篇关于教育的演说辞末尾，称他的教育观点只不过是基于自己作为学生和教师的经验总结出来的私人看法。从他不同著述和文章的只言片语中，我们可以窥见他是如何论述的。爱因斯坦走的是一条独立思考的求学之路。培养独立思考能力的教育，是爱因斯坦教育思想的基本出发点。

学校为了最有效地培养独立思考，应该尊重学生、尊重学生的人格和自尊心，尊重学生在学习中的创新精神。在爱因斯坦自身的教学生涯中，他不仅仅重视科学理论与实践的传授，也重视科学思考方法与科学哲学的运用。当他在柏林大学任教的时候，就倡议开设相关的课程，以使他的学生们良好地运用科学研究的方法论。尽管爱因斯坦是著名的理论物理学家，但是他同样重视实验探究的方法。

爱因斯坦非常热爱孩子，他积极地回复他们的来信，还鼓励他们进行科学探索。而且主张从小做起，进行思考的训练，并且鼓励进行实际的操作与研究型学习。他自身也成为孩子们努力奋斗的榜样。

更重要的是，爱因斯坦在科学探索中秉承着求真务实的精神。爱因斯坦的思想转变，是以他的科学探索为基础的。这种思想转变也是一个过程，尽管爱因斯坦一度支持实证主义的观点，直到30年代他才彻底放弃了逻辑经验主义，而且从此一直坚持实在论的观点。新兴的量子力学是理论物理的重要研究工具，但是"眼见不一定为实"，爱因斯坦认为，仅仅依赖观察的结论是否与推论相符，在理论物理中是不够的，因为所谓"正在发生的事"并不一定反映出事实上发生了什么。不同于其他在量子力学领域裹足不前的科学家，爱因斯坦做出了进一步的探索，这种不盲从主流的精神，使他能够取得更具价值的发现。

（三）理性与非理性并重，促进科学探索

在爱因斯坦的研究历程中，不仅仅是严谨的理性思辨提供了良好的思想基础，非理性的直觉与自由创造同样起到了相当重要的作用。对经验事实的大量长期观察，固然能够推导出合理严谨的基本原理，但是要实现开创性与突破性的研究成果，还需要靠

直觉来进行参悟。创造性的思维方式，不一定刻板地遵从一定的逻辑路径，而直觉与创造更能够突破成规，直达真理。

爱因斯坦的相对论，并非由严格的经验事实推导出来，而是依靠想象力与直觉的引导，当然，由科学直觉带来的理论预见也得到了经验事实的佐证。爱因斯坦的广义相对论有三大预言，包括水星近日点的进动、引力场光的红移和引力场光的偏转，这些预言后来被一一证实。这些事例，都体现了对传统经验的超越，开拓了新的理论领域，为后来的科学研究提供了支持。

当然直觉探索离不开科学知识的积淀，直觉有助于寻找理论与实际的联系和区别，这种成功的运用在科学的历程中不胜枚举。要是将逻辑思维运用到概念与研究当中，就要靠大胆的直觉作为媒介。科学直觉在爱因斯坦的理论中占据着重要位置，他重视直觉的作用，而且并未滥用这种方式。

爱因斯坦在科学探索中秉持的"准美学"原则，在逻辑分析当中起着指导性的作用。首先它能够揭示出（过时的）旧有理论体系的不统一性；而且可以指出既有理论体系当中存在的不和谐与非自洽性，还可以通过"思想实验"，来选择和考察新的逻辑。而且准美学原则中的"自然性"原则和"统一性"原则可以使得新建立的理论体系更为完善。与此同时，这种原则还要求科学家进行思维的自由创造以及科学审美，这既要求高度的抽象思维，还离不开敏锐的形象思维。爱因斯坦正是成功地应用了这些方法，才能创立其独特的狭义相对论，并由此走向广义相对论。

五、术语解读与语篇精粹

（一）科学哲学（Philosophy of Science）

1. 术语解读

科学哲学（又称自然辩证法等）是哲学的一个重要分支学科，其旨在探讨科学产生、演化和发展的机制与社会价值，从而有助于指导科学研究者对待各自的研究工作，并且促使大众认识科学问题，思考科学技术对人类命运的影响。

从来源上看，科学哲学的传统可追溯至古希腊各自然哲学流派与哲学家。从泰勒斯的"水本原论"、赫拉克利特的"火本原论"与德谟克利特"早期原子论"等对万物本原探索的尝试开始，到亚里士多德在《形而上学》中对科学知识的三重分类：物理知识、数学知识和"第一哲学"，或是"形而上学"（Metaphysics），均体现了科学的早期发端，与原初的、朴素的科学思想与科学方法，特别是对科学本体论与存在论的思考。牛顿、笛卡尔以及德国古典哲学的诸多代表人物，如康德等人，都对自然科学的本体论问题与其他基础性问题给予了大量研究，甚至他们本人也是自然科学家。然而直到 19 世纪上半叶，惠威尔（Whewall）的《归纳科学的哲学》发表以来，科学哲学作为一个单独的学科分支方才出现。

爱因斯坦认为，是古希腊哲学家的形式逻辑体系，以及文艺复兴以来系统实验方法的产生，使得明确科学因果关系成为可能。自 20 世纪以来，西方科学哲学流派经历了从以维也纳学派为代表的逻辑经验（实证）主义，到波普尔等人的证伪主义，再到库恩、费耶阿本德等人的历史主义，还有普特南等人的科学实在论这几大流派。特别是诸多科学家，如爱因斯坦等人参与到科学哲学的争鸣当中，使得这门学科与现代科学发展有机地结合起来，特别是以"相对论"为代表的物理学理论的突破，在相当程度上推动了学科研究范式的变迁。

科学技术哲学的研究工作与诸多自然人文学科相互交叉，理论与现实并重。此外科学哲学（或自然辩证法）在我国也取得了诸多成就，产生了相当的学术效益与社会影响，通过更好地了解这一哲学流派的产生和演化，可以帮助我们更好地认识当代技术发展对全球生态文明的影响，以及科学进步对人类命运的紧迫性。

2. 语篇精粹

语篇精粹 A

Lacking, however, in both the original logical empiricist hagiography and in Holton's revisionist picture is a clear sense of what might well be Einstein's majorlegacy to twentieth-century philosophy of science, which is the fact that Einstein was one of the most important, active, constructive contributors to the development of a new empiricism in the 1910s and 1920s. Einstein did not merely provide theoretical grist for the philosophical mill of logical empiricism, that and possibly a benediction. On the contrary, virtually all of the major figures involved in the debates out of which logical empiricism grew worked out their ideas through an engagement not just with general relativity but with the author of the theory. This was true of central founding figures in the logical empiricist camp, such as Moritz Schlick, Hans Reichenbach, Philipp Frank, and Rudolf Carnap. It was true, as well, of figures associated with other traditions, such as the neo-Kantian Ernst Cassirer and Hermann Weyl, whose chief philosophical debt was to the phenomenology of Edmund Husserl. In conversation, correspondence, and a wealth of published essays and reviews, Einstein tutored, criticized, and learned, his interventions concerning large questions of doctrine and fine points of detail.[①]

译文参考 A

然而在原来的逻辑经验主义者和霍尔顿的修正主义者的图景中，缺乏的正是爱因斯坦对 20 世纪科学哲学主要遗产的清楚感知，事实上爱因斯坦是在 20 世纪一二十年代新经验主义发展中最重要的积极贡献者。爱因斯坦不仅提供了逻辑经验主义的哲学理论，而且阐明了它可能带来的诸多益处。几乎所有的主要人物都参与了辩论，逻辑经验主义的增长不仅得益于广义相对论，而且受益于理论的作者，并从而产生了他们的想法。这在逻辑经验主义阵营中心创始人物中确有其实，如莫里兹，赖欣巴哈，弗兰克和卡尔纳普；同样，与其他学派有关的人物也是如此，如新康

---

① Michel Janssen, Christoph Lehner, *The Cambridge Companion to Einstein*, Cambridge University Press, 2014, p.355.

德主义的厄恩斯特、卡西尔、赫尔曼·韦依等人，主要的哲学来源是埃德蒙·胡塞尔的现象学。在交谈、信件和诸多发表的文章和评论中，爱因斯坦辅导、分析其他人的理论，并向他们学习借鉴，他的学术参预既涉及理论上的重大问题，也涵盖微小的细节。

语篇精粹 B

Moreover，understanding Einstein's role in this history helps us to put into context Einstein's late and often quoted characterization of himself as an "epistemological opportunist". Yes，Einstein's philosophy of science borrowed from realism，positivism，idealism，and even Platonism. It might appear to the "systematic epistemologist" to be mere opportunism. But when viewed in its proper historical setting，it emerges as an original synthesis of a profound and coherent philosophy of science that is of continuing relevance today，the unifying thread of which is，from early to late，the assimilation of Duhem's holistic version of conventionalism.[1]

译文参考 B

理解爱因斯坦在历史上的作用，有助于我们理解后期的爱因斯坦经常描述自己是"认识论的机会主义者"的含义。是的，爱因斯坦的科学哲学借用了现实主义、实证主义、唯心主义，甚至柏拉图主义。相对于单纯的机会主义而言，它可能更像是"系统认识论"。但在一定的历史背景下来看，它是作为一种深刻的、

---

[1]　Michel Janssen and Christoph Lehner eds，*The Cambridge Companion to Einstein*，Cambridge University Press，2014，p.375.

连贯的科学哲学而出现的，到今天都具有持续的关联性。贯穿其中的主线，从早期到晚期，都是迪昂整体论版本的约定论。

语篇精粹 C

Einstein made many fundamental contributions to statistical mechanics and quantum theory, including the demonstration of the atomic character of matter and the proposal that light energy is organized in spatially discrete light quanta. In later life, he searched for a unified theory of gravitation and electromagnetism as an alternative to the quantum theory developed in the 1920s. He complained resolutely that this new quantum theory was not complete. Einstein's writings in philosophy of science developed a conventionalist position, stressing our freedom to construct theoretical concepts; his later writings emphasized his realist tendencies and the heuristic value of the search for mathematically simple laws.[①]

译文参考 C

爱因斯坦对统计力学和量子理论做出了许多重要的贡献，包括对物质原子性的论证，以及提出光能被组织在空间上离散的光量子。在以后的生涯中，他力图寻找一个统一的万有引力理论，作为对 20 世纪 20 年代发展起来的量子理论的替代品。他坚称这个新的量子理论是不完整的。爱因斯坦的科学哲学著作提出了一种约定论的立场，强调我们建构理论概念的自由。他后来的作品凸显了其实在论倾向，以及寻找数学简单法则的启发式意义。

---

① Edward Craig, *The Shorter Routledge Encyclopedia of Philosophy*, Routledge, 2005, p.216.

（二）奇迹年（Miracle year）

1. 术语解读

诸多科学史家与传记作家将 1905 年称为爱因斯坦的"奇迹年"。这不仅仅是由于爱因斯坦在一年之内发表了《关于光的产生和转变的一个启发性观点》《分子尺度的新测定》《根据分子运动论研究静止液体中悬浮颗粒的运动》《论动体的电动力学》《物质惯性与能量的关系》这五篇重要论文，还标志着一个新时代的诞生——物理学，科学哲学也摆脱了旧有的范式，开始走向现代。其中，爱因斯坦提出了最有"革命性"的光量子概念；确定了原子的形状与大小，认定原子和分子是真正的物理实体；描述了液体中的粒子运动，及其运动的方式；提出了狭义相对论还有 $E=mc^2$ 这一著名的质能公式。

这五篇文章的一个共同之处在于，都是对之前物理学界既有认识的一种挑战，而这种挑战得到了当时诸多科学家的认同：1905 年的诺贝尔物理学奖得主菲利浦·莱昂纳德赞赏了爱因斯坦的成就。普朗克在了解到爱因斯坦相对论之后，立即向自己的学生介绍了这一学说。于是，爱因斯坦在科学界流传开来，更多的科学家开始认识到以相对论为代表的学说价值。

牛顿的万有引力定律，不能解释一些观察现象，当时不少学者同样发现了这一点。马赫的时空观突破了牛顿、伽利略的观点，对爱因斯坦创立相对论起了积极的作用。狭义相对论和继而发表的广义相对论创立了新的时空观，为人类描绘了一个更加奇妙而绚丽的宇宙，爱因斯坦开创了物理学的新纪元。

爱因斯坦 1917 年的论文《根据广义相对论对宇宙学所作的考查》的发表，推动了人类对宇宙的观念的更新，第一次摆脱了传统的宇宙模型，建立了一个自洽而统一的宇宙模型，即三维欧氏几何的无限空间，其中存在无数的天体，挑战了旧有的静态时空观。

2. 语篇精粹

语篇精粹 A

Even though every one of these papers was a fairly dramatic departure from currently understood physics, other scientists accepted them all fairly quickly. When the fact that the papers were written by a 26-year-old who couldn't get a job in physics is taken into consideration, the acceptance of Einstein's work is quite amazing. When Einstein's sister, Maja, wrote a biography of her brother, she claimed that he was disappointed there wasn't an immediate reaction to his relativity paper. It's possible, however, that Maja's view of this was colored by hindsight, since Einstein didn't seem to have considered this particular paper to be more important than any of the others, nor was a positive response to any of his work particularly long in coming. The 1905 Nobel Prize winner, Philipp Lenard, on whose work Einstein's drew for his photoelectric paper, contacted Einstein shortly after its publication, admiring his work. By November, a paper in another scientific journal referenced Einstein's photoelectric effect paper，and Max Planck began teaching Einstein's relativity to his students almost immediately. Years later，Einstein credited Planck's teaching of relativity as the event that brought it to the attention of the scientific community，and why it was accepted so quickly.[①]

译文参考 A

即使每一篇文章都与当时已知的物理学知识相偏离，其他的科学家也相当快地接受了它。事实上这些文章是出自一个年仅26岁，未从事物理学工作的人之手。论文受到了业内人士的重视，他们对爱因斯坦的作品的接受程度是惊人的。当爱因斯坦的妹妹玛雅为她的哥哥写传记的时候，她说，他感到失望的是，他的相对论论文并没有得到即时响应。然而，玛雅的观点很可能是经过事后润色的，因为爱因斯坦似乎没有考虑到这篇论文要比其他的论文更重要，也没有想到对他的工作的积极响应是如此之快。1905年诺贝尔奖得主莱昂纳德，为光电效应的论文而联系爱因斯坦，仅仅是在它发表后不久，就表达了对他工作的赞赏。到了十一月，当另一个科学杂志引用了爱因斯坦的光电效应论文之后，普朗克就开始向他的学生教授爱因斯坦的相对论了。几年后，爱因斯坦把相对论被科学界的接受之广和快的原因归功于普朗克对相对论的讲授。

语篇精粹 B

The annus mirabilis deserves its name for three groundbreaking papers–on the light quantum，Brownian motion，and special

---

① Edward Craig，*The Shorter Routledge Encyclopedia of Philosophy*，Routledge，2005，p.178.

relativity, respectively–that Einstein submitted for publication to the
Annalen der Physik over the short span of three and a half months
in the spring of, 1905, Between the fist and the second of these
papers he also produced a doctoral dissertation on a new method for
determining atomic dimensions using flid phenomena. Much has been
written about the genesis of these works, but by and large as if they
had been produced independently of each other, as outcomes of
separate lines of research. As eclectic as Einstein's interests may have
been, there are prima facie reasons for thinking that the origins of
these papers cannot be understood in isolation from his other papers.
In his Autobiographical Notes Einstein describes how he probed
the foundations of physics in the decade 1895–1905 beginning with
critiques of mechanics and electrodynamics, found them inadequate,
and then tried to construct an alternative foundation on the basis
of known experimental facts. Initially, the endeavor only led to
frustration and despair.[①]

译文参考 B

"奇迹年"得名自三篇开创性的论文——《光量子》《布朗运
动》和《狭义相对论》——是由爱因斯坦在 1905 春交付物理学
年鉴出版的。在写作第一篇论文和第二篇论文之间，他还写了一
篇关于使用液现象确定原子尺寸的新方法的博士论文。关于这些
作品的起源已经有了诸多论述，但它们似乎是彼此独立的，是不

___

① Michel Janssen and Christoph Lehner eds. *The Cambridge Companion to Einstein*, Cambridge University Press, 2014, p.39.

同研究方向的结果。可能正如爱因斯坦兴趣之广，已经有初步的理由认为，要理解这些论文中观点的起源是无法脱离他其他的独立论文的。在他的自传中，爱因斯坦描述了他在 1895—1905 年间从力学和电动力学开始着手对物理学的基础进行的批评，发现了其中的不足，并试图在已知的实验事实的基础上构建一个替代基础。

语篇精粹 C

Yet out of this emerged the annus mirabilis. The three papers completed in the spring of 1905 collectively represent a consolidation of lessons learned and insights gained in this failed enterprise. Each paper points to certain limitations of currently accepted physical laws by addressing a borderline problem，that is，a problem that pertains to two distinct domains of classical physics，such as electrodynamics and mechanics. Each overlaps with at least one of the others in the details of the physics. Fluctuations play an essential role in both the light quantum paper and the Brownian-motion paper. The empirical laws governing radiation play a role both in the relativity paper and in the light quantum paper. Finally，each seeks to establish inductively secured field points from which to carry on，achieving a conceptual breakthrough by way of a Copernicus process.[①]

译文参考 C

然而这个奇迹年出现了。三篇在 1905 年春季完成的论文共

① Michel Janssen and Christoph Lehner eds. *The Cambridge Companion to Einstein*，Cambridge University Press，2014，p.40.

同代表在反复失败的奋斗中获得的经验教训和见解的整合。每一篇论文都指出，以目前公认的物理定律来解决关于经典物理学的两个不同领域电动力学和力学的边界问题是有局限的。每一个边界问题与至少一个物理学领域有细微的重叠，如波动在光量子论文和布朗运动论文中起着重要的作用，辐射的经验规律在相对论和光量子论文中起着作用。最后，每篇论文试图建立妥善归纳的观点，以此进一步研究，从而通过哥白尼式的过程实现概念上的突破。

（三）社会正义（Social Justice）

1. 术语解读

爱因斯坦对社会正义孜孜不倦的追求，使他受到了来自各方的压力。尽管爱因斯坦为了回避来自纳粹德国的迫害而来到美国，而从一个科学家中立、客观的立场来观察，美国社会本身也存在着诸多的问题，同时，一些问题也是二战后西方世界的通病。"社会正义"这个使得有识之士持续追求的话题，与时代同步发生了新的改变。在现代性的社会中，各种矛盾交织在一起，使得旧有的压迫尚未完全去除，而新的压迫又开始占据社会的舞台。

在二战期间，希特勒命人炮制了一份《百位科学家反对爱因斯坦》的檄文，对爱因斯坦与现代物理学都进行了无端无据的攻击。爱因斯坦对此的回应是，"如果我错了，一个人反驳就够了"。可见，科学家对正义、对真理的坚持是不会屈从于任何强权的。

2. 语篇精粹

语篇精粹 A

The development of science and of the creative activities of the spirit in general requires still another kind of freedom，which may be characterized as inward freedom. It is this freedom of the spirit which consists in the independence of thought from the restrictions of authoritarian and social prejudices as well as from non-philosophical routinizing and habit in general. This inward freedom is an infrequent gift of nature and a worthy objective for the individual. Yet the community can do much to further this achievement，too，at least by not interfering with its development. Thus，schools may interfere with the development of inward freedom through authoritarian influences and through imposing on young people excessive spiritual burdens；on the other hand，schools may favor such freedom by encouraging independent thought. Only if outward and inner freedom are constantly and consciously pursued is there a possibility of spiritual development and perfection and thus of improving man's outward and inner life.[①]

译文参考 A

科学的发展和精神的创造性活动，一般需要另一种自由，这可能是一种内在的自由。这种自由的精神体现的是从专制、社会偏见以及从非哲学的日常化和惯性限制思想下凸显的独立性。这

---

① Michel Janssen and Christoph Lehner eds，*The Cambridge Companion to Einstein*，Cambridge University Press，2014，p.32.

种内在的自由是一种罕见的自然天赋，是个人的价值目标。然而，社会其实至少可以通过不去干扰这种独立性而使科学研究获得更长足的进步，可是情况恰恰相反。基于此，一方面，各类学校通过专制影响力以及强加给年轻人的过度精神负担妨碍了这种内在自由性的发展；另一方面，学校实际上也许可以鼓励独立思考的自由。只有不断地、有意识地追求外在及内在的自由，才有可能提高人的外在和内在的发展促使人的完善。

语篇精粹 B

In talking about human rights today, we are referring primarily to the following demands: protection of the individual against arbitrary infringement by other individuals or by the government; the right to work and to adequate earnings from work; freedom of discussion and teaching; adequate participation of the individual in the formation of his government. These human rights are nowadays recognized theoretically, although, by abundant use of formalistic, legal maneuvers, they are being violated to a much greater extent than even a generation ago. There is, however, one other human right which is infrequently mentioned but which seems to be destined to become very important: this is the right, or the duty, of the individual to abstain from cooperating in activities which he considers wrong or pernicious. The first place in this respect must be given to the refusal of military service. I have known instances where individuals of unusual moral strength and integrity have, for that reason, come into conflict with the organs of the state. The Nuremberg Trial of the

German war criminals was tacitly based on the recognition of the principle.[①]

译文参考 B

在谈到人权问题时，我们主要提到以下要求：保护个人不受他人或政府的肆意侵犯，工作的权利和充分的工作收入，讨论和教学的自由，个体能够充分参与到政府的构建之中。这些人权是当今公认的理论，虽然通过大量使用正式的、法律的行动来保护人权，然而这些人权所遭受到的侵犯比以往任何时代都严重。然而还有一项人权，尽管很少被提及，但似乎注定要成为重点：个人有权放弃参与他认为错误或有害的任何活动。在这一方面首先指的是个人拒绝服兵役的权利。我知道一些极其有道德和正直的人，正是因为这个原因与国家机关发生了冲突。对德国战犯的纽伦堡审判正是基于对这一原则的认可。

语篇精粹 C

Einstein's 1946 civil rights activism began with the publication in Pageant magazine of his article "The Negro Question," arguably his most eloquent challenge to racism in America. Writing "seriously and warningly", Einstein declared：

There is……a somber point in the social outlook of Americans. Their sense of equality and human dignity is mainly limited to men of white skins. Even among these there are prejudices, of which I as a Jew am clearly conscious；but they are not important in comparison with the attitude of the "Whites" toward their fellow–citizens of

---

① Albert Einstein, *Ideas and Opinions*, Crown Publishers Inc., 1960, p.35.

darker complexion，particularly toward Negroes. The more I feel an American，the more this situation pains me. I can escape the feeling of complicity in it only by speaking out.[①]

译文参考 C

爱因斯坦 1946 年的民权运动开始于《黑人问题》一文的出版，可以说这是他对美国种族主义最有说服力的挑战。爱因斯坦说，他是在严肃且警示性地写作。

美国人的社会观存在令人忧虑的一点：他们的平等和尊严主要局限于白人，况且在这当中还存在偏见。而我作为一个犹太人，能够很清楚地意识到这种偏见。然而对犹太人的偏见与"白人"对他们的肤色较深的同胞的态度相比——特别是与对黑人的态度比起来不值一提。我感觉自己越像一个美国人，这种情况就愈加令我痛苦，只有说出来，我才能逃脱这种感觉。

（四）逻辑经验主义（Logical Positivism）

1. 术语解读

逻辑经验主义又称"逻辑实证主义"，是现代西方最有影响的哲学思潮之一。形成于 20 世纪 20 年代。它包括以石里克、卡尔纳普为代表的维也纳学派，以莱欣巴赫为首的柏林学派，以塔斯基为代表的里沃夫－华沙学派以及艾耶尔等具有与维也纳学派相似理论的哲学家。基本特征是把数理逻辑方法与传统的实证主义、经验主义结合起来，主要目标是取消"形而上学"，建立一

---

① Fred Jerome and Rodger Taylor，*Einstein on Race and Racism*，Rutgers University Press，2005，p.86.

种科学哲学。逻辑实证主义认为有意义的命题只有两类：一类是经验科学命题，它可以由经验证实；一类是形式科学（数学和逻辑）命题，它们可以通过逻辑演算检验。经验证实原则是逻辑经验主义的基石，它可表述为：除逻辑命题（分析命题）外，任何命题只有表述经验，能被证实或证伪才有意义。"形而上学"问题，既不是分析命题，也不是经验命题，因而是毫无意义可言的"虚假问题"，应当从科学中清除出去。形而上学问题的产生是"语言乱用"所致，因此消除它的方法是语言逻辑的分析方法。逻辑实证主义声称要把哲学从形而上学中解放出来，把提供一种语言逻辑分析的方法，阐明概念和命题、特别是科学命题的意义，作为自己哲学的任务。

爱因斯坦曾经认同维也纳学派的逻辑经验主义观点，而且在狭义相对论的创立过程中借鉴了马赫的实证主义观点。然而20世纪30年代以后，爱因斯坦逐渐远离了逻辑经验主义，因为这种重视经验而忽视经验之外要素的观点，与他的广义相对论并不切合。

2. 语篇精粹

语篇精粹 A

The gulf between the two men was wider than Heisenberg believed. In April 1926, the two physicists met face-to-face for the second time after Einstein attended alecture Heisenberg delivered at the University of Berlin. Heisenberg later told the story of how when Einstein offered an objection to Heisenberg's matrix algebra,

Heisenberg tried to use Einstein's philosophies against him—pointing out that he had done just what Einstein did with relativity, using only what one could directly perceive to formulate his theories. After all, this philosophy, known as positivism, had always been dear to Heisenberg's heart.[①]

译文参考 A

这两人之间的鸿沟比海森堡认为的要宽。1926 年 4 月，两位物理学家在爱因斯坦参加了海森堡的柏林大学演讲之后，进行了第二次面对面的交流。海森堡后来称，当爱因斯坦提出反对海森堡的矩阵代数时，海森堡试图采用爱因斯坦的思想来反驳他，指出他对相对论做了同样的事情，仅凭借对其理论构想的直接感知。毕竟，这一被称为实证主义的哲学，一直是海森堡所欣赏的。

语篇精粹 B

Around the 1850s and 1860s, discourses of positivism became the common coin of French modernity, and art became a primary vehicle for capturing the almost infinite subtlety of le petit sensation. This little sensory signal was seen as coming from the world to register itself with great precision in the artist's body, after which it would be filtered through the artist's temperament—it was a stimulus from which more complex perceptions of space and time would be built. The "little sensation" or "fresh sensation" sought by the

---

① Peter L. Galison et al., *Einstein for the 21st century: His Legacy in Science, Art and Modern Culture*. Princeton University Press, 2008, p.134.

Impressionists replaced earlier notions of the painting as a reflection of disegno interno（the ideal design as it existed in the artists' mind）. The internal ideal, much like the authority of the ancients, was dismantled in favor of a questioning, testing, and infinitely reciprocal relation to empirical sense-data streaming in on the body from the modern world.[①]

译文参考 B

在 19 世纪五六十年代，实证主义的话语在法国的现代性理论中很常见，艺术几乎成为捕捉无限微妙感觉的重要工具。这个微小的感觉信号被认为是这个世界精准地孕育在艺术家身体里、又经过了艺术家气质美化的——它激发了有关空间和时间的更为复杂的观点。印象派所寻求的"微妙感"或"新鲜感"取代了早期绘画，成为一种内在反映（对艺术家内心的理想化）的概念。内在的理想，就像古人的权威，在质疑、检验，与实证意义资料的无限相互关系中，从现代世界的机体上消解了。

语篇精粹 C

Later, more philosophically orientedcommentators concentrated on Einstein's critique of logical positivism and equated his position with a traditional epistemological realism that holds that science is to be a faithful image of "how things really are"; that is, they saw Einstein as making a claim about the relation between an observer-independent truth and our empirical knowledge of it. Both the logical

---

① Peter L. Galison et al., *Einstein for the 21st century*: *His Legacy in Science*, *Art and Modern Culture*. Princeton University Press, 2008, p.49.

positivists and the defenders of the Copenhagen interpretation of quantum mechanics liked to label this position "naive realism," implying again that it meant clinging to outdated ideas about the possibility of scientific knowledge. But this dismissal ignored that Einstein, the enthusiastic student of David Hume, Ernst Mach, and Henri Poincaré, was certainly not naive when it came to the epistemology of science. He had long learned the lesson of empiricism and positivism that science is not simply an image of "the world out there"; and he had not forgotten this lesson in old age.[①]

译文参考 C

后来，更多的哲学评论家集中评论了爱因斯坦的逻辑经验主义批判，并将他的立场等同于传统认识实在论——"科学是'事情真的是什么'的忠实映像"的观点。就是说，他们将爱因斯坦视为个别真相的相对观察者，他将个别的真相与我们关于它的经验知识联系在一起。是逻辑经验主义者和量子力学的哥本哈根学派，喜欢将这种立场标注为"天真的现实主义"，再次意味着倾向于坚持过时的有关科学知识可能性的观点。但这忽略了爱因斯坦，这位休谟、马赫和庞加莱的狂热的信徒，在谈到科学认识论的时候，肯定不是天真无知的。他早就学到了经验主义和实证主义，即科学不仅仅是一个"世界在那里"的映象。他还没有忘记这个旧时代的教训。

① Peter L. Galison etal., *Einstein for the 21st Centnry*: *His Legacy in Science*, *Art and Modern Culture*, Princeton Vniversity Press, 2008, p.49.

（五）和平主义（Pacifism）

1. 术语解读

和平主义的观念，是由来已久的。早在斯多亚学派的"世界公民"（cosmopolitan）概念中，就有放弃战争手段，实现世界一致和平的诉求。在 19 世纪末 20 世纪初，全世界，特别是欧洲大陆，时常处于战乱频仍的境地，在 1914—1917 年和 1939—1945 年的两次世界大战中更是达到了顶峰。最初，爱因斯坦最崇拜的人物是非暴力不合作运动的缔造者与践行者——"圣雄"甘地，而且爱因斯坦以自己的行动践行了和平主义的理念。面对纳粹的迫害，他并没有选择屈服与顺从，而是进行了立场坚定的斗争，展现了作为一位著名学者的伟大良知。更进一步的是，随着局势的发展，他在和平主义的信念中加入了对罪恶进行斗争的原则，在斗争中，为反法西斯战争的胜利与世界的和平做出了应有的贡献。在冷战中，他秉持不偏不倚的立场，反对进一步发展核武器与军备竞赛，这些观点集中体现在《罗素—爱因斯坦宣言》当中。爱因斯坦维护和平的信念与行动，深深地影响了同时代的科学家与公众，认识爱因斯坦的和平主义言行，及其相对于前人思想的进步发展，有助于我们更好地了解和平问题，掌握当代和平主义的发展源流及脉络。

2. 语篇精粹

语篇精粹 A

Unless wecan agree to limit the sovereignty of the individual state by binding every one of them to take joint action against any country which openly or secretly resists a judgment of the Court of Arbitration，we shall never get out of a state of universal anarchy and terror. No sleight of hand can reconcile the unlimited sovereignty of the individual country with security against attack. Will it need new disasters to induce the countries to undertake to enforce every decision of the recognized international court? The progress of events so far scarcely justifies us in hoping for anything better in the near future. But everyone who cares for civilization and justice must exert all his strength to convince his fellows of the necessity for laying all countries under an international obligation of this kind.[①]

译文参考 A

除非我们能通过约束每一个对任何国家的联合行动来限制个人主权的权利，否则我们将永远无法摆脱一种普遍的无政府状态和恐怖状态。没有什么戏法可以调和单个国家出于国家安全的考虑而反击攻击的无限制主权性。需要新的灾难才能使各国执行公认的国际法院的决定吗？事件进展到目前为止，还不足以有理由让我们相信在不久的将来能有更好的发展。但是所有关心文明和

---

① Albert Einstein，*Ideas and Opinions*，Crown Publishers Inc.，1960，pp.96–97.

正义的人都必须竭尽全力，让他的同胞们相信，有必要将所有国家纳入这样一个国际性义务之下。

语篇精粹 B

At the time, even less bold actions put people at risk. The civilized and aristocratic Bertrand Russell, in civilized and aristocratic England, spent time in jail for pacifism during World War I. And everywhere he went, Einstein was subject to pressures Russell never knew. Though his commitment to the religion ended when he was twelve, Einstein never dreamed of hiding his origins, which could spell doom for anyone who wasn't willing to blend into the background. His courage on this score should be underlined: this was a time when many Jews still took conversion as the price of entry into the local culture, and even those who didn't, leapt to military service and displays of patriotism to show what good Germans (or French, or Americans) they'd become. Einstein's refusal to blend into the background hardly escaped notice. A Berliner who offered a reward to anyone who managed to kill Einstein was merely sentenced to a fine—reason enough for Einstein to leave Berlin briefly after the murder of Rathenau, with whom he'd been friendly. But though he confessed that the assassination left him on edge, he was soon back to provoking whenever he thought it was needed.

Though he had been one of the few pacifists during World War I, he enraged those who remained unremitting pacifists later with his support for any step in the war effort that would serve to defeat the Nazis: after World War II was over, he returned to support everything that could be done to defuse the cold war. Addressing the U. N. General Assembly in 1947, Einstein urged the United Nations to "strengthen its moral authority by bold decisions," and in clear and concrete terms took America to task, over and over, for its share of responsibility for the Cold War. While insisting on the need to strengthen international institutions, he was hardly naive about their limits. Where they prove ineffective he urged defiance, for he argued that the judgment at Nürnberg confirmed what he held to be self evident: Where the law is immoral, we have the duty to follow our conscience instead.[①]

译文参考 B

当时，即使不那么大胆的行动也让人们处于危险中。文明的、贵族般的罗素在文明和贵族的英国，因为和平主义在监狱中度过一战的时光。爱因斯坦所到之处，遭受到的压力是罗素所不知晓的。虽然在他 12 岁时结束了对宗教的承诺，但爱因斯坦从未想过要隐藏自己的出身，这对于那些不愿意融入大背景的人来说是一个毁灭性的灾难。他的勇气应该被大力弘扬：在这段时间当中，许多犹太人仍然将改宗作为融入当地文化的代价，甚至那些没有改宗的，也会在军事服役和爱国主义表现中显示他们是多么好的德国人（或法国，或美国人）。爱因斯坦拒绝融入这样的大背景，他的这种举动很难不被察觉。一个试图悬赏杀死爱因斯

---

① Peter L. Galison et al., *Einstein for the 21st century: His Legacy in Science, Art and Modern Culture*. Princeton University Press, 2008, p.63.

坦的柏林人，只会被判处罚金。这足以让爱因斯坦在他的朋友拉特瑙遇害后离开柏林。尽管他承认暗杀置他于危机之中，他还是表明在必要时会很快回来。

虽然他是一战期间为数不多的和平主义者之一，为反抗纳粹竭尽全力，但仍然激怒了那些"不懈"的和平主义者。二战结束后，他不遗余力地支持化解冷战。爱因斯坦在1947年的联合国大会上发表讲话，呼吁联合国"通过大胆的决定加强其道德权威"，在明确和具体的条件下持续致力于促使美国担负起冷战的责任。坚持呼吁加强国际机构力量的同时，他并非没有看到它们的局限性。在例证无效的情况下，他敦促反抗，并辩称纽伦堡审判证实了他不言自明的态度：当法律不道德的时候，我们有责任遵从良知。

语篇精粹 C

Einstein's pacifism first found public expression in this context, where those opposing the war, on both sides of the conflict, risked being labeled traitors and attracted the punitive attention of the state. Despite the risk, in October 1914, Einstein joined a small group of academics in the University of Berlin in signing a manifesto calling for European unity. The manifesto itself was a counter to another, issued by an array of German intellectuals, including many of Germany's leading scientists（and Einstein's colleagues and friends）that defended Germany's conduct of the war in the face of allegations of atrocities by the Allies. In November 1914, Einstein joined the New Fatherland League, an organization to promote peace and European unity，as a founding member and began to participate in its activities. The organization was subsequently banned by the German government in early，1916，It，of course，attracted the attention of the police and Einstein's name appeared on the list of pacifists that they were to keep a watch on.[①]

译文参考 C

爱因斯坦的和平主义首先在这样的情况下公开表达，那些冲突双方反对战争的人，冒着被标记为叛徒的风险，致力于对国家的惩罚性关注。尽管有这种风险，1914 年 10 月，爱因斯坦加入了柏林大学的一个小团体，签署了一份要求欧洲团结一致的声明。宣言本身是针对另一个声明的，后者是由德国的知识分子，包括许多德国一流的科学家（爱因斯坦的同事和朋友）为捍卫德国面对盟国"暴行"的战争行为所作而进行的。1914 年 11 月，爱因斯坦加入了促进欧洲和平与团结的"祖国联盟"，作为创始成员之一来参与其活动。该组织在 1916 年初被德国政府禁止。这当然引起了警方的注意，爱因斯坦的名字出现在名单上，作为和平主义者而受到监视。

（六）统一理论（Unified Theory）

1. 术语解读

将强相互作用、弱相互作用、万有引力、电磁相互作用这四

---

① Peter L. Galison et al.，*Einstein for the* 21 *Century：His Legacy in Science*，*Art and Modern Culture*，Princeton University Press，2008，p.253.

种力构建在一个统一的理论模型之下，这一宏大目标吸引着包括爱因斯坦在内的诸多理论物理学研究者，还有科学哲学家。

理论的统一性，新的理论突破也是在先前基础上完成的，例如牛顿的万有引力定律之于爱因斯坦的广义相对论。而且统一理论的构造是随着客观事实而不断发展与完备的。对统一性的探索过程又往往会导致新的发现。

爱因斯坦在广义相对论建立之后，便立即放眼于更宏大的目标，就是要将当时已知的另一种力——电磁力也归纳到它的引力新理论之中，而量子力学，则是这一尝试迄今为止的最高形式。

爱因斯坦深信宇宙有一个全面而主要的、美丽的运作模式，爱因斯坦是那种要了解上帝思维，要了解事物全局的思想家。爱因斯坦满怀信心，认为若将他的新引力论与麦克斯韦的电磁理论统一起来，就能得出一组总的方程式，在后半生当中，他一直致力于构建统一场论。尽管他并没有完成这项工作，但是为致力于构建统一理论的后来者提供了有益的启示。在理论探寻的过程中，他因循着"宇宙宗教"的指引，将斯宾诺莎作为"上帝"，体现了所有存在事物的相互联结和普遍的联系，它们都服从普适的，固定不移的规律，整个宇宙就是由它们所构成的一个和谐有序的总体或系统。他把这个总体或系统称为自然、神或实体。

霍金在他的《时间简史》中坦言，当今世界上可能会有人在有生之年发现大统一理论。但这个大统一理论并不是爱因斯坦最初设想的大统一理论，不可能通过一个简单的美妙的公式来描述和预测宇宙中的每一件事情。因为宇宙是确定性和不确定性相互统一的，量子理论中的测不准原理体现了不确定性。

2. 语篇精粹

语篇精粹 A

The motive of unification also underlay nineteenth-century attempts to reduce gravitation to electricity, such as those of Ottaviano Fabrizio Mossotti and Karl Friedrich Zöllner, who interpreted gravity as a residual effect of electric forces. They assumed that the attractive electric force slightly outweighs the repulsive one, resulting in a universal attraction of all masses built up from charged particles. Ultimately, however, this interpretation amounts to little more than the statement that there is a close analogy between the fundamental force laws of electrostatics and Newtonian gravitation.[①]

译文参考 A

统一理论的动机，也来自 19 世纪将重力归于电力的尝试，正如莫索提和佐勒将重力解释为电力的残留效应那样。他们称吸引着的电力要稍大于排斥着的，导致由带有能量的粒子所组成的聚合存在统一的吸引。然而最终，这种解释仅略多于静电学基本法则和牛顿引力之间存在密切关系的阐述。

语篇精粹 B

For Einstein, the existence, mass, and charge of the electron and the proton, the only elementary particles recognizedback in the 1920s, were arbitrary features. One of the main goals of a unified

---

① Christoph Lehner, Jürgen Renn, and Matthias Schemmel eds., *Einstein and the Changing Worldviews of Physics*, Springer, 2012, p.10.

theory should be to explain the existence and calculate the properties of matter. When he contemplated his equation, he distinguished between the left-hand side of the equation, which was a beautiful consequence of the profound symmetry of general coordinate transformations and which captures the curvature of space-time, and the right hand side, which was the source of curvature (mass) but had to be arbitrarily put in with no principle to determine the properties of mass. As in politics, Einstein greatly preferred the left to the right. To quote Einstein: "What appears certain to me, however, is that, in the foundations of any consistent field theory the particle concept must not appear in addition to the field concept. The whole theory must by based solely on partial differential equations and their singularity-free solutions." ①

译文参考 B

对于爱因斯坦而言，电子和质子——在 20 世纪 20 年代得到确认的唯一基本粒子，其存在质量和电荷具有任意的特征。统一理论的主要目标之一应该是解释物质的存在并计算物质的性质。当他思考自己的方程式时，他区分了等式的两边：左手边，是一个优美的结果，是深度对称的一般坐标变换和捕捉时空的曲率；右手边，是曲率（质量）的来源，但必须经过无原则的随意输入以确定量的性质。在政治上，爱因斯坦喜好左甚于右。这是引用爱因斯坦的话："然而对我来说确定的是，在任何一致的领域理论

① Peter L. Galison et al., *Einstein for the 21st century*: *His Legacy in Science*, *Art and Modern Culture*. Princeton University Press, 2008, p.290.

的基础上，粒子概念不能出现在除了领域概念之外的地方。整个理论必须完全基于偏微分方程及其奇异性解。"

语篇精粹 C

The Einstein that may emerge from seriously acknowledging the philosophical dimension of his unified field theory program may well be that of an intellectual whose belief in the viability of a unified theory of the gravitational and electromagnetic field was intimately connected to a historically outdated belief in the ability of a single human mind to grasp the mysteries of nature in simple terms. From this belief in the power of the human mind sprang the sincerity of his attempts to explain the motif and rationale of his investigations to a lay audience, and this same belief fueled his political interventions in a barbaric world. The futility of his scientific unification endeavors in the Einstein's Unified Field Theory Program face of developments in theoretical physics, both during and after his life, suggests that the specific form of this belief in the power of the human mind belongs to a tradition of enlightenment whose days are gone. We may recognize the same belief in his early undisputed intellectual achievements, popular writings that we still recommend to students, humanitarian efforts that we still esteem, and explicit contentions against quantum theory that we consider deep and insightful. To the extent that Einstein's work on a unified field theory thus reveals a unity in his intellectual endeavors, we should be aware that we can learn from his intellectual achievements only by transforming his legacy to the more complex parameters of our time.[①]

译文参考 C

从哲学层面的统一场论出发，爱因斯坦是具有智慧的，其对构建一个引力和电磁场的统一理论的信念与一个历史上过时的信念密切相关，即单一的人仅凭简单的术语来掌握自然奥秘的能力。从在人类心灵中这一信念的力量，产生了一个试图解释的主题和基本原理的执念，这同样的信念助长了他在一个野蛮的世界里对政治进行干预的愿望。爱因斯坦的统一场论在理论物理学的发展中发挥着重要的影响力。他在科学统一理论上的努力所产生的效应一直存在，无论是在他有生之年还是之后。这表明，在人类心灵力量的信念的具体形式之下，属于传统启蒙的日子已经过去了。我们可以承认他早期的无可争议的知识成果、流行作品，我们仍然推荐给学生，仍然尊重他对人道主义的努力和明确的反对量子理论的观点，仍然认为这些观点深有见地。在某种程度上，爱因斯坦的工作在一个统一的领域之中，在智慧的努力下，揭示了一种统一性。我们应该知道，只有将他的宝贵遗产转换为我们时代的更为复杂的参数之后，才能受益于他充满智慧的成果。

①　Peter L. Galison et al., *Einstein for the 21st century*: *His Legacy in Science*, *Art and Modern Culture*. Princeton University Press, 2008, p.293.

第二章　石里克：维也纳学派的领航人

There are innumerable roads to philosophy. Indeed, as Helmholtz stressed, any scientific problem will lead us to philosophy if only we pursue the problem far enough. When a person gains knowledge in some particular science (and thus learns the causes of one phenomenon or another) and when the inquiring mind asks in turn for the causes of these causes (that is, for the more general truths from which the knowledge he has gained may be derived), he soon reaches a point where he can go no further with the means furnished by his science. He must look for enlightenment to some more general, more comprehensive discipline. For the sciences form, as it was, a system of nested receptacles, where the more general contains the more specific and supplies it with a foundation.[1]

——Moritz Schlick

通向哲学的道路很多很多。确实，正如赫尔姆霍兹强调的那样，只要我们把科学问题研究得足够深远，任何科学的问题都会把我们引向哲学的思考。当一个人在某个特殊科学中获得了知识（从而知道这个或那个现象的原因）时，当探索的头脑进一步追问原因的原因（也就是追求可以从中推引出他所获得的知识的更一般的真理）时，他很快就实现了这一点，此时，他的科学方法已不能再让他继续前进。他必须到某种更加一般、更加概括的学科中寻求启示。因为科学形成了仿佛是由层层叠叠的套在一起的各种容器构成的体系，其中最一般的科学包含着比较特殊的科学并为之提供基础。

——摩里兹·石里克

---

[1]　Moritz Schlick, *General Theory of Knowledge*, Springer, 1974, pp.3-4.

一、成长历程

（一）求学之路

摩里兹·石里克（Moritz Schlick），1882 年 4 月 14 日出生于德国柏林（Berlin）的一个贵族家庭。中学毕业后，他先后在海德堡大学（Universität Heidelberg）、洛桑大学（Université de Lausanne）和柏林大学（Universität zu Berlin）学习，主修物理学（Physics）。在柏林求学期间，石里克的教授正是柏林大学著名的物理学家马克斯·普朗克（Max Planck）。1904 年，在普朗特教授的指导下，石里克完成了他的博士论文《论光在不均匀介质中的反射》（*Über die Reflextion des Lichts in einer inhomogenen Schicht*），并以此获得了物理学博士学位。

石里克

1910 年，在大学任教期间，石里克发表了一些关于美学（Aesthetica）的论文。随后，他便转向认识论（Epistemology）、科学哲学（Philosophy of Science）以及科学（Science）等基础问题。此外，他还发表了很多关于认识论和科学哲学的论文。在石里克的早期研究中，他对阿尔伯特·爱因斯坦（Albert Einstein）的相对论非常感兴趣。1917 年，石里克的专题论文《现代物理学中的空间与时间》（Raum und Zeit in der gegenwärtigen Physik），颇受物理学家爱因斯坦的赞赏，这也使石里克成为爱因斯坦相对论的第一位哲学阐释者。

从 1907 年到 1911 年，石里克先后发表了 8 篇与"相对论应用"相关的论文，并于 1911 年出版了一本有关狭义相对论（Special Relativity）的著作，1921 年又出版了另一本关于广义相对论（General Relativity）的著作。后来，石里克的研究兴趣转向哲学，并成为维也纳学派的核心人物之一。1918 年，石里克完成了他的《普通认识论》（Allgemeine Erkenntnislehre）这一著作。其中，他精确地反驳了合成先验知识。石里克认为，只有显而易见的断言才是定义，他在文中举出"公式化逻辑"和"数学中的公理"两个实例，来证明他这一观点的正确性。至于其他的断言，必须通过实际考验来证明。如果说，一个断言不是定义，我们又无法通过事实来证明或者否认这一断言，那么这个断言就是"形而上学"的，这也是维也纳学派成员所共同承认的原则。从 1926 年到 1930 年，石里克完成了《伦理学问题》（Fragen der Ethik）这一著作。在该书中，石里克将"伦理道德"视为哲学的一个分支。1929 年，维也纳学派的代表人物共同发表了《科学的世界观：维也纳学派》（*The Scientific World View-Vienna School*）一书，并以此书作为对石里克的赞美。该书作为一部纲领性文件，宣告了逻辑经验主义（Logical Positivism）的成立，同时也是物理主义和同一科学运动的开端。作为维也纳学派的学术成就，这本书具有强烈的反形而上学的理论特征，并阐述了"科学的世界观"，即逻辑经验主义，以及推行逻辑经验主义的必然产物：基于物理的还原论（Reductionism）等一系列观点。

（二）学术成就

除了学术上的成就，石里克在其他领域也取得了相当大的成就。通过对光波周期性结晶颗粒问题的讨论，石里克发现了晶体（Crystal）中的 X 射线衍射现象（X-ray scattering techniques），并通过该现象，不但证明了 X 射线的波特性，而且证明了晶体的晶格结构。正因如此，这一发现成为石里克最著名的研究之一。凭借这一研究成果，1914 年，石里克荣获了诺贝尔物理学奖（Nobel Prize in Physics）。在随后的研究过程中，石里克得出一个想法，即正如 X 射线所呈现的那样，电磁射线的波长越短，就越会在某种介质中引起衍射或者干涉（Interference）现象。他认为，晶体就是这样的一种介质。为此，石里克计算出这一现象的数学公式，并于 1912 年将这一发现公布于世。从此，人们可以通过观察衍射花纹来研究晶体的微观结构。石里克的这项研究，也成为固体物理学中具有里程碑意义的发现，并且对生物学（Biology）、化学（Chemistry）、材料科学（Materials Science）的发展都起到了巨大的推动作用。例如，1953 年，詹姆斯·沃森（James Watson）、弗朗西斯·克里克（Francis Crick）就是通过 X 射线衍射方法观察到了 DNA 分子的双螺旋结构（DNA Double Helix Structure）。

如果说，石里克的一项重要贡献在于他发现了晶体中的 X 射线衍射现象，那么他的另一项重要贡献就是对超导（Superconductivity）问题的研究。在柏林大学任教期间，作为理论物理学的教授，石里克潜心研究超导问题，为德国科学研究的发展做出了重要的贡献。对于普鲁士（Prussia），石里克心里始终有着一种深深的爱，那是一种对公平和公正的强烈的责任感。在希特勒（Hitler）和纳粹（Nationalsozialismus）统治时期，石里克冒着遭受人身伤害的危险，直言不讳。他始终坚持科学真理，坚持不被纳粹党所接受的相对论。一直以来，石里克都坚决支持并维护爱因斯坦，支持其相对论和量子理论（Quantum Theory）的研究，反对受到纳粹影响的 20 世纪上半叶的"德国物理学"。当爱因斯坦退出柏林学会的时候，柏林学会的副主席宣称，爱因斯坦的退出不会给学会带来什么损失。此时，对于这一言论，学会里只有石里克一人提出了抗议。

柏林大学

（三）哲人影响

鲁道夫·卡尔纳普（Rudolf Carnap），1891 年 5 月 18 日生于德国，经验主义（Empiricism）和逻辑经验主义的代表人物，主要研究逻辑学、数学、语言的概念结构。1921 年，卡尔纳普获得耶拿大学（Universität Jena）博士学位。1926 年至 1931 年期间，应石里克的邀请，卡尔纳普来到维也纳大学任教，担任哲学讲师。与此同时，卡尔纳普加入了"石里克小组"，成为维也纳学派的主要成员之一，并积极参加维也纳学派成员组织的各项讨论。1928 年，卡尔纳普出版了《世界的逻辑构造》（*Der logische Aufbau der Welt*）一书，这部著作是卡尔纳普对其早期哲学工作的自我总结。

1922 年，石里克的理论研究受到了两个事件的深刻影响。第一个事件是，一位名叫恩斯特·马赫（Ernst Mach）的哲学家和物理学家定期组织社团聚会，共同探讨科学和哲学等问题。后来，这个社团以"维也纳学派"著称。这个社团的成员主要包括鲁道夫·卡尔纳普、库尔特·哥德尔（Kurt Gödel）、奥图·纽拉特（Otto Neurath）等人。维也纳学派，这是第一个成熟的 20 世纪哲学学派，于 20 世纪 20 年代在奥地利发展起来。这一学派的新思路被称作"逻辑经验主义"。石里克正是维也纳学派的核心人物，他最初接受的是物理学训练，他力图创造一种基于物理学研究成果的具有明晰性和确定性的哲学。第二个事件则与路德维希·维特根斯坦（Ludwig Wittgenstein）相关。

路德维希·维特根斯坦（Ludwig Wittgenstein）是 20 世纪

最有影响的哲学家之一，1889 年出生于奥地利（Austria）。他是一位哲学家、数理逻辑学家，以及语言哲学的奠基人。第一次世界大战开始后，维特根斯坦在战场上完成了《逻辑哲学论》（*Logische-Philosophische Abhandlung*）的初稿，该书标志着哲学的语言学转向。现在，《逻辑哲学论》被广泛地认为是 20 世纪最重要的哲学著作之一。1922 年，这本书引起了石里克等人的注意。1927 年 2 月，石里克与维特根斯坦见面，这也是维特根斯坦与维也纳小组成员的第一次接触。此后，"维也纳小组"成员将《逻辑哲学论》一书作为他们研究哲学问题的准则。与此同时，维特根斯坦也逐步结识了该小组成员，并应邀参与组内的一系列活动。在那之后，维特根斯坦与维也纳学派及石里克等成员保持往来，他和卡尔纳普等人常常聚在石里克的家里讨论哲学。

对于石里克的理论研究来说，第二件有着非常重要的影响的事件就是维特根斯坦出版了上文提到的《逻辑哲学论》一书，该书提出了象征主义的一个逻辑理论和语言的"图像（image）理论"等观点。这部著作也深深地影响了石里克和维也纳小组的成员。他们几乎每次聚会都要讨论这一著作，石里克在聚会中也极力赞扬维特根斯坦。之后，维特根斯坦经常与石里克等人一起讨论《逻辑哲学论》一书，以及其他哲学理论。在石里克的影响下，维特根斯坦决定，在其空闲十年之后，再一次研究哲学理论。1932 年，维特根斯坦中断了与维也纳学派的联系，但是他依然和石里克有书信往来。

（四）晚年荣誉

石里克的哲学思想，丰富而有内涵，在认识论方面取得了显著的成果，其著作值得后人学习和研究。然而遗憾的是，正处于逻辑经验主义运动蓬勃发展之时，石里克不幸遇害，停止了其丰富成果的学术生涯，维也纳学派的学术重任也落在了其他成员的肩上。"在 20 世纪那些具有决定性意义的哲学家当中，石里克算是一个有点儿被人们忽略的人物了。"① 后人提及维也纳学派时，往往会想到卡尔纳普、纽拉特等人，而忽视了石里克及其哲学思想的重要性，尤其是他在认识论方面的学术成就和重大影响。然而，在《普通认识论》（ *Allgemeine Erkenntnislehre* ）的"英译者序言"中，有这样的评论："在更宽广的程度上，石里克对科学知识性质的一般分析，为之后的逻辑重构铺平了道路。"② 此后，莱欣巴赫、波普尔、卡尔·亨培尔、沃夫冈·斯太格缪勒等人以不同方式阐述了这一理论，诸如一些假设的重要科学概念、推理方法、概率理论。石里克认识论的重要组成部分在于对认知问题的研究。石里克认为，无论科学哲学如何发展变化，都不可能丧失其基本追求，即对"认知问题"的研究和探索。《普通认识论》，作为石里克的经典之作，集中体现了石里克关于"认知理论"的研究，对于这本书，曾经有过这样的评价："这本书出版半个世纪以来，也许仍然是一本关于认识论的最全面的、最有价

---

① ［德］卢特:《新实证主义》,《哲学译丛》, 1979 年, 第 43 页。

② Moritz Schlick, *General Theory of Knowledge*, Springer, 1974, p. XXIV.

值的论述。"①

　　著名物理学家爱因斯坦对石里克及其著作也有很高的评价，他赞扬石里克具有"高深的数学物理学知识"和"处理认识论问题的不同寻常的明晰性和非凡的创造能力"。在给石里克的信中，爱因斯坦这样写道："明天，我要启程去荷兰，开始为期两周的旅行，我已将您的《认识论》一书装入行装，作为我旅途的唯一读物。由此可见，我是多么想拜读您的这本大作啊！"②"历史将会永远铭记石里克，这位认识论的开拓者和科学哲学的领路人。"③尽管他的许多学生和后继者，在对认识论问题的逻辑分析方面已经达到了最高程度的精确性和适当性，但是石里克对于哲学问题中的本质研究，具有无法超越的意识。因此，我们有必要认知学习和研究石里克的认知理论和科学哲学理论。

　　石里克一生所获荣誉颇多。他曾获得过包括马克斯·普朗克奖章（Max Planck Medal）等不计其数的荣誉。石里克获得了波恩大学（Universität Bonn）、慕尼黑大学（Universität München）、柏林大学（Universität zu Berlin）、曼彻斯特大学（The University of Manchester）和芝加哥大学（The University of Chicago）的荣誉博士学位。他是马克斯·普朗克协会（Max Planck Institute）的荣誉议员，德国伦琴协会（Rontgen Institute）的荣誉成员，哥廷根（Gottingen）、慕尼黑（München）、罗马（Roma）、马德里（Madrid）等科学协会以及伦敦皇家协会（Royal Society）的会员。

---

　　①　舒炜光：《当代西方科学哲学述评》，中国人民大学出版社，1987年，第29页。

　　②　［德］唐·霍尔德：《爱因斯坦科学哲学中的实在论和约定论——爱因斯坦——石里克通信》，邵水浩译，《世界科学》，1987年，第12页。

　　③　Moritz Schlick，*General Theory of Knowledge*，Springer，1974，p. XXV.

（五）校园枪声

由于石里克出生在富裕家庭，因而他的一生并不了解贫穷或严峻的困苦。他的生活，总的来说，是幸福而充实的。但是他的那些成长自二三十年代压抑和失业境遇中的学生们，往往觉得他的乐观主义的、带有玫瑰色彩的世界观不大容易理解。这一点也许就是导致石里克被一个精神错乱的学生杀害的原因。[①]

维也纳大学

随着纳粹主义在德国（Germany）和奥地利（Austria）的兴起，维也纳学派中的许多成员都选择去往美国和英国，石里克则选择继续留在维也纳大学。1935 年，他在受访时对在德国发生的事件表示厌恶。1936 年 6 月 22 日，在维也纳大学的楼梯厅，伟大的哲学家石里克准备去讲课时，被他的一个学生枪击致死。这

---

① ［德］石里克:《普通认识论》，李步楼译，商务印书馆，2005 年，第 2~3 页。

件事有着深刻的哲学史意义，正值学术鼎盛时期的石里克，作为维也纳学派的核心，他的死无形中削弱了维也纳学派的力量。石里克的不幸遇害，对维也纳学派的逻辑经验主义的发展以及整个科学哲学界造成了沉重的打击。同时，这一悲剧是对石里克的许多朋友和崇敬者的沉重打击，也是对哲学界和整个学术界的沉重打击。

在维也纳大学的楼梯厅中台阶的地板上刻着这样一段话：摩里兹·石里克，维也纳学派的领导者，1936 年 6 月 22 日，在这里被杀。这些字至今清晰可见。是一种被种族主义和不宽容所毒害的精神氛围导致了这场悲剧的发生。至于石里克被杀的原因，至今仍然众说纷纭。世间流传的说法是，杀害石里克的学生是一个精神病患者，拥护法西斯主义，那个学生甚至被认为是"疯子"。很多年过去了，哲人石里克的鲜血，早已弥散在这几行模糊的金色小字之中。人来人往，又有谁能听见当年让石里克的生命戛然而止的那声枪响。

二、理论内涵

（一）实在问题

在德语中，"实在"（Wirklich）这个词是从动词"有效果"（wirken）这个词中派生出来的。实在的概念，是一个实践上的概念。哲学关注的正是一般的基础对象和实践问题，它把实在这一概念作为一个有学术意义的对象。在研究问题时，我们会对每一件事做出相关判断，与此同时，实在的问题就会出现；而如果我们想知道自己的判断是否正确，我们就必须回答"实在"这一问题。因为石里克认为："在我们能够谈到任何有意义的事物之前，首先这些事物的对象必须存在着。"① 正如一个人不会首先因为他有一张桌子的知觉，然后才判断出一张桌子的存在。相反，他认为，他会看到一张桌子，是因为这张桌子本身是存在的。我们不能通过任何种类的知识得到有关实在的问题，正是因为"实在"的问题存在于一切知识出现之前。在"对实在问题的表述"一节中，石里克指出，"实在就是已经被标示的东西，它是在任何标示出现之前就存在着的东西。"②

石里克认为，就实在本身而言，一般的"实在特征"，在于它对"时间的确定性"。换句话说，"时间的确定性"对"实在特征"来说，是绝对的、唯一的。在"实在的时间性"一节中，石里克写道："一切实在的东西都具有时间性，确实，这个特征完全可以起到所需标准的作用。对我们来说，一切实在存在着的东西，都是存在于时间的某个点上的东西。"③ 这就是说，时间是实在问题的必要标准。凡是具有一定时间的，而且能用概念性的语言表述出来的东西，都是实在的。因此，石里克指出："事件或事物，一切事物都存在于某个时间的点或者经历一个时间间隔。"④不管我们对于时间的'本质'可能还会相信别的什么东西，这种看法都是正确的，不管我们怎样确定一个时间点，不管我们认为

---

① Moritz Schlick, *Allgemeine Erkenntnislehre*, Berlin Verlag von Julius Springer, 1925, p.320.

② Ibid., p.322.

③④ Ibid., p.350.

时间具有相对的性质还是绝对的性质，有主观的有效性还是客观的有效性，这种看法都是正确的。

此外，在石里克看来，"大部分的实在，还具有任何非实在所不具备的另一个特征，那就是：空间的次序"[①]。外部世界（这本身就是一种空间性表达）的一切实在物及其过程，都有一个属于自身的特别的场所。只有通过这个事实，才能表达这些实在物及其过程。在《普通认识论》一书中，石里克还提出了有关"实在"的第二个问题，"它包含哲学的最基本的问题，那就是确定实在的本质的问题，对实在的认知问题。最终，实在的概念会植根于经验，这是因为，这里的实在，指的是我们可以直接体验到的实在"[②]。然而，在形成"实在"这个概念的时候，其有效性就已经扩展到经验之外的存在了。正如这一过程中，通常会发生的情况一样，哲学已经直接地表达了这样的观点，即离这种源泉最远的概念性领域，才是最优越、最重要的领域。

由"实在的问题"引申到"实在的本质"，这就如同康德所谓的"现象"（phenomenon）与"物自体"（thing-in-itself）的关系。然而，在康德看来，一切科学知识都在于其"现象"；至于"物自体"，我们对此是不可知的。对于康德这样的科学知识观，石里克并不赞同，他认为，正是因为人们不了解其中的真实原因，才会产生这样的知识观，即我们对"物自体"只是不能加以"直观"罢了，但这并不代表我们不能对其进行认识。这一点

---

① Moritz Schlick, *Allgemeine Erkenntnislehre*, Berlin Verlag von Julius Springer, 1925, Ibid., p.350.

② Ibid., p.424.

在我们的日常生活中也有所体现。我们经常会说，结果仿佛是一种原因的现象。例如，发烧是疾病的现象，室外气温的上升是温暖的现象，闪电是暴雨的现象等。

从一定程度来说，石里克有关"实在问题"的思想具有很大的合理性。对"实在问题"的看法，石里克坚持两种观点：一种是朴素观点，另一种是哲学观点。我们以后者为例进行分析。哲学观点并没有停留在朴素的观点上，相反，他们总是寻求新的观点，希望从中能够找到更好的更统一的标准。大多数哲学家尝试对朴素观点加以补充完善，力求达到在科学上更适用的标准。在日常生活中，我们应该把科学论证提供的知识，运用到可靠的哲学真理中去，从而达到哲学真理的途径。我们要做的是，抛弃那些错误的判断，而不是消除一切植根于日常生活的判断。正是基于这样的理论，石里克对于"实在问题"的观点才得以建立。

（二）命题的意义

石里克将命题区分为分析命题（Analytic Proposition）和综合命题（Synthetic Proposition）。"分析命题"是指逻辑上必然为真的命题，例如数学命题；"综合命题"是关于经验对象的命题，其真假性由经验事实来判断，例如自然科学命题。在石里克看来，命题不等同于知识，这是因为命题包括知识和定义这两个因素。更重要的是，石里克的命题是标示事实的。此外，石里克也认为，"每一个判断都是事实的记号，这个事实可以是实在的，也可以是概念性的。我们要理解的事实，不仅是实在对象之间的关系，还包括这些概念之间的关系"①。举例来说，雪是冷的是一个事实，2乘以2等于4也是一个事实。因此，在石里克看来，命题是关于事实的记号。

在命题问题中，石里克提到了数学命题。他认为："唯一能够不断地对我们的问题做出严格表述的科学是构造得在每一步上都保证绝对确实性的科学。这种科学就是数学。"②对数学命题的理解，受到大卫·希尔伯特（David Hilbert）《几何学基础》（Grundlagen der Geometrie）的影响，石里克提出了著名的"蕴涵定义"（der implizite Definition），所谓"蕴含定义"，是指："规定仅仅由这些基本概念或者初始概念来满足这些公理的事实，并以此来定义这些概念。"③

石里克认为，"数学命题是思想的建构，其定义必须在概念间的关系系统中呈现。同时，石里克还特别指出：更加重要的是，蕴涵定义是一种工具，这种工具能够使我们完全确定概念，从而在思维中获得严格的精确性"④。在石里克看来，我们不能撇开物质，空谈空间，没有物质，空谈空间是无意义的，这样的努力也是徒劳的，因为空间和时间不可能独立于物质而单独存在。"作为一门由严格精确的真理所构成的坚固学科，几何学实际上并不是一门空间科学。"⑤石里克的数学理论有着自己特定的科学和数学理论作为支撑，他认为，正是通过公理系统，数学才可以

① Moritz Schlick, *Allgemeine Erkenntnislehre*, Berlin Verlag von Julius Springer, 1925, p.102.
② Ibid., p.85.
③ Ibid., p.88.
④ Ibid., p.96.
⑤ Ibid., p.93.

演绎整个知识体系。

石里克严格区分了"分析命题"和"综合命题"，这一区分使人们对数学的知识有了更深刻的认识，促进了数学学科的发展，也因此具有重大的学术意义。石里克指出：数学命题的真正意义在于，数学是一个完整的演绎体系。在这一体系中，数学概念的意义才得以真正的实现，这也是"蕴涵定义"的意义所在。然而，每一次重大的科学和数学的进步，都会伴随着相应的哲学思想的进步。以"数学"为例，数学正是纯粹概念下的事实哲学。石里克的数学观，具有深刻的认识论意义，这样的数学观不但促进了人们对数学命题的不断深入理解，而且推动了科学及哲学的发展进程。

（三）善与真的思辨

伦理学的目的在于寻求知识，它是客观的真理，也是纯粹的理论。石里克认为："伦理学提供的是知识的体系，而不是其他别的东西，因此，伦理学的唯一目标就是求真。"[①] 然而，对于一个哲学家来说，当他进行哲学研究时，再没有什么比求真更令他兴奋的事情了。"伦理学问题关注'道德'、关注有道德'价值'的东西、关注被人们视为行为'准则'和'规范'的东西。"[②] 或者，让我们用一个最古老、最朴实的词来形容理论学问题的关注点，那就是"善"。伦理学研究的是关于"善"的问题，伦理学的本质在于其理论知识。正是基于和善有关的一切生活经验，伦

---

① Moritz Schlick, *Problems of Ethics*, Prentice Hall, 1939, p.1.

② Ibid., pp.2-3.

理学才可以研究“善”这个概念，正如“光学”是致力于揭示光的知识和规律这个道理一样。

事实上，每个概念都有其确定的意义，其他事例也是如此，比如“生物学”（Biology）、“光学”等。它们被一系列的现象和经验所限定。或许有一天，随着人们知识的不断积累，人们对于概念的意义开始有了新的、更为精确的扩展，但无论怎样，每个概念都会有一个共同的本质。也许，我们可以认为，这个本质实际上是不同的人对同一概念的理解的交集。在此，石里克特意以“生物学”这一概念为例：“生物学，即关于生命的学说，其领域是由一系列特征（特别是运动、再生和生长等）界定的。”[1] 这些特征表现在一切生命体中，且如此清楚地呈现在我们日常的视野中，撇开变形期的情况不说，以致生命体和非生命体之间不需要任何科学分析就能严格区分开来。

除了“生物学”之外，“光学”也是如此。石里克认为：“在没有关于光的科学即光学之前，‘光’这个词就有了确定的含义，且这个意义确定了光学的对象。在此基础上，光的主要特征来源于直接经验，这种经验正是我们后来称之为‘光感’的东西。”[2] 也就是说，这是不能进一步定义的、只被观察者知晓的知性材料。再撇开临界状态不说，它的产生表明构成光学对象的那种现象存在。在后来的发展中，伴随伦琴射线和无线电波（因为它们的规律和光线是一致的）理论，光学获得了现代的形式，但这对原始的事实并没有什么改变。关于“善”的概念也是如此，我

---

① Moritz Schlick, *Problems of Ethics*, Prentice Hall, 1939, p.4.

② Ibid., pp.4–5.

们应该用类似于研究"光学""生物学"概念的方法来把握"善"的概念。

谈到伦理学的问题，石里克还指出，善的概念具有两种特征，即一个是善的形式特征（The Formal Characteristic of the Good），另一个是善的实质性特征（Material Characteristics）。一提到形式，我们就不得不提到康德（Immanuel Kant）笔下的道德哲学。他将全部重心都放在那种形式化特征上面。康德认为："善总是表现为人们被命令要做的事，然而，恶总是表现为人们被禁止做的事。"① 我们要求或者希望做的事，就是善的行为，或者说，善就是我们应该做的行为。而命令、渴望、要求就出自有命令、渴望、要求的人。

在石里克看来，对于某种善的要求和命令来说，隐藏其背后的内容更为重要。这个背后的内容就是我们常说的，善的实质性特征。对此，石里克特别指出，不同的文化对同一个事件，一定会有不同的道德判断。这其中存在两种情况：一是他们本来就有不同的善；二是他们本来具有相同的善，只不过是实现这个善的方式不一样罢了。关于"真"的事例，我们身边存在着具有一致性和确定性的广泛领域，也就是包含于"诚实可靠""助人为乐"等品质的某些行为方式，在这其中，我们都可以得到"真"的价值。在我们的日常生活中，有这样一个道德原则，那就是善与真的有机结合，在不同的情形下，人们会有不同的道德判断，这些道德判断的不规则性深深影响了人类及其未来的发展，这也会成为我们研究的重点。

---

① Moritz Schlick，*Problems of Ethics*，Prentice Hall，1939，p.10.

"善和恶就是客观存在的物性，可以确定下来并加以研究，就如同研究物理学当中的光学现象那样，并将它作为光感的原因加以考察。"①事实上，关于"善"与"真"的基本概念最终会如同我们之前描述"光学"的基本概念一样，以运用理论来描述的方式给出"善"的概念，这样的理论可以作为我们研究的基础。石里克指出，正如我们有一种特殊的感觉即"视觉"感知"光"一样，我们也有一种特殊的道德感，一种道德感官可以显示善或恶的存在。

（四）因果关系

哲学与物理学具有非常深厚的渊源，同样，哲学思想与物理学的哲学意蕴也密切相关。纵观整个哲学史，很多伟大的哲学家，往往也是伟大的科学家。所有过去的哲学进步都是来自科学的知识和科学问题的研究。哲学的重要思想，在一定程度上，为物理学的思想、理念和方法注入了一定的活力。这一点大大丰富了人们的思维方式，对哲学和物理学的研究也具有极其重要的应用价值。哲学在对外物认识的同时，引导人们反过来认识人自己，深入地领悟人生，启示人们应以何种态度为人处世。

石里克在《自然哲学》一书中提到了"因果原理"这一概念。一般来说，每一个事件都是某个原因的结果，这一概念也仍然适用于物理学思想。经典物理学中存在如下公式："用某一个事件对于其紧邻事件的依赖关系，来表示该事件，这就是'场方

---

① Moritz Schlick, *Problems of Ethics*, Prentice Hall, 1939, p.9.

程'，这里的'场'指的是一个空间区域，场上的每一个点的状态，完全由某些量的值所决定。"① 在物理学中，人们力图用这些量来描述所有的事件，并且用场方程来表述原子及电子的过程。其中，最著名的"场方程"就是麦克斯韦的电磁方程。从这一观点出发，石里克认为，因果原理可以在自然的四维描述中加以表达，因果原理表述了定律存在这一事实。

提到新物理学中的"因果原理"，石里克认为："无论是粒子的概念，还是波的概念，这二者本身都不能产生事件的模型，无论是直觉的模型，还是图像式的模型。按照不同的情况，这两种互为排斥的模型将会发挥各自不同的功能。这一事实表现为：在根本上说来不可能有完全精确的观察。著名科学哲学家海森堡的测不准原理，给一切测量的精确度加上了一定的限制。根据定律所示，这将涉及到另一要素或者另一部分（例如：电子的速度）测量精度的降低。这两个精度的乘积，也就相当于一个作用量子的数量级。这一普适定律是从下面的事实导出的，即观察的效果或者影响，一定不会像人们所希望的那样无限任意减小。因此，在二者之间，不可能存在鲜明的区别。"②

石里克的"因果关系"理论，是建立在经典物理学和新物理学相融合的基础上的。在物理学方面，人们对物质内涵及其存在形式的认识，与电磁场的发现息息相关。同时，相对论的创立，也更加深刻地表明了时间、空间与物质不可分割的属性。哲学关于物质存在形式及其运动关联的本体诠释，极大地丰富了这种新

---

① ［德］石里克：《自然哲学》，陈维杭译，商务印书馆，1997年，第47页。

② 同上，第57页。

的物质科学理念。量子理论表明，自然的运动法则存在或然决定论的运行模式，这对人们的认识观念产生了深刻的影响。

（五）石里克名言及译文

（1）We can carry on our work quite well in the sciences without providing them with epistemological foundations，but unless we do so，we shall never understand them in all their depth. An understanding of this kind is a peculiarly philosophical need，and the theory of knowledge is philosophy.①

我们无需给各门学科提供认识论基础也能进行这些学科的研究，但是除非我们提供了认识论基础，否则我们决不会深刻地理解这些科学，这样一种理解正是哲学特有的需要，而认识论就是哲学。②

（2）The sciences have at their disposal a sure criterion for deciding when genuine knowledge is at hand and in what it consists. Thus the sciences must already contain implicitly a full definition of the concept；all we need do is infer it from the research，read it off from any undeniable advance in knowledge. Then，with this definition as a firm starting–point，we can begin our deliberations.③

科学必定已经隐含着知识的充分的定义，我们要做的全部工作就是从这种研究中把它推引出来，从不可否认的知识的增进中

---

① Moritz Schlick，*General Theory of Knowledge*，Springer，1974，p.3.
② ［德］石里克：《普通认识论》，李步楼译，商务印书馆，2005 年，第 17 页。
③ Moritz Schlick，*General Theory of Knowledge*，Springer，1974，p.6.

把这个定义解读出来。然后，以这一定义作为坚固的出发点，我们便可以开始进行我们的探讨。①

（3）Philosophy often derives much benefit precisely from a careful examination of the ordinary and the insignificant. What we find in the simplest situationsrecurs not in frequently in the most complicated problems，but in such an intricate disguise that had we not first beheld it so clearly in our everyday experience we should never have been able to detect it.②

通常来说，哲学恰巧是从普通之物或者平常之物的细致考察中，得出有益的结果。我们在最简单的情况下所发现的东西常常在最复杂的问题中又重新发生，但它是在非常复杂的伪装之下，以至于我们如果不是最初在日常的经验中非常清楚地看到它，那么我们就决不可能发现它。③

（4）Just as we possess a special sense，namely the sense of sight，for the perception of light，so it is supposed that a special "moral sense" indicates the presence of good or evil. Accordingly，good and evil would be objective characters，to be determined and investigated as are the physical events which optics investigates，and which it considers to be the causes of light-sensations.④

正如我们感知"光"有一种特殊的感觉（即视觉）一样，我

---

① ［德］石里克:《普通认识论》，李步楼译，商务印书馆，2005 年，第 20 页。
② Moritz Schlick, *General Theory of Knowledge*，Springer，1974，p.8.
③ ［德］石里克:《普通认识论》，李步楼译，商务印书馆，2005 年，第 23 页。
④ Moritz Schlick, *Problems of Ethics*，Prentice Hall，1939，p.9.

们也有一种特殊的道德感，一种道德感官可以显示善或恶的存在。这样，善和恶就是客观存在的物性，可以用像确定和研究物理现象（光学研究这种现象，并把它作为光感的原因就此加以考察）那样的方式确定和研究它。①

（5）Of course, I have very different experiences when I stroke soft silk, when I attend a performance of Midsummer Night's Dream, when I admire an heroic act, when theproximity of a beloved person makes me happy; but in a certain respect there is undoubtedly a similarity in the mental dispositions in all these cases, and we express this when we say that all of them have pleasant emotional tones, or that all of them are joyful.②

当然，当我抚摸柔软的天鹅绒时，当我参加《仲夏夜之梦》的演出时，当我钦佩一种英雄行为时，当一个性格可爱的人亲近我使我高兴的时候，我们会有各不相同的体验。不过，在这些情况下，人的心境是相同的，我们正好可以这样表达他们的心境：我们说所有这些人具有快乐色彩，他们中所有的人都很快乐。③

（6）The will can no more direct itself toward an end, the idea of which is simply unpleasant and has absolutely nothing attractive, alluring, or noble in it, than the eye can see an object clothed in utter darkness.④

正如眼睛不可能看到完全处于黑暗中的物体一样，人的愿望

---

① ［德］石里克：《伦理学问题》，孙美堂译，华夏出版社，2001年，第10页。
② Moritz Schlick, *Problems of Ethics*, Prentice Hall, 1939, pp.37–38.
③ ［德］石里克：《伦理学问题》，孙美堂译，华夏出版社，2001年，第31页。
④ Moritz Schlick, *Problems of Ethics*, Prentice Hall, 1939, p.48.

也不可能指向观念中的那些绝无任何迷人的、有吸引力的、光明的和崇高的目标，而完全只是不快乐的目标。①

（7）We would never speak of the value of health if there were no illness; praises of spring would not be sung if it did not follow winter, and if the whole year rounded out equably; but from this it only follows that some change is necessary if lively feelings are to occur.②

如果没有疾病，我们就绝不会谈论健康的价值；如果春天不是在冬天之后来临，而是全年气温平衡，人们就再也不会歌唱春天，这是事实。但这只能得出结论说，要出现活泼的感受，某些变化是必要的。③

（8）Just as winter is not merely a miserable season but has its own joys, though different from those of summer, so it would suffice if different qualities of pleasure alternated with each other, or if states of highest joy followed indifferent or mildly pleasant ones; the former would stand out from the latter quite well enough.④

如果说冬天也绝不只是个悲凉的季节，它也有自己的欢乐，只是与夏天不同罢了，那么，如果不同质的快乐相互交替，或者，如果最高的快乐心态紧接着冷漠的心态或只有微弱快意的心态出现，并从后者中突显出来，这就足以说明问题了。⑤

---

① ［德］石里克:《伦理学问题》，孙美堂译，华夏出版社，2001年，第38页。
②④ Moritz Schlick, *Problems of Ethics*, Prentice Hall, 1939, p.135.
③⑤ ［德］石里克:《伦理学问题》，孙美堂译，华夏出版社，2001年，第105页。

（9）We run most rapidly when escaping a danger, more easily, however, when striving to reach a goal. Then we enjoy the effort itself and are not in a hurry. Thus it happens that great art derives more readily from sorrow than from pleasure, that almost all the great artists have also suffered greatly.[1]

在逃避危险的时候，人们跑得最快；然而，在努力追寻目标的时候，人们跑得却更为从容。因为我们是在欣赏努力本身，而不急于求成。伟大的艺术，更多的是从苦难之中而不是从快乐中繁荣起来的，那些创作了伟大作品的艺术家几乎都有过许许多多苦难的遭遇。[2]

（10）Moral behavior has its origin in pleasure and pain; man is noble because he enjoys such behavior; the moral values rank so high because they signify the highest joys; the values do not stand above him but reside within him; it is natural for him to be good.[3]

道德行为起源于快乐和痛苦。人类之所以高尚，就是因为他以道德行为为快乐；道德价值之所以位居高位，就是因为它代表了最高的快乐。价值不是凌驾于人之上的，而是就在人之中的；为善对人来说是自然而然的事。[4]

---

[1]　Moritz Schlick, *Problems of Ethics*, Prentice Hall, 1939, p.141.
[2]　［德］石里克：《伦理学问题》，孙美堂译，华夏出版社，2001 年，第 110 页。
[3]　Moritz Schlick, *Problems of Ethics*, Prentice Hall, 1939, p.205.
[4]　［德］石里克：《伦理学问题》，孙美堂译，华夏出版社，2001 年，第 156 页。

三、主要影响

哲学家石里克创立了"维也纳学派"，并且和维也纳学派的代表们为哲学的发展做出了相当大的贡献。谈到石里克对当代哲学的影响，主要体现在他对认识论、方法论的相关见解上。此外，石里克的哲学思想也深深地影响了一大批国内外知名学者，他们的努力也共同促进了哲学界的发展。与此同时，石里克提出了科学的统一思想，这一思想的提出，也为后来的逻辑经验主义研究提供了可借鉴的严谨方法，具有重要的参考价值。总体来说，石里克的哲学思想，对于维也纳学派，甚至当代科学哲学都产生了一定程度上的影响。

（一）对维也纳学派的影响

1922 年，作为维也纳大学的教授，石里克同时也是维也纳学派的代表人物。许多具有影响力的人物，都是"维也纳小组"的成员，尽管这些人所持观点各异，但却能坐在一起讨论哲学问题。由此可见，石里克的影响功不可没。石里克对维也纳学派的影响主要体现在如下两方面：第一，在石里克的领导和维也纳小组成员的共同努力下，科学哲学成为一门真正独立的学科；[①]第二，维也纳学派的主要思想，即"逻辑经验主义"（Logical Positivism）（也称为"逻辑实证主义"）成为当时分析哲学的主要

---

① 江怡：《分析哲学教程》，北京大学出版社，2009 年，第 116 页。

流派之一，推动了当时逻辑经验主义的蓬勃发展。维也纳学派的成员认为，哲学是科学的工具，再加上数理逻辑，一定可以开辟哲学研究的新方向。

（二）对当代科学哲学的影响

石里克提出了一系列与认识论相关的创新性观点，这些观点的提出，为科学哲学的发展奠定了一定的理论基础，这也正是石里克对当代科学哲学所做出的最大贡献。洪谦先生也明确指出："石里克对于学术文化的最大贡献，不在于他的逻辑实证论（der logische Positivismus）哲学，而在于他可以将亥姆霍兹（H. Helmholtz），马赫（E. Mach）、阿芬那留斯（A. Avenarius）、波尔兹曼（L. Boltzmann）、彭加勒（H. Poincaré）、弗雷格（G. Frege）、罗素（B. Russell）的思想综合起来，形成了一个'科学哲学'的理论基础。所谓'科学的哲学'是溯源于孔德（A. Comte）和穆勒（J. S. Mill），到了马赫、波尔兹曼、奥斯特瓦尔德（W. Ostwald）、彭加勒、罗素才发展起来；然而，使其脱离一切传统思想而独立成为一个哲学体系，则不能不归功于维也纳学派（der Wiener Kreis）的领袖石里克了。"①

（三）对东西方学者的影响

在我国，石里克的哲学思想影响了众多学者。洪谦，当代中国著名的哲学家，他是维也纳学派里唯一的中国成员，同时也是

---

① 洪谦:《洪谦选集》，韩林合主编，吉林人民出版社，2005 年，第 4 页。

石里克的学生和追随者。洪谦致力于研究维也纳学派的思想，特别论述了石里克哲学的相关理论思想。另外，石里克《普通认识论》汉译本的译者李步楼对石里克的认知理论有着如下论述：哲学和自然科学是完全相容的，但是若要承认认识论具有如此突出的地位，那就不仅意味着这两个领域是相容的，而且意味着它们之间存在着一种自然的联系。因此，我们必须确定它们之间这种相互储存和相互渗透的密切联系真正存在。

同样，在西方国家，石里克的哲学思想也影响了很多学者。希尔伯特·费格尔、阿尔伯特·E.布隆贝格在《普通认识论》一书的"英译者绪言"中写道："石里克早期的认识论，包括对知觉的因果理论和物理世界知识的极好的阐述，也包括对心理——物理问题的显著方案。"① 在他们看来，石里克的认知理论分析的全面而透彻，对今后的哲学发展大有裨益，应该引起我们的高度关注。

四、启示

作为西方哲学思想的重要组成部分，石里克的哲学思想对我们今后哲学的研究进程起到了重要的作用。通过对石里克哲学思想的研究，我们应该更好的学习以逻辑经验主义为基础的科学世界观、以学科发展为基础的数学思想、以个人品格为基础的伦理道德。这三点启示不仅有利于我们更好地理解石里克的哲学精神

---

① Moritz Schlick, *General Theory of Knowledge*, Springer, 1974, p. XXII.

所在，也为我们今后的哲学研究方向提供了理论指导。

（一）对科学世界观的启示

关于世界观，维特根斯坦指出："世界是我的世界，这一点显示在语言（我所理解的那种语言）的界限之中，意味着我的世界的界限。"[1] 然而，在石里克看来，"科学世界观"，即逻辑经验主义，是整个维也纳学派的核心观点。维也纳学派的成员认为，哲学的任务就是澄清问题，正因如此，他们共同构建了逻辑经验主义。逻辑经验主义的必然结果之一，就是科学统一的运动。维也纳学派成员运用他们所发明的经验主义的新"武器"——逻辑经验主义，不断促进着科学哲学的发展。

（二）对数学思想的启示

作为一门基础学科，数学对科学的发展起着巨大的推动作用。从毕达哥拉斯"数本原"学说，到现在数学学科的发展，人们可能会问：数学到底是什么？石里克努力寻找数学思想的确定性基础，因为他坚持认为，数学是确定无疑的科学。在很大程度上，石里克的数学思想深受爱因斯坦相对论的影响。他认为，数学就是通过公理体系来建立整个知识体系的。石里克对数学思想的研究，在一定意义上，促进了科学哲学的发展，特别是近现代时期，每一次重大的科学和数学的进步都将伴随着相应的哲学的发展。石里克的科学哲学理论，让人们更为深刻地认识了数学知

---

① ［奥］维特根斯坦:《逻辑哲学论》，王平复译，九州出版社，2007年，第62页。

识，从而促进了数学学科的发展。

（三）对伦理道德的启示

道德准则是人类社会愿望的表达，一定的行为和思想品质反映了其所带来的快乐和痛苦的尺度。因此，我们可以确定的是，被称为"道德"的东西，实际上是对社会有益的东西。人们普遍认为，可以使人类社会产生快乐的行为，一定会得到人们的赞许；相反，促成痛苦的行为，也一定会受到人们的谴责。关于伦理道德的意义，在石里克看来，从社会的层面来说，伦理道德表达的是整个人类社会的愿望，道德上的进步相当于增进社会的快乐。石里克认为，从微观的角度上讲，道德探讨了个人的快乐，个人的幸福；从宏观的角度上讲，道德探讨了社会的快乐，社会的幸福。社会确立伦理道德要求是因为这些要求对社会有用，而社会的普遍幸福能演变成个人的快乐。对整个社会来说，这种由社会幸福演变为个人快乐的过程，是非常重要的。

五、术语解读与语篇精粹

（一）行为（Conduct）

1. 术语解读

对于行为的理解，在哲学史上，杜威曾经给出了明确的概念。杜威认为，行为是指人受到环境刺激之后，做出相关反应和适应的过程。和经验一样，生活、行动、实践都是人类适应环境的行为。同样，行为起到一种贯通作用，它是有机体和环境、主体、客体之间的连续。① 人对于外部世界的一种特殊的对待方式，是人的本质力量、个体存在、社会活动以及人类历史发展的基础。②

与当代心理学的分类方法不同的是，石里克把人的行动分为"行为"（conduct）和"活动"（activity）。石里克认为，"从充满我们的存在而于道德又无关紧要的大量平静的活动中，有一种行为突显出来，活动之流与它分离"③。生活中所有的事因它而做出，它是决定性的，只有它配称为"行为"之名，所有其他的只是单纯的"活动"。此处的"行为"是现代心理学里的"意志行为"（the Conduct of Will），而文中的"活动"其实指的是"无意志行为"（the Conduct of Will-less）。事实上，在石里克看来，前者更有意义。

在这里，石里克以"弹钢琴"为例，指出"行为"和"活动"两者之间的区别。石里克认为："当我们弹钢琴的时候，对乐谱的感知，可以产生手指的相应动作，而无需任何意志的干预行为。演奏者不需要连续不断地做出决定（现在我要动这个手指，现在我要动那个手指，现在我要动胳膊等）。"④ 这种动作以"随意行为"进行，也就是说，一种想法或者一个念头，或者知觉，直接作为刺激发生作用。或者，用心理学的话来说，神经系统感觉中心的一个刺激，会做出直接的反应，将其传导到运动中枢，并

---

① 冯契、徐孝通：《外国哲学大词典》，上海辞书出版社，2000年，第318页。
② 金炳华：《马克思主义哲学大辞典》，上海辞书出版社，2002年9月，第202页。
③④ Moritz Schlick, *Problems of Ethics*, Prentice Hall, 1939, p.32.

且立即产生相应的运动。

石里克在"意志行为的本质"一节中提出"动机冲突"（Conflicting Motives）论。他认为，人的心理是由刺激这一动因所推动的，然而，只有当多个刺激同时发生，并且驱使人们做出相冲突的反应时，意志才会因此而产生。在意志的作用下，某一个动因胜出，才会使人们产生相应的行为。在石里克看来，"在这样一种'动机冲突'的情况下，意识过程通过强和弱，清晰和模糊的变化，交替地消失与显现，即观念的或多或少的快速变换"[①]。这些观念的情景是经由刺激引起的各种活动的结果，像人们经常说的一样，这些观念试图以这种方式相互抑制对方，在意识中的注意力范围相互争夺一席之地。它们是互相影响的。

2. 语篇精粹

语篇精粹 A

How is real conduct distinguished from mere activity? To begin with, the personality is much more implicated in conduct; it rises from greater depths, while activity is external, more superficial, and often fails to come to the light of consciousness. But the difference must be more sharply drawn. Psychology offers us a means of doing this, since it applies to genuine conduct the significant title of "he conduct of will." In mere activity no act of will or decision occurs. Such activity occurs as immediate, although not necessarily

---

① Moritz Schlick, *Problems of Ethics*, Prentice Hall, 1939, p.32.

unconscious, reactions to definite stimuli.[①]

译文参考 A

怎样把真正的行为从单纯的活动中甄别出来？首先，在行为中，人格显然更多地介入进来了。行为来自于较深层面，然而，活动则是表面的、肤浅的，经常不被人的意识所觉察。不过，应该把这一区别说得更清晰一些。心理学对真实的行为使用了一个贴切的名词——"意志行为"，从而为这一区别提供了一个根据。单纯的活动中不出现专门的有意志的举动或决定。它们的出现是某一确定刺激的直接反应，只不过并非必定是无意识的。

语篇精粹 B

This is the normal course of all our conducts. It would never be disturbed, our whole life would run colorlessly on in mere activity, and there would be no conducts of will, if at any time only one stimulus were at work. In such a case we would never have formed the concept of "will", we would have had no occasion for, or possibility of, doing so. What we call a conduct of will occurs only where several stimuli are at work simultaneously, to which one cannot respond at the same time, because they lead to incompatible activities.[②]

译文参考 B

我们一切日常行为的通常过程就是这样。在任何时候，如果只有一个刺激起作用的话，这个过程就不会被打扰，我们的全部

---

① Moritz Schlick, *Problems of Ethics*, Prentice Hall, 1939, p.32.
② Ibid., p.33.

生活就会在这种纯粹的活动中毫无色彩地度过，也不会存在任何意志行为了。我们就决不会形成"意志"这一概念，我们没有形成这一概念的任何根据和可能性。我们所说的意志行为，仅仅是出现在许多刺激同时发生作用的时候。人们不可能同时对它们做出反应，因为人们从事的活动是互不相容的。

语篇精粹 C

In any conduct of will, we find a struggle against an inner or outer check, which ends with triumph or surrender. For ethics, only the case of inner checks is of any importance. Therefore we restrict ourselves to the investigation of those conducts of will in which a definite idea（motive, or end-in-view）is in conflict with another or several, and which finally dominates it or them, that is, actually leads to overt conduct.[①]

译文参考 C

在任何意志行为中，我们都发现了一种对内部或外部障碍的抗争，这种抗争以胜利或失败告终。对伦理学来说，只有这种内部障碍的情形，才是最重要的。因此，我们的考察也就限于这种意志行为。在该行为中，一个确定的观念（动机、目标）与另一个或者多个观念相冲突，最终，该观念控制了它（它们），这就是说，实际上，这个观念引起了明显的行为。

---

① Moritz Schlick, *Problems of Ethics*, Prentice Hall, 1939, p.34.

（二）利己主义（Egoism）

1. 术语解读

利己主义，一种道德原则和道德学说，通常以自我为中心，以个人利益为思想行为的准则。这个词源于拉丁语 ego，意为"我"，产生于私有制社会。古希腊普罗泰戈拉的"人是万物的尺度"这一命题，正是包含了"以自我为中心"的观点。从"人的本性是利己的"这一观点出发，爱尔维修、费尔巴哈等人继承了霍布斯的理论思想，他们认为，利己主义的实现离不开社会和他人的作用，个人在追求自己利益的同时，也必须承认他人也有追求私利的权利。[①] 石里克认为："毫无疑问，在日常口语当中，利己主义的使用，伴随着责备的目的，这就是说，当有人称某种行为是利己的，那么他是希望回想起对这个行为的不愉快的观点。"[②] 同样毫无疑问，这种责备应该被视为一种对道德的责备，"利己的"这个词所表达的概念，包括在"不道德的"这一概念之中。

探究"利己主义"的问题时，石里克写道："如果说，与其他行为相比，利己主义是一种趋向，那么，这就意味着，某个观念对利己主义者来说具有快乐色彩，而对其他人来说则与不快乐的感受甚至是无任何感受联系在一起。"[③] 事实上，石里克并未对"利己主义"一词进行过多的诠释；反之，他仔细探讨了"权利"（power）和"财富"（wealth）这两个词。这两个词是抽象词汇，

---

① 金炳华：《马克思主义哲学大辞典》，上海辞书出版社，2002 年 9 月，第 656 页。

②③ Moritz Schlick, *Problems of Ethics*, Prentice Hall, 1939, pp.56-57.

对于"财富"这样的概念，人们可能不会对此产生欲望，人们的欲望可能来源于"别墅"或者"豪车"这样的概念。但是它们有一个共同点，那就是"值钱的东西"。在日常生活中，我们所谓的对"财富"的欲望，实际上是对"拥有值钱的物品"的欲望。

石里克首先对"利己主义"的定义进行了否定，随后，他提出了自己的定义，"利己主义不是一种冲动，这一词汇有着非常复杂的意义。这个意义对伦理学来说非常重要，所以我们不可以畏惧对这件事进行进一步探究的辛劳"①。如果人们谴责某事，那就意味着，人们不希望这件事发生。究其本质，也就是说，如果这件事发生了，一定会给人们带来不快乐。从这个逻辑出发，石里克直接推论得出："利己主义的行为意味着，不管在什么情况下，它都或直接或间接地增加了我的痛苦感受。"②因此，毫不奇怪，利己主义行为的观念包含的情感色彩是：它应该遭到否定，它的表现应该受到责备。人类社会的每一个成员通常都基于这样的利益，以同样的感受对利己主义做出反应。他们对利己主义所做的批判和谴责，正是对道德的批判、对道德的谴责。因此，自私自利所得到的道德评价，似乎是社会对这种行为做出的自然的情感反应。

2. 语篇精粹

语篇精粹 A

Egoism is a subspecies of immorality. By learning what is meant

---

① Moritz Schlick, *Problems of Ethics*, Prentice Hall, 1939, p.63.

② Ibid., p.73.

by egoism we learn in part what is meant by "immorality", and this gives us a clue to the meaning of "morality", its opposite. If those philosophers were right who hope to derive all immorality from "egoism", and who see in it the source of all evil, then with the discovery of the meaning of the word the whole question of the nature of the moral would practically be answered; for it would only be necessary to separate what is indifferent（if anything of the sort exists）from what is not egoistic to find the moral in the remainder.[1]

译文参考 A

利己主义是不道德的一个从属类型。由此我们可以看到，理解了利己主义的意思，我们就部分地知道了"不道德"是什么，而这又给我们理解它的反面，即"道德"究竟是什么意思提供了一个指导。有些伦理学家声称要从"利己主义"中找到所有不道德的东西，而且，他们中有人把利己主义视为万恶之源。如果这些伦理学家是对的，那么揭示这个词的含义，关于道德本质的问题差不多就得到了回答。因为人们只需要从全部并非利己的行为中离析出无关紧要的和中性的事（如果真有这种情况的话），剩下的部分就正好是道德的了。

语篇精粹 B

The egoist thinks much more of enjoyment than of life, and can, through inconsiderate pursuit of the former, very well put the latter in jeopardy; indeed, one can think of proceeding from egoism, for example, in the cases in which a life, whose preservation is of the

---

[1]　Moritz Schlick, *Problems of Ethics*, Prentice Hall, 1939, p.57.

greatest importance for others, is willfully ended because of ennui. These facts make it impossible to conceive egoism as an impulse of self-preservation. But even if a close connection existed between the two notions, egoism would not thereby become an "impulse"; for one cannot speak of an effort of self-preservation as an impulse in our sense.[①]

译文参考 B

对于利己主义者来说，他们考虑得更多的问题是享受，而不是生命。他们可以毫无顾忌地追求享乐，这也会使生命处于危险之中。的确，一个人可能因为出于对利己主义的考虑而否定生命的存在。例如，在保持他的生命存在对别人来说是极其重要的情况下，他可能因为厌倦而结束自然生命。这一事实使得将利己主义解释为自我保存的本能欲望成了不可能。但是即使这两个概念之间存在一种紧密的关系，利己主义也不会因此就始终成了一种"欲望"，因此从心理学的角度说，它甚至把自我保存的努力说成是与我们通常意义上所说的"欲望"毫不相关。

语篇精粹 C

Egoistic volition is for us the example of immoral volition, volition that is condemned. To condemn an act means always to desire that it should not occur. And the desire that something should not happen means (according to our earlier explanation of desire) that the idea of its happening is unpleasant. Thus, when we ask, "Why do I condemn egoistic behavior?" the question is identical in meaning

---

① Moritz Schlick, *Problems of Ethics*, Prentice Hall, 1939, p.72.

with, "Why does the idea of such behavior cause me pain?" To find an answer to this is very easy⋯Where this is not the case it affects at least the feelings and lives of our fellow men.[①]

译文参考 C

对我们来说，利己主义的意志是一种不道德的意志，是应该受到谴责的意志的范例。谴责一个行为，就是表示不论在什么情况下，都不希望这一行为发生。然而，希望某一行为不发生（按照我们前面对愿望的解释）就意味着，引发这一行为的观念具有不快乐的色彩。因此，如果我们问："我为什么谴责利己主义行为？"那么这个问题与"这个行为的观念为什么使我感觉到痛苦？"这样一个问题是等同的。然后，答案就很容易找到了⋯⋯在不属于这种情形的地方，利己主义的影响也波及我们的群体感受和生活。

（三）认知（Knowing）

1. 术语解读

对于认知的理解，各派有较大的分歧：有的认为认知包括从知觉到推理的一切过程，有的认为认知是信息处理过程；有的认为认知主要指思维，还有的认为认知是符号处理。[②]随着当今社会与信息社会的紧密结合，人们对认知的认识有所提高，认知也与人的生存始终有所关联。人们为了生存，为了适应社会，需要不断的认知外部世界，了解外部世界。人类从发明了语言，到创

---

① Moritz Schlick, *Problems of Ethics*, Prentice Hall, 1939, pp.76–77.
② 金炳华:《马克思主义哲学大辞典》，上海辞书出版社，2002 年，第 191 页。

造了百科全书式的认知体系，无不体现了认知的重要性。

关于"认知"的描述，石里克首先从"科学"的角度来阐释，他肯定了科学的存在。他认为："毫无疑问的是，我们的确拥有科学，并且科学是知识的躯干。"[①]那么什么才是知识呢？在石里克看来，知识的问题，正是认识论所要完成的任务，即澄清并说明科学知识的问题。我们生存的首要前提，以及人类繁衍的必要条件，都在于认知。因此，我们的日常生活离不开认知。通过分析日常生活的认知问题，我们可以得到更多生活所必需的经验，更好地指导我们进行正常而有序的生活。

为了分析日常生活中的认知过程，石里克举出如下这个生动的事例：当我看到，远处有一个东西在向我运动，通过识别它的大小、运动的特性以及其他的标志，我可以做出大致的判断，那就是：它是一只动物。当它走近我的时候，我可以做出肯定的判断，即这是一条狗。当它距离我更近一些的时候，我可以做出准确的判断，这时，我知道，它不是别的狗，正是我所熟悉的那条狗。

日常认知的方式是意象认知，通过对意象之间的比较以及再认识，我们可以获得日常生活中所必需的经验和知识。因此，我们可以得出结论：日常认知的对象是意象。任何意象都需要通过我们的感官才可以获得，无论是我们已经获得的记忆意象，还是认知对象所感受到的意象，都是如此。石里克认为："这些情况表明，对于单纯的意象或观念的认同以及再认识，一般来说，

---

① Moritz Schlick, *General Theory of Knowledge*, Springer, 1974, p.1.

都能够满足日常生活的（以及大型科学领域的）认知过程。"① 然而，这些情况同时也证明，以这种方式，人们不可能建立一种严格的、精确的知识概念，即从科学的立场上，完全适用的知识概念。

2. 语篇精粹

语篇精粹 A

There is no doubt that in the sciences we really do possess both knowing and advances in knowing. This implies that the sciences have at their disposal a sure criterion for deciding when genuine knowing is at hand and in what it consists. Thus the sciences must already contain implicitly a full definition of knowing; all we need do is infer it from the research, read it off from any undeniable advance in knowing. Then, with this definition as a firm starting-point, we can begin our deliberations.②

译文参考 A

毫无疑问，我们在科学中的确拥有认知，也有认知的增长。这就意味着，科学具有自己的可靠标准来决定何时算是掌握了真正的认知，什么是真正的认知。因此，科学必定已经隐含着认知的充分的定义，我们要做的全部工作就是从这种研究中把它推引出来，从不可否认的认知的增进中把这种定义解读出来。然后，以这一定义作为坚固的出发点，我们便可以开始进行我们的探讨。

① Moritz Schlick, *General Theory of Knowledge*, Springer, 1974, p.19.
② Ibid., p.6.

语篇精粹 B

What is common to all three stages of this act of knowing is the fact that anobject is recognized，that something old is rediscovered in something new and now can be designated by a familiar name. And the knowing process terminates when the name is found that belongs to the object known and to no other. In ordinary life，to know a thing means no more than to give it its right name.[①]

译文参考 B

在这三个阶段的认知活动中，共同的是这样一个事实：一个物体被认知，在新的物体之中，我们可以再发现某种旧的物体，并且这时这个物体可以用一个熟悉的名称来命名。当我们找到这个名称的时候，该名称属于已知物体而不属于其他物体，那么这个认知过程就结束了。在日常生活中，知道一个物体，只不过是意味着给它一个恰当的名称。

语篇精粹 C

A deeper and more prestigious meaning seems to attach to the term "know" in scientific research than in everyday life. The word is，as it were，pronounced with a totally different stress. Yet we shall soon see that "know" does not take on a new，special meaning in science，that knowing in science and knowing in ordinary life are essentially the same. The only difference is that in science and philosophy the loftier aim and subject-matter of the knowing process

---

① Moritz Schlick, *General Theory of Knowledge*, Springer, 1974, p.8.

lend it a greater dignity.①

译文参考 C

在科学研究中，"认知"这个术语似乎比在日常生活中，具有更深刻、更重要的意义。这个词在科学研究中似乎是用一种不同凡响的着重语气宣布出来的。然而，我们很快可以看到，在科学中，"认知"这个词并没有呈现出新的、特别的意义，从本质上来说，科学中的"认知"和日常生活中的"认知"是相同的。这二者之间唯一的不同就在于，在科学和哲学中，认知过程的崇高的目标和内容使其显得更为庄重。

（四）法则（Law）

1. 术语解读

法则，也被人们称为"规律"，指在事物发展变化的过程中，事物之间的本质联系和必然趋势。这个词源于古希腊哲学中的"逻各斯"（logos）一词。在欧洲，古希腊时期的赫拉克利特（Heraclitus）把"宇宙发展的总规律"称为"逻各斯"。在《著作残篇》（*Heraclitus*, *Fragments*）中提到，它"永恒地存在着"，"万物都是根据这个'逻各斯'而产生的。"德国的黑格尔（Hegel）认为，规律，即法则，是"没有存在物的存在"，是摆脱了客观实体的自然形态而掌握内在客观的必然联系。②

在此，石里克将"国家法律"（Civic Law）和"自然法则"（Natural Law）进行对比。他认为，"在实际生活中，人们把'法

---

① Moritz Schlick, *General Theory of Knowledge*, Springer, 1974, p.9.

② 金炳华：《马克思主义哲学大辞典》，上海辞书出版社，2002 年 9 月，第 243 页。

则'一词理解为国家用以规定其公民的一定的行为的规则，这些准则经常与公民的自然的愿望相矛盾"①。因此，有些公民实际上不遵守它；另一些公民虽然遵守，但感觉到是一种强制。事实上，国家运用特殊的制裁来规范公民，以此来使他们的愿望和法律上的准则协调起来。

在自然科学中，"法则"一词的意义完全不同。"自然法则不是应该怎样对待任何事情的准则，而是描述某种事物实际上是如何的表达式。"② 这两种类型的"法则"有一个共同点，那就是，两者往往都是用表达式来加以表示的。自然法则只是对所发生的事情的描述，在这里根本谈不上什么"强制性"的问题。天体力学的法则并不规定行星必须如何运行，好像行星原本想按完全不同的方式运行，只是因为有了令人讨厌的开普勒定律，它们才必须一直按照井然有序的轨道运行似的。不，这种法则绝不是以什么方式"强制"行星，它只是表达了行星实际运动的情况。

我们可以把上述的分析用到意志问题上来，然后我们就会在其他的混乱尚未揭示之前恍然领悟。"当我们说'意志服从心理法则'时，这个法则不是什么国家法律，它'迫使'意志接受某些决定，操纵它，使它产生它本来不想有的愿望；这个法则是自然法则。"③ 它只表述在一定的环境中，人们实际上有怎样的愿望。它描述意志的自然，与天文法则描述行星的自然没有什么不同。"强制"存在于人的天然愿望的满足受阻的地方，自然愿望发生

---

① Moritz Schlick, *Problems of Ethics*, Prentice Hall, 1939, pp.146–147.

② Ibid., p.147.

③ Ibid., pp.147–148.

的规则本身也被看作一种"强制"。

2. 语篇精粹

语篇精粹 A

If determinism is true, if, that is, all events obey immutable laws, then my will too is always determined, by my innate character and my motives. Hence my decisions are necessary, not free. But if so, then I am not responsible for my acts, for I would be accountable for them only if I could do something about the way my decisions went; but I can do nothing about it, since they proceed with necessity from my character and the motives. And I have made neither, and have no power over them: the motives come from without, and my character is the necessary product of the innate tendencies and the external influences which have been effective during my lifetime. Thus determinism and moral responsibility are incompatible. Moral responsibility presupposes freedom, that is, exemption from causality.[①]

译文参考 A

如果决定论是对的，也就是说，如果所有发生的事情都服从不可改变的法则，那么我们的意志也就始终由先天的性格以及各种性格影响的动机所决定。从而，我意志的决定就是必然的，而不是自由的。但是如果是这样的话，我就不必对我的行为负责。

---

① Moritz Schlick, *Problems of Ethics*, Prentice Hall, 1939, p.146.

因为，只有当我对某一件事可能得出像我的意志决定那样的结果时，这个责任才可以算到我的头上。但是我做不到这一点，因为结果出自性格和动机的必然性。这两者我自己却左右不了，我没有力量去驾驭它们，因为动机来自外界，而性格则是先天因素以及我一生中所受外界影响的必然产物。于是，决定论与道德责任是互不相容的。因此，道德责任是以自己免受因果性制约为前提的。

语篇精粹 B

This is the second confusion to which the first leads almost inevitably: after conceiving the laws of nature, anthropomorphically, as order imposed nolens volens upon the events, one adds to them the concept of "necessity." This word, derived from "need," also comes to us from practice, and is used there in the sense of inescapable compulsion. To apply the word with this meaning to natural laws is of course senseless, for the presupposition of an opposing desire is lacking; and it is then confused with something altogether different, which is actually an attribute of natural laws. That is, universality. It is of the essence of natural laws to be universally valid, for only when we have found a rule which holds of events without exception do we call the rule a law of nature.[①]

译文参考 B

第一个混乱几乎必然会导致现在的第二个混乱：当人们拟人化地把自然法则想象为不管愿意不愿意，事情的发展总是必然

---

① Moritz Schlick, *Problems of Ethics*, Prentice Hall, 1939, pp.148–149.

的，人们又把这种"必然性"的概念加强于自然法则。必然性这个词源于"需要"，同样出于实践，在不可避免的强制性意义上使用。当然，把这个词的这个意义应用于自然法则是愚蠢的，因为这种相反愿望的假定是不存在的。这样，这个词就与某个完全不同的、实际上存在于自然法则中的东西混淆了，这个不同的东西就是普遍性。自然法则的本质是普遍有效的，因为只有我们发现一种规则可以完全地毫无例外地描述所发生的事件时，我们才把这个规则称为自然法则。

语篇精粹 C

When we say "a natural law holds necessarily" this has but one legitimate meaning："It holds in all cases where it isapplicable." It is again very deplorable that the word "necessary" has been applied to natural laws（or, what amounts to the same thing, with reference to causality）, for it is quite superfluous, since the expression "universally valid" is available. Universal validity is something altogether different from "compulsion"; these concepts belong to spheres so remote from each other that once insight into the error has been gained one can no longer conceive the possibility of a confusion.[①]

译文参考 C

当我们说"某种自然法则必然有效"时，这句话的唯一合理的意义就是："它在所有能应用的场合都有效，毫无例外。"曾几何时，"必然的"这个词也被用来说明自然法则（或者是关于因

---

① Moritz Schlick, *Problems of Ethics*, Prentice Hall, 1939, p.149.

果性的同样情形），这又是非常遗憾的事情。这个词用在这里完全是多余的，因为"普遍有效"就足矣了。普遍有效与强制的差别非常大，这两个概念所属的领域相去甚远，以至于人们只要看清了错误，就根本不会有将它们弄混的可能了。

（五）责任（Responsibility）

1. 术语解读

责任，来源于拉丁文 respondo，主要是指人们对行为及其后果，或者是对其他事物负责，这里可以分为法律责任和道德责任。通常情况下，一个人负责一个行动，因为他做的行为会带有直接或间接的责任。[①] 在"人应当在哪些场合承担责任"一章中，石里克用"责任"一词点出了伦理学的重要问题之所在，责任这个概念也因此构成了讨论的主题。在讨论责任的问题之前，石里克首先提出了"法则"（Law）一词。在实际生活中，人们把这个词理解为国家用以规定公民的一定行为的准则。但是在自然科学中，从理论上讲，"法则"一词的意义与实际生活中的意义完全不同。石里克指出："自然法则不是应该怎样对待任何事情的准则，而是描述某事实际上是如何表达式的。"[②] 这两种类型的"法则"只有唯一的共同点，即两者往往都是用表达式来加以表示的。同样，我们也可以用"法则"一词来分析意志问题。石里克认为，当我们说"意志服从心理法则"时，这个法则不是什么国

---

① Nicholas Bunnin and Jiyuan Yu, *The Blackwell Dictionary of Western Philosophy*, Blackwell Publishing Ltd, 2004, p.607.

② Moritz Schlick, *Problems of Ethics*, Prentice Hall, 1939, p.147.

家法律，它"强迫"意志接受某些决定，操纵它，使它产生本来不想有的愿望。"这个法则是自然法则，它只表述在一定的境况中，人们实际上有怎样的愿望。它描述意志的自然，与天文法则描述行星的自然没什么不同。"[1]

提到"责任"与"负责"这两个概念，石里克以"精神病人的情况"为例，他指出："我们不让精神病人承担责任，因为他正好没有动机所要影响的恰当的切合点。"[2] 当他错乱的心灵对外界的影响毫无反应时，想通过威胁或者允诺来影响他，是毫无意义的，因为他的正常心理机制陷于混乱之中。我们不是试图赋予他以动机，而是致力于治愈他。形象地说，我们要对他的疾病负责，所有问题在于，我们要努力消除疾病的起因。

研究"责任"的本质，在石里克看来，责任问题就是："在给定的情况下，到底谁应该受到惩罚？谁应该被视为行为的真正的肇事者？"[3] 这个问题与谁是这个行为的发起人根本不是一回事。因为如果是那样，肇事者的祖父母的因素可能都起作用，因为他的性格就出自他们的遗传。此外，还有政治家们，是他们造成了这样的社会环境。但是"肇事者"指要确保阻止以及引起行为发生的动机必须施加于他的那种人。因此，石里克指出，责任感的前提应该是："以我自己的愿望作为内在驱动力，自由地采取的行动。如果我出于这种感受的原因，我就情愿因为自己的行为过错而受到谴责，或者说是'进行自我责备'，因此我也就承认了我

---

① Moritz Schlick, *Problems of Ethics*, Prentice Hall, 1939, p.148.

② Ibid., p.153.

③ Ibid., p.152.

本可以采取别的行为的。"①

2. 语篇精粹

语篇精粹 A

Much more important than the question of when a man is said to be responsible is that of when he himself feels responsible. Our whole treatment would be untenableif it gave no explanation of this. It is, then, a welcome confirmation of the view here developed that the subjective feeling of responsibility coincides with the objective judgment. In general, the person blamed or condemned is conscious of the fact that he was "rightly" taken to account.②

译文参考 A

与宣布一个人什么时候应该承担责任的问题相比，他自己觉得什么时候应该承担责任的问题要重要得多。如果对这个问题，我们的论述中不能给予说明，那么这些论述就会功亏一篑。所有，主体对责任的感受与他（对自己）的客观评价一致，是对这个要展开的观点的令人高兴的确证。一般来说，受到谴责的人和被判有罪的人自己是可以完全意识到他"有理由"受到追究的。

语篇精粹 B

The important thing, always, is that responsibility means the realization that one's self, one's own psychic processes constitute the point at which motives must be applied in order to govern the acts of

---

① Moritz Schlick, *Problems of Ethics*, Prentice Hall, 1939, p.155.

② Ibid., 1939, p.154.

one's body. We canspeak of motives only in a causal context; thus it becomes clear how very much the concept of responsibility rests upon that of causation, that is, upon the regularity of volitional decisions. In fact if we should conceive of a decision as utterly without any cause then the act would be entirely a matter of chance, for chance is identical with the absence of a cause; there is no other opposite of causality.[①]

译文参考 B

一直以来，最重要的事情就是，责任意味着实现，自己知道自身的心理过程是必须由各种动机所组成的，用来控制身体的行为。我们只能在因果联系的前提下谈论动机，所以需要明确的是，责任这个概念依赖于因果联系，也就是说，该概念依赖于意志形成的规律性。事实上，让我们想象一下，如果一个意志决定是完全没有原因的，任何地方都不存在关于意志决定的任何原因，那么，意志行为就是绝对偶然的，因为偶然性与没有内在规律是同一的，没有其他与因果性相矛盾的东西。

语篇精粹 C

In practice no one thinks of questioning theprinciple of causality, that, thus, the attitude of the practical man offers no excuse to the metaphysician for confusing freedom from compulsion with the absence of a cause. If one makes clear to himself that a causeless happening is identical with a chance happening, and that, consequently, an indetermined will would destroy all responsibility,

---

① Moritz Schlick, *Problems of Ethics*, Prentice Hall, 1939, p.156.

then every desire will cease which might be father to an indeterministic thought. No one can prove determinism，but it is certain that we assume its validity in all of our practical life，and that in particular we can apply the concept of responsibility to human conduct only in so far as the causal principle holds of volitional processes.[①]

译文参考 C

实际生活中，没有人想怀疑因果律，实践的态度并没有为形而上学家将摆脱强制与没有原因混淆提供任何借口。一旦人们认清楚了无根无由地发生的事情与绝对偶然的事情是一回事，因而一种非决定论的意欲可以取消任何责任问题，那么非决定论思想的倡导者就可以消除各种愿望了。没有人能够证明决定论，但可以肯定的是，在实践活动的各个方面，我们都以它的存在为前提。特别是，我们之所以能把责任概念用于人类行为，也正是由于因果律对意欲的发生过程有效。

（六）科学（Science）

1. 术语解读

究其概念，科学是以范畴、定理、定律等形式，反映现实世界各种现象的本质和运动规律的知识体系，有时也指生产知识的活动和过程。科学是社会意识的形式之一。中国古代称科学为"格致"。1896 年，在《变法通义》中，梁启超首次使用"科学"一词。在西方国家，"科学"一词源于拉丁文 scientia，指的

---

①   Moritz Schlick，*Problems of Ethics*，Prentice Hall，1939，p.158.

是"识认"或"学问"的意思。① 纵观整个历史，尽管各派思想家和哲学家对于科学的定义有所不同，但是基本上，他们都把科学归属于知识的范畴。马克思主义哲学认为，科学（包括自然科学、社会科学和思维科学）是一种知识形态的东西，它既同借助艺术形象反映世界的艺术相区别，又同对现实做虚幻反映的宗教相对立。科学是社会历史发展的产物，因此，只有在社会发展到一定阶段的时候，知识的科学体系才会就此出现。②

石里克将科学分为"规范科学"（Normative Science）和"事实科学"（Factual Science），他认为，我们不应该将二者对立起来。作为科学，一门规范科学所要做的也不外乎认识，它决不能够自己规定和创造规范。科学仅仅能够发现判断的规则，洞察已有的事实。规范的来源总是处于科学和认识之外，这就是说，"规范的来源只能是被科学所认识，而不是在科学本身之中"③。在石里克看来，"规范科学的目的在于发现由规范和规则构成的等级体系，这个体系直到一个或几个位于顶点的原则为止"④。在这个等级体系之中，每一个较低级别的规范，可以通过较高级别的规范来解释或者"论证"。如果我们问："为什么某个行为是科学的？"它的回答可以是"因为它符合这一既定的规范"。如果我们进一步追问："为什么所有遵循这一规则的行为都是科学的？"它又会出现这样的解释："因为它们都符合那个更高层级的规则。"

---

① ②　金炳华：《马克思主义哲学大辞典》，上海辞书出版社，2002年，第356页。
③ ④　Moritz Schlick, *Problems of Ethics*, Prentice Hall, 1939, pp.17–18.

对于"事实科学",石里克提出了这样一个论断:"这种被认为是最终的规范或者最高价值的规范,必须是由人的天性和现实生活中获得而来的。"① 最终的评价是在人类意识中真实地存在的事实,事实科学研究的是实际的东西。由此,石里克引出了一个新的概念,理想科学。他认为:"其特征在于,它研究理想规则体系。"② 该体系虽然可以应用于实际,而且只有在应用中才有意义,但这个体系是完全独立于意义的应用,而且可以从它们的相互关系中去研究。正如,有人发明了象棋规则,并考虑怎样把它应用于各种具体的实践中,除了在网络上,跟头脑中想象的对手下象棋之外,这种游戏也可以在日常生活中进行。

2. 语篇精粹

语篇精粹 A

We now see clearly what meaning the phrase "normative science" can have, and in what sense alone ethics can "justify" an act or its valuation. In modern philosophy since Kant, the idea repeatedly appears that ethics as a normative science is something completely different from the "factual sciences." It does not ask, "When is a person judged to be good?" or, "Why is he judged to be good?" These questions concern mere facts and their explanation. But it does ask, "With what right is that person judged to be good?" It does not trouble itself with what is actually valued, but asks: "What

---

①② Moritz Schlick, *Problems of Ethics*, Prentice Hall, 1939, pp.17–18.

is valuable? What should be valued?" And here obviously the question is quite different.[①]

译文参考 A

现在我们已经清楚地看到，"规范科学"一词只能有什么意思，伦理学只能在什么意义上论证行为及其价值。康德以来的新近哲学一再反复地声称伦理学是规范科学，与"事实科学"完全不同，它不问"什么情况下一种品行被判断为善？"也不问"它为什么被判断为善？"——这些问题针对的是纯粹的事实和对事实的解释，它问的是："这一品行有什么理由被判断为善？"它原则上不关心事实上赞同什么，而是问："什么东西绝对值得赞同？"显然，这是完全不同的另一方面的问题。

语篇精粹 B

If there are ethical questions which have meaning, and are therefore capable of being answered, then ethics is a science. For the correct answers to its questions will constitute a system of true propositions, and a system of true propositions concerning an object is the "science" of that object. Thus ethics is a system of knowledge, and nothing else; its only goal is the truth. Every science is, as such, purely theoretical; it seeks to understand; hence the questions of ethics, too, are purely theoretical problems.[②]

译文参考 B

如果存在有意义的伦理学问题，这些伦理学问题也能够得以

---

① Moritz Schlick, *Problems of Ethics*, Prentice Hall, 1939, p.17.

② Ibid., p.1.

解答，那么伦理学就是一门科学。因为，针对问题的正确解答，将会构成一个真命题的系统，一个关于对象的真命题的系统，就是关于该对象的"科学"。科学提供知识而不是别的东西，它的目标只是求真。同样，每门科学都是纯粹理论的，它追求理解，因此伦理学的问题，也是纯粹的理论问题。

语篇精粹 C

Every science, including psychology, is possible only in so far as there are such laws to which the events can be referred. Since the assumption that all events are subject to universal laws is called the principle of causality, one can also say, "Every science presupposes the principle of causality." Therefore every explanation of human behavior must also assume the validity of causal laws; in this case the existence of psychological laws.[①]

译文参考 C

每一门科学，包括心理学，只有在正好存在一种可以将所发生的事情都追溯于其上的规律时，才是可能的。因为人们现在把一切事情都服从普遍规律这个假定表述为因果原则，那么也就可以说：每一门科学都是以因果原则为前提的。因此，对人的行为的每一种解释都必须假定因果关系的有效性，在这种情况下，也就是假定存在心理学规律。

---

① Moritz Schlick, *Problems of Ethics*, Prentice Hall, 1939, p.144.

（七）价值（Value）

1. 术语解读

纵观整个西方哲学史，很多哲学家都对"价值"一词有着自己的观点。毕达哥拉斯（Pythagoras）认为，价值的本质是数，如健康是"7"，正义是平方数。柏拉图（Plato）认为，价值是理性的本质，即理念，具有一个等级的体系。亚里士多德（Aristotle）认为，价值在于人的兴趣，世界上的事物都有自己的目的，并且每一个目的都趋向于"至善"，因而至善是一切事物的最高价值。伊壁鸠鲁（Epicurus）认为，快乐就是价值。斯多葛学派（Stoicism）认为，德行才是价值。[1]

就"价值"的定义而言，石里克认为："价值从根本上说是某种独立于感觉的东西，是某种应该归因于有价值的对象的东西（虽然是在完全确定的程度上）。"[2] 石里克在"客观价值论"一节中提到了"价值客观性理论"（Theory of the Objectivity of Value）的说法，一个价值体系之所以存在，是因为它们按照价值的高低层次结成一个等级体系。通过道德命令，这种价值体系与现实的关系得以建立起来。石里克是批评这个观点的，他指出："我们的哲学方法勾画出了这一批判的路线，那就是，首先，我们要问：'价值这个词究竟是什么意思？'或者，同样可以这么问：'使一个价值从属于某种客体，这一说法是什么意思？'"[3] 这个问

---

① 金炳华：《马克思主义哲学大辞典》，上海辞书出版社，2002 年 9 月，第 642 页。

② Moritz Schlick, *Problems of Ethics*, Prentice Hall, 1939, p.100.

③ Ibid., p.101.

题只能这样回答：一种价值判断的真实性要通过什么样的途径来确定？就是说，人们必须详细说明，在什么样的确定的环境中，"这个对象是有价值的？"这一命题是真的，在什么样的确定的环境中这一命题是假的。如果不能说明这一点，那么这一命题只是毫无意义的词语组合。

人们想要为客观价值定出一个客观的标准，石里克指出："正如我们要认识一个事物，例如，认识一种动物是骆驼，就可以从它由两个驼峰认识一样，每个人都可以通过感性知觉证实它的存在。"[①] 但是石里克认为，"这无非是一种循环论证，即使能找到一种适用于所有被视为有价值的东西的表达式，在我看来，这样的表达式始终是一种循环式的论证"[②]。因此，我们不能说"有价值"或者"有精神价值"，只能为了避免循环论证而刻意去规定别的东西，然后周而往复，永远都没有标准。在石里克看来，"这个做法的错误在于，它只在客观事实本身之中寻找价值差异，而不涉及使价值得以来到这个世界上的人们的爱好和选择活动"[③]。

石里克在"绝对价值理论的空洞性"一节中提出"客观价值的第二个论据"："这个论据仅就它自身而言就已经很有说服力了，它使我们如释重负地超越了在第一个论据的思考过程中，我们也许就开始感受到的那种吹毛求疵。"[④] 这种吹毛求疵只是询问所谓绝对价值判断的意义，而且肯定地说，无论人们做怎样的尝试，也不可能指出这一意义。石里克否认存在绝对价值，他假设

---

① Moritz Schlick, *Problems of Ethics*, Prentice Hall, 1939, p.103.

②③ Ibid., p.104.

④ Ibid., p.115.

存在一个客观的、完全不依赖于我们的感觉价值的等级体系，例如，美、善、崇高等。强调绝对价值的哲学家认为，无论快乐还是痛苦，人的情感都与道德价值无关，但他们也会使用一些隐蔽的诉诸情感的词语，比如说，"可敬的"。事实上，石里克认为，"只有唤起我们的某种欢乐或痛苦感受的对象，才能激起我们的意欲"①。而绝对的价值，脱离人的心理，和人类生活之间隔着一堵高墙，是空洞的、毫无意义的。

2. 语篇精粹

语篇精粹 A

Values are in fact to be recognized only in feelings of pleasure which valuable things awaken in us, and that also the rank of the value is disclosed to us only by means of the intensity of the corresponding feeling, and that in addition there is no other criterion of the existence and rank of the value, yet that nevertheless the value does not consist in the activity of producing pleasure, but is something else, then we must accuse him of logical nonsense. However, we do it very unwillingly, for factually we do not find anything to dispute regarding the consequences of his theory. The nonsense consists in the fact that with respect to all verifiable consequences his view is in complete agreement with our own (that "value" is nothing but a name for the dormant pleasure

---

① Moritz Schlick, *Problems of Ethics*, Prentice Hall, 1939, p.118.

possibilities of the valuable object), but despite this he asserts that they are different.[①]

译文参考 A

价值实际上只能通过有价值的事物在我们身上唤起的快乐的感受而被认识，价值的大小也只能通过相应的感受的强度显示出来，除此之外，完全没有其他的价值等级和价值存在的标准。不过，价值并不在于产生快乐的活动，而是某种别的东西。我们虽然必须指出它的逻辑上的荒谬性，但我们也很不愿意这么做，因为事实上，就这种理论的结论来说，我们甚至没有发现什么可争论之处。它的荒谬性恰恰在于：它的观点，就所有可验证的结论来说，与我们的（"价值"不过是在有价值的对象里潜存的引起快乐的可能性的名称）完全一致，但它却宣称它与我们的观点不同。

语篇精粹 B

Sense-perception, whose value as a criterion for objectivity has often been disputed in epistemological considerations, may be unhesitatingly accepted as the judge in our problem, as in all questions of daily life. Hence if value could be seen or touched as can a camel's hump, ethics would have no occasion to discuss its nature. But since this is not so, one seeks some objective fact which shall serve as the sign of values; and thus one asserts, for example, "Whatever furthers the progress of evolution is valuable," or, "Whatever contributes to the creation of spiritual possessions, for

---

① Moritz Schlick, *Problems of Ethics*, Prentice Hall, 1939, p.102.

example, works of art, and science, is valuable".[1]

译文参考 B

在认识论的考察中，感性知觉作为客观标准的价值常常受到怀疑，但是正像在日常生活的所有问题中一样，在我们的问题中，感性知觉无疑可以被当作裁判。如果价值也像驼峰一样看得见摸得着，那么就没有理由讨论伦理学的本质了。但是，因为情况不是那样，人们还得寻求某种可作为价值的标记的客观实情，人们还得说，"价值是推动前进步伐的东西"，或者说"价值是对精神财富的制造有所贡献的东西，例如，艺术和科学工作。"

语篇精粹 C

The only interest we could take in this realm of values would be a purely scientific interest; that is, itmight be of interest to an investigator that the things in the world, in addition to other properties, also have these, and by means of them can be ordered in a certain way; and he might devote much labor to the description of this system. But for life and conduct this arrangement would be no more important than, say, the arrangement of the stars in the order of their magnitudes, or the serial arrangement of objects according to the alphabetical order of their names in the Swahili language.[2]

译文参考 C

我们在这一价值领域可以获得的唯一的兴趣，也许是纯科学

---

[1] Moritz Schlick, *Problems of Ethics*, Prentice Hall, 1939, pp.103–104.

[2] Ibid., p.116.

方面的兴趣。这就是说，一个研究人员的兴趣也许是：世界上的事物除了别的特性之外，还有价值这一特性。并且由于价值这一特性可以按一定的方式排列，他（研究人员）则可能要花一定的努力去描述这一等级体系。但是，对于生活和行为来说，这种秩序并不比诸如按大小对星星进行排列，或者各种对象按斯瓦希里语名称的字母顺序所排列的顺序更重要。

第三章　海森堡：量子力学的开拓者

In the meantime natural science proceeded to get a clearer and wider picture of the material world. In physics this picture was to be described by means of those concepts which we nowadays call the concepts of classical physics. The world consisted of things in space and time, the things consist of matter, and matter can produce and can be acted upon by forces. The events follow from the interplay between matter and forces; every event is the result and the cause of other events. At the same time the human attitude toward nature changed from a contemplative one to the pragmatic one. One was not so much interested in nature as it is; one rather asked what one could do with it. Therefore, natural science turned into technical science; every advancement of knowledge was connected with the question as to what practical use could be derived from it. This was true not only in physics; in chemistry and biology the attitude was essentially the same, and the success of the new methods in medicine or in agriculture contributed essentially to the propagation of the new tendencies.[①]

——Werner Karl Heisenberg

在那时，自然科学开始描绘了物质世界的一种更清晰和广阔的图景。在物理学中，这种图景是用我们今天称为经典物理学概念的那些概念来描绘的。世界由空间和时间中的物体组成，物体由物质组成，物质能产生力并受到力的作用。事件由于物质和力之间的相互作用而发生；每个事件都是其他事件的结果和原因。同时，人类对自然的态度从冥想的转变为实用的。人们不再关心自然是怎么样的；而更愿意询问人们能够利用自然做些什么。因此，自然科学转向了技术科学；知识的每一步进展都和从它能引导出什么实际应用的问题相联系。这不仅在物理学中是真实的；在化学和生物学中，情况也基本相同，而医学或农业中新方法的成功对这种新倾向的传播做出了主要的贡献。

——维尔纳·卡尔·海森堡

---

① Werner Heisenberg, *Physics and Philosophy—The Revolution in Modern Science*, New York.1962, p.136.

一、成长历程

（一）青葱岁月

海森堡（Heisenberg）的父亲奥古斯都·海森堡（August Heisenberg）来自于中产阶级工匠家庭，是一名希腊语言学家。在海森堡出生后的十年间，奥古斯都作为现代希腊语言学者登上了社会最顶层。母亲安娜·海森堡（Anna Heisenberg）本是天主教徒，婚后皈依了海森堡父亲所信奉的路德宗。1900 年，海森堡的哥哥埃尔文·海森堡（Erwin Heisenberg）出生了，后来他成了一名化学家。1901 年 12 月 5 日，那是一个星期四的下午，维尔纳·卡尔·海森堡（Werner Karl Heisenberg）出生于德国南部巴伐利亚州的乌兹伯格市（Wurzburg），卡尔是以海森堡叔叔的名字来命名的。

海森堡出生的那一年，在德国具有较大影响力的是物理学家马克思·普朗克（Max Planck），他对黑体辐射的问题做了开创性的工作。海森堡四岁那年，物理学界天才阿尔伯特·爱因斯坦，年仅 26 岁就在物理学杂志上发表了五篇文章，其中三篇关于狭义相对论，一篇有关布朗运动，一篇关于光电效应，正是因为这五篇论文的发表，改变了整个物理界。继而，海森堡 14 岁时，爱因斯坦又提出了广义相对论。

5 岁时，海森堡进入乌兹伯格市的小学念书。从小，父亲对海森堡兄弟二人就很严格，他让两兄弟在学习上互相竞争，彼此激励，共同成长。他觉得自己孩子的学习成绩不能比别人家的差，因此，兄弟二人的学习成绩一直名列前茅。海森堡九岁时，慕尼黑大学授予他的父亲希腊语言文学教授职位，于是他们举家搬到慕尼黑。第二年，海森堡升入中学，在中学的学习中，他展现了数理方面的天赋，开始自学微积分，用微积分解决数学中较难的题目。那个时候，他很喜欢数学，后来他甚至自学了爱因斯坦的相对论，可以说，他的物理学生涯诞生于此。

（二）学者之路

海森堡读中学的这九年里，德国发生了翻天覆地的变化。19世纪末20世纪初，德国因为电力革命走在世界顶端，科技实力领先于其它国家。但在俾斯麦统一德国之时，世界上的殖民地早已被其他欧洲列强基本瓜分，德国只在非洲的几个小地方拥有自己的势力。在这种情况下，德国与奥匈帝国和奥斯曼帝国结成同盟国，与英法抗争，而英法则与沙皇俄国结盟。

1914年一战爆发，每个家庭都忍受着饥饿，后来海森堡加入了学校的军事训练营，在那里当预备兵。军训营里，他被选为一个小组的领导者，和同伴一起爬山远足，讨论科学，讨论古典音乐。一战后，德国经济陷入崩溃状态，由于战争的失败，国家一片混乱。海森堡早在20岁时就感受到了政治的残酷，物理学界一片混乱，海森堡认为，只有在物理学中、在科学中才能摆脱这一切。

1920年，海森堡进入慕尼黑大学（Ludwig-Maximilians-Universität），从此开始了他的学术生涯。开始，他想主修数学专业，但和几位数学专业的教授探讨后，他决定去进修理论物理。阿诺德·索墨菲（Arnold Sommerfeld）是慕尼黑大学的理论物理学教授，是一位非常慈祥的老人，他曾经是数学家克莱茵（Felix Klein）的助手，是海森堡的博士导师。索墨菲门下有两位出色的学生——沃尔夫冈·泡利（Wolfgang Pauli）和彼得·德拜（Peter Debye）。泡利出生于 1900 年，与海森堡相识后，两人经常在一起谈论物理学，再加上年龄相仿，故被海森堡视为知音。

索墨菲教授给海森堡的博士课题是有关湍流的问题，是流体力学中比较难的一个题目。但在那时，海森堡的研究兴趣在尼尔斯·玻尔（Neils Bohr）教授的量子理论上。泡利也建议他不妨试着研究玻尔的电子轨道模型的量子理论。1922 年，索墨菲教授去美国当客座教授，他得知海森堡在研究量子理论，便把他推荐给哥廷根的马克斯·波恩（Max Born）教授，在那里做交流生。正是因为数学家高斯（Gauss），哥廷根成为了数学界的圣地。在希尔伯特（Hilbert）的领导下，它更是成为世界数学的中心，而波恩则是哥廷根大学理论物理的领头人。

来到哥廷根不久，海森堡便遇见了来访的波恩教授，在海森堡心中，波恩是仅次于爱因斯坦的伟大物理学家。波恩教授报告结束后，海森堡勇敢地走到波恩面前，向他请教有关量子理论的问题。起初，波恩教授并没有太在意海森堡，但随后波恩被海森堡的求知精神所打动。也是在这一年，玻尔教授因为电子轨道模型的量子理论获得诺贝尔物理学奖，前一年爱因斯坦凭借光电效应的光子解释获得同样奖项。诚然，爱因斯坦的光子解释和普朗克的量子化为玻尔教授的量子理论奠定了一定的基础。

　　一年的交流期结束了，索墨菲教授从美国归来。当时，海森堡所研究的内容是量子理论，对于教授布置的湍流问题，他只得用一个不是很严格但非常接近的解作为他的博士论文内容。论文顺利通过，第二年还发表在物理学期刊上。在索墨菲教授眼中，海森堡是他最出色的学生，然而自入学以来，他没有认真地、仔细地做过一次实验。慕尼黑大学负责物理实验的是诺贝尔奖得主瑞恩教授，在他看来，无论一个物理学家理论知识多么丰富，也要具备实验能力。因此，海森堡答辩的时候，瑞恩教授问他如何调节布里 - 帕罗干涉仪的分辨率，他没回答上来，又问蓄电池怎么工作，他还是没答上来。

　　对于海森堡的表现，瑞恩教授很不满意，觉得他不能通过。然而索墨菲教授反对以实验能力泯灭一个理论物理学家的天赋，结果索墨菲教授给了他最高分 A，瑞恩教授自然给了最低分 E，平均成绩是 C，刚好合格。这样，海森堡拿到了博士学位，那年他 22 岁。索墨菲教授给予了海森堡莫大的帮助与鼓励，使得海森堡一生都对他怀有万分的敬意与感激之情。

　　拿到博士学位后，海森堡即刻启程，再次来到哥廷根。先前波恩教授答应过海森堡，只要他能够拿到博士学位，就让他当波恩的助教。第二天，海森堡怀着忐忑的心情，拿着刚刚合格的成绩单，来到波恩的办公室。独具慧眼的波恩教授看到了这个年轻人存在着巨大的潜力，毫不犹豫地答应了海森堡可以成为他的助理。

　　的确，海森堡在理论物理学上具有睿智的头脑，但海森堡的父亲为了让他的实验能力有所提高，便给哥廷根大学主管物理实验的詹姆斯·弗兰克（James Franck）教授写信，希望他能尽力教海森堡做实验，可弗兰克教授努力了好久之后还是放弃了，他认为海森堡在物理学领域还是适合去当一个理论物理学家。

（三）量子新释

1913 年，玻尔提出的量子理论模型是假定电子在原子核外固定的轨道上运动，电子从一个轨道到另一个轨道时会吸收或辐射一个光量子，两个轨道之间的能量差就是这个光量子的能量。然而，根据麦克斯韦方程组，光是周期性的，那么玻尔的量子理论模型中绕固定轨道运动的电子辐射出的光的频率，必须是这个电子绕核运动频率的整数倍。因此，两轨道之间释放的光量子能量要等于能极差，同时频率也为两轨道频率的整数倍。为了满足这个条件，只有在两轨道都很大，并且它们的差又非常小的情况下才成立，其余条件并不能使玻尔模型成立。

为了找到能够准确解释这一现象的理论，海森堡一直在苦心钻研。1925 年，他染上了花粉病，对粉尘严重过敏。他决定去北海上的一个小岛度假，呼吸新鲜的空气，同时也在继续思考量子理论。他试图用新的模型解释它，突然有一天，海森堡发现经典力学中成对出现的力学量符合非对易的关系。玻尔模型中电子轨道是圆形的，将它改进为椭圆形之后，从原子中看到的即使通过它吸收的光和辐射的光来推动电子的动量和能量，而坐标和动量是非对易的，那么电子就不会有固定的轨道。

回到哥廷根之后，海森堡给泡利写信告诉他自己的想法，此时，泡利在汉堡大学做助教。就在去年，泡利提出了"不相容原理"，在一个轨道上最多只能拥有两个同能量的电子，这两个电子在外磁场中能量分别增加与减少，从而分开到不同的轨道，这样每个电子都有自己的轨道，核外电子也有了壳层结构。泡利得知海森堡的计划后，给予了他莫大的支持。于是，海森堡将他的想法写成论文交给了波恩教授。波恩教授看过后，鼓励海森堡发表论文，并告诉他可以将经典周期系统的傅立叶系数用矩阵表示。

就这样，海森堡的论文发表了，之后波恩教授和海森堡又合作发表了一篇论文，这标志着量子力学的第一种形式——"矩阵力学"的产生。随后，泡利用矩阵力学计算出了氢原子能谱。这也标志着在 1925 年，全新的"量子力学"诞生了。1926 年，海森堡受欧洲各国邀请讲授矩阵力学。在剑桥大学讲演时，一位与他年纪相仿的博士生向海森堡提出了一些尖锐的问题。这个博士生就是保罗·狄拉克（Paul Dirac）。在海森堡的启发下，狄拉克决定对量子力学进行研究。

也是在这一年，一个奥地利人的出现，让海森堡感受到了竞争的压力，他就是埃尔文·薛定谔（Erwom Schrodinger）。薛定谔和波恩教授年纪相近，在苏黎世大学执教。他大胆地用波描述电子，将原子中的电子称为在原子核库仑作用下的一个波，并且他发现了无人注意到的波粒二象性。随后，薛定谔发表了波动方程，又用他的方程解出了氢原子能级，和海森堡的矩阵力学结果一样，物理学界开始引发人们对这领域的兴趣，也就是薛定谔的波动力学。

同年，海森堡离开哥廷根，为玻尔教授担任助教。玻尔教授一直关注着海森堡在哥廷根的研究动向，知道他发现了矩阵力学，也知道薛定谔发现了波动力学。为此，玻尔教授想弄明白这两项研究为何都能得到同一结果。最后，玻尔教授终于发现，它们之间是等同的，唯一的区别就是随时间变化的因子，海森堡写进了力学量算符中，薛定谔写进了他的波函数里。

1927年，泡利用波函数重新构建了不相容原理。狄拉克也提出了"太矢量""算符"等概念，建立了一套完整的量子力学体系。与此同时，海森堡还在思考着量子力学的基本原理，思考着波粒二象性，继而，他发现"测不准原理"。这一原理的发现，遭到许多物理学家的质疑，其中包括爱因斯坦，而玻尔教授却极力维护海森堡。

也是在这一年，海森堡拿到莱比锡（Lepzip）大学教授职位，他开始像索墨菲、波恩、玻尔教授那样建立自己的团队，希望能把莱比锡大学变成世界上又一理论物理中心。1928年，狄拉克发表了结合狭义相对论的量子力学方程——狄拉克方程。狄拉克从不同的角度建构相对论的量子力学方程，用最简单的矩阵描述电子，完美地解释了电子自旋。此外，狄拉克将电磁场进行量子化，将波函数作为算符，即二次量子化。

1929年至1930年，海森堡和泡利对狄拉克的电磁场量子化加以总结，建立了量子场论。量子力学的构建使德国科学在一战后崛起，再次成为世界的中心。爱因斯坦始终对量子力学的完备性有着怀疑的态度，特别是海森堡的"测不准原理"。尽管如此，1928年爱因斯坦还是提名海森堡、波恩为诺贝尔奖候选者。1929年，海森堡和狄拉克开始环球旅行，讲授量子力学。

（四）艰难时期

　　1930 年，海森堡出版了《量子论的物理原理》（*The Physical Principles of the Quantum Theory*）一书。同年，海森堡的父亲去世了，他没有亲眼看到海森堡站在诺贝尔奖的领奖台上，这成为海森堡一生最大的遗憾。1932 年，海森堡因创建量子力学和提出"测不准原理"获得诺贝尔物理学奖，1933 年薛定谔和狄拉克获得此奖项。作为莱比锡大学理论物理学唯一的教授、诺贝尔奖得主最年轻的一位，海森堡的团队发展逐渐壮大。而此时，希特勒上台，纳粹党开始执政，对犹太人进行攻击。爱因斯坦、薛定谔、波恩教授、泡利分别前往普林斯顿高等研究院、爱尔兰、英国和普林斯顿大学。

　　目睹同伴的遭遇，海森堡对他的去留犹豫不决，哥伦比亚大学和芝加哥大学聘请他去做教授，而索墨菲教授希望海森堡能够接替他的位置，最后，海森堡还是决定要留下来。为此，他被党卫军抓住，考察一年后，没有被驱逐，但是未被允许去慕尼黑接替索墨菲教授的职位。

　　可以说，这段时间是海森堡一生中最低潮的时期，然而就在这时，他在一场个人音乐独奏会上遇到了一生的挚爱——伊丽莎白·舒马赫（Elisabeth Schumacher）。她比海森堡小 14 岁，是莱比锡大学的学生，她的父亲是柏林有名的政治经济学教授，她的哥哥也是一名经济学家。伊丽莎白的出现，让海森堡感受到了爱情的滋味，同时也是伊丽莎白陪他度过最坚难的日子。他们相爱后于 1937 年结婚，翌年伊丽莎白诞下一对双胞胎，海森堡为他们取名为沃夫冈（Wolfgang）和玛丽亚（Maria）。在接下来的 12 年里，他们的五个孩子相继出生。

1939 年，海森堡成为威廉皇家学会物理研究所的所长，和哈恩（Otto Hahn）一起领导纳粹核武器计划。第二次世界大战触发了，此时，美国也在研究核武器。1943 年，他出版了《原子核物理学》（Nuclear Phyhics）一书。1944 年，海森堡回到莱比锡，将夫人和孩子们安置在慕尼黑附近的一个小村庄里。1945 年，德国以战败告终，希特勒自杀了。海森堡被盟军俘获，带往英国进行审讯，而后被释放。在二战结束后，海森堡和家人开始了艰难的战后生活。

1946 年，英国人把海森堡等人释放回德国。而此时的德国被一分为二，苏联占领了东北部，包括莱比锡几个大城市和半个柏林，这部分被称为民主德国；美国和英国占领了西北部和南部，包括慕尼黑、哥廷根和德国工业区，这部分被称为联邦德国，海森堡成为后者的公民。美国战争胜利后，世界物理学的中心又转移到那里，他们将狄拉克、泡利等人起初构建的量子场论发展到一个新的阶段。1950 年，泡利获得诺贝尔物理学奖，他在物理学界的贡献终于得到了肯定。

（五）晚年孤独

1951 年，海森堡最敬重的老师索墨菲教授去世了。1952 年，欧洲在物理领域要与美国展开角逐，他们决定在日内瓦附近建立欧洲粒子中心，研制世界上最大的粒子加速器，以此发现新粒子，海森堡被任命为委员会的名誉主席。

1954 年，波恩教授被授予诺贝尔物理学奖。1955 年，被公认为 20 世纪最伟大的物理学家爱因斯坦与世长辞。1957 年以后，海森堡主要从事基本粒子的研究。1958 年，海森堡和泡利共同建立非线性作用项的量子场论模型。殊不知，这是他们的最后一次合作，同年年底，泡利突然过世。泡利的离开对海森堡打击很大，他经常回想起和好兄弟一起探讨物理学的日子。此后，海森堡就与他的学生一起继续这项研究。1959 年，海森堡出版了《物理学与哲学》（*Physics and philosophy*）一书。

从 60 年代开始，海森堡就像玻尔教授那样，关心起物理学和哲学的关系。尤其是柏拉图主义，海森堡说，柏拉图主义在他的学术生涯中一直占据着重要地位。索墨菲教授的确是一位杰出的物理学家，但他不是哲学家，海森堡的量子论哲学都是从玻尔那里习得的。海森堡对哲学的探索是与原子物理学的研究所密切联系的。1961 年，薛定谔去世了。第二年，海森堡最为尊敬的玻尔教授也去世了。1962 年，海森堡出版了《基本粒子理论导论》（*An Introduction to the Basic Theory of Particle*）一书，1966 年出版了《原子核物理学的哲学问题》（*Philosophic Problems of Nuclear Science*），1969 年出版了《物理学和其他问题》（*Physics and Other*）。

1970 年，波恩教授也离开了。海森堡身边最亲近的老师和朋友都相继离开（不幸的是，他也被检查出患有癌症）。时代在继续，学术研究在继续，新的研究成果不断被发现。盖尔曼（Murry Gell-Mann）提出了夸克模型，遗憾的是泡利没有看到这个伟大的成果，只得海森堡和狄拉克亲眼见证他们量子场论的开创性工作所铸就的成果。1971 年，步入晚年的海森堡出版了《跨越界限》（*Crossing the Line*）一书。不久之后，海森堡病情恶化，被送往医院进行治疗。1975 年，病情再次恶化。1976 年初，海森堡安详地离开了这个世界。

二、理论内涵

（一）实体

公元前 6 世纪，亚里士多德认为"水是万物的质料因"，而这个命题是由米利都学派创始人泰勒斯（Thales）设立。总的来说，这个命题表达了哲学的三个基本观念："一，提出万物的质料因问题；二，要求对这个问题做出合理的回答，而不求助于神话和神秘主义；三，假设最终必能把万物还原于一个本原。"[①] 因此，我们将泰勒斯视为对基本实体观念做出表述的开创者。

希腊哲学时期的"实体"与如今我们所描述的全然不同，它并不是单纯地在质料方面解释的那样。古希腊哲学家认为，世间的万物与"实体"是相联系的，或者说，是这种"实体"所固有的。在泰勒斯的指引下，亚里士多德还认为"万物都充满着神"。尽管如此，泰勒斯还是从气象学的角度，形成了他的万物质料因问题。在万物中，水可以形成各种形态：冰，雪，水蒸汽，云雾……水是万物生成的条件。因此，世间如果存在一种基本实体，那么水必定是首选之物。

---

① Werner Heisenberg, *Physics and Philosophy*：*The Revolution in Modern Science*，Harper & Row Publishers，1962，p.26.

阿那克西曼德（Anaximander）是泰勒斯的学生，他将实体的观念进一步发展。而他的观点与泰勒斯并不一致，他否认实体是水，认为实体是无限的、永恒的、不灭的，它包含着整个世界。他说："万物所由之而生的东西，万物又消灭而复归于它，这是命运规定了的，因为万物按照时间的秩序，为它们彼此间的不完满而互相补偿。"① 存在与生成的对立就是原始实体，它分离成为热和冷、火和水等对立，这些对立又复归到无形的东西最终得到补偿。根据阿那克西曼德的观点，世界存在着一种永恒的运动，从无限中产生无穷个世界，继而消灭复归于无限。

阿那克西曼德的朋友阿那克西米尼（Anaximenes）认为，空气是原始实体。他在米利都学派中引入又一观念，那就是凝聚和消散过程是实体变化为其他实体的原因。而在赫拉克利特（Heraclitus）眼中，他代表的爱非斯学派认为，运动着的火是基本元素，对立面的斗争其实是一种和谐，世界是一也是多，各个对立面的对立关系构成了统一。

我们可以看到，从泰勒斯到阿那克西米尼，希腊哲学的发展被一与多的对立关系牵引着。海森堡认为，世界是由物质组成的，因此万物应该有一个质料因。"而人们把基本统一性的观念推到极致时，就到达无限和永恒的不可分割的存在，它不管是不是质料的，都不能用它本身来揭示万物的无限多样性，这就导致存在和生成的对立。"② 赫拉克利特说：变化本身是基本的本原。

---

① Werner Heisenberg, *Physics and Philosophy*: *The Revolution in Modern Science*, Harper & Row Publishers, 1962, p.27.

② Ibid., p.29.

但变化并不是一个质料因，所以当赫拉克利特用火代表一个基本元素时，它是物质也是动力。

海森堡将物理学与哲学相结合，他认为可以用物理学中的"能量"来替换赫拉克利特的"火"，"能量实际上是构成所有基本粒子、所有原子，从而也是万物的实体，而能量就是运动之物，能量是一种实体"[1]。能量的总量是不变的，基本粒子也可以用这种实体制成，它可以转变为运动、热、光等，因此能量在物理学中是世界上一切变化的原因。

德谟克利特认为，所有的原子都是由同样的实体构成。在海森堡看来，根据相对论，质量和能量在本质上，概念是相同的。因此，所有基本粒子都是由能量组成的，而这一解释的前提是，将能量作为世界的原始实体。在德谟克利特哲学中，原子是物质的、永恒的单位。而海森堡认为，现代物理学反对这一唯物主义，支持柏拉图和毕达哥拉斯的观点。

他认为，基本粒子不是永恒的、不可毁灭的单位，且它们之间可以相互转化。比如："两个这样的粒子以很高的动能在空间中运动，并且相互碰撞，那么从有效能量中可以产生许多新的基本粒子，而原来的两个粒子可以在碰撞中消失。"[2]因此，所有的粒子都是由同一种实体，即能量支撑的。

直至恩培多克勒（Empedocles）的出现，从一元论转向多元论。他假设有四种基本元素：水、火、土和空气，这四种元素又

---

[1]　Werner Heisenberg, *Physics and Philosophy*：*The Revolution in Modern Science*, Harper & Row Publishers, 1962, p.29.

[2]　Ibid., p.35.

因为爱和恨而相互作用、相互分离，从而避免了一种实体不能解释事物具有多样性的特点。在海森堡看来，"四种元素与其说是基本的本原，不如说是真实的物质实体"①。从而解释了事物的多样性。

自 16 世纪以来，科学与哲学的发展密切相联。新时代的哲学家笛卡尔（Descartes）提出"我思故我在"（Cosito，ergo sum）的名言，海森堡认为，"他的出发点不是基本的本原或实体，而是一种基本知识的尝试"②。他将上帝－世界－我作为出发点，上帝与我、世界相区别，它只是建立在我与世界之间的一条纽带。笛卡尔的这一思想的确是脱离了柏拉图哲学中物质与精神、灵魂与肉体的区分。

笛卡尔以后的哲学，以及自然科学主要围绕"思维实体"（res cogitans）和"广延实体"（res extensa）两大概念进行发展，自然科学更倾向于后者。海森堡认为，笛卡尔的哲学是"第一次系统地表述了意大利文艺复兴和宗教改革时代人类思维的倾向"③。而这种倾向就是对科学兴趣的复活和宗教信仰的强调。在海森堡看来，区分"思维实体"与"广延实体"时，笛卡尔把动物全部归于"广延实体"范围内，这样一来，"动物和植物与机器就没有本质的区别，它们的行为完全由质料因所决定"④。我们不能完全否认动物中存在着某种灵魂。

---

① Werner Heisenberg, *Physics and Philosophy*：*The Revolution in Modern Science*，Harper & Row Publishers，1962，p.30.

② Ibid.，p.40.

③ Ibid.，p.41.

④ Ibid.，p.42.

　　而另一方面，既然"思维实体"和"广延实体"被认为在本质上是完全不同的，那么它们二者之间就不能相互作用。因此，"为了保持精神经验与肉体经验间的完全平行性，精神在其活动中也应当由一些同物理学和化学定律相对应的规律所决定"[①]。同时，海森堡认为，牛顿力学和其他以此建立起来的经典物理学都是从一个假设出发，而这个假设"不需要提到上帝或我们自身"[②]。

　　所谓自然科学，并不只是单纯地描述和解释自然，"它也是自然和我们自身之间相互作用的一部分，它描述那个为我们探索问题的方法所揭示的问题"[③]。与此同时，自然科学是由人所建立的，这是毋庸置疑的事实，因此，不能将世界与我区分开。

　　海森堡在研究物理学时，时常将物理学与哲学相联系。他认为，在古希腊和中世纪的哲学中，"实体"与"物质"等词不能和物理学的"质量"等同，但人们可以把质量和能量视为同一实体的两种不同形式。在物理学中，假想实体"以太"（either）在麦克斯韦理论中起到了重要作用，而如今被相对论废除。

（二）物质

　　"物质"这个词的概念在不同的哲学体系中有着不同的解释。在早期希腊哲学中，从泰勒斯到原子论者，宇宙物质的概念就已经形成。它是一种世界实体，万物都由它构成，而后又转变为

---

　　①② Werner Heisenberg, *Physics and Philosophy*: *The Revolution in Modern Science*, Harper & Row Publishers, 1962, p.42.

　　③ Ibid., p.43.

它。这种物质部分地和水、空气、火等同，为什么说它是部分地等同呢？因为它没有其他任何属性，除了是构成万物的质料。

在研究物理学的过程中，海森堡常常将哲学与之相结合。哲学家和自然科学家也在一直探讨着：把物质不断地分割，它的最小成分会是什么呢？我们可以看到，不同的哲学家给予了不同的答案。其中，德谟克利特的回答吸引着人们的眼球，他认为是原子，当然，一切物质都是由原子构成的。而在亚里士多德和他的继承者看来，最小粒子的概念显得不是那么重要了。因为"在他们看来，每一种物质确有最小的粒子，进一步分割下去就不再显示该物质特有的特性了。但是这些最小的粒子同物质一样是可以连续地改变的"①，所以在数学领域，物质是可以分割的，且是可以任意分割的。

持相反态度的是柏拉图，他并不同意德谟克利特的观点，认为物质被不断地分割下去，最终会走向数学形式："与立体几何学的体系不同，它们可以由对称性来确定，而人们可以用三角形来合成它们。这些形状本身不是物质，但是它们构成物质。"②对于这一点，海森堡为我们举的例子是：元素土的基础是形状立方体，元素火的基础是形状四面体。

在亚里士多德哲学中，物质被认为是处于形式与物质的关系中，我们所能观察到的周围一切现象都是成形的物质。物质本身不是实在，而是一种"潜能"，它依赖形式而存在。海森堡认为，

---

①② Werner Heisenberg, The Science of Nature, *Springer Science and Business Media*, 1976, Vol.1.

亚里士多德的物质"不是像水和空气一样的具体物质，也不仅仅是空虚的空间；它是体现通过形式转变为现实的可能性的一种不确定的、有形体的基础"①。

后来，笛卡尔把物质看作精神的对立面，世界上存在着"物质"和"精神"，或者是笛卡尔所说的"广延实体"和"思维实体"。海森堡说，根据自然科学新的方法论原理，尤其是力学的方法论原理，"物质只能看作是与精神和任何超自然力无关的实在本身"②。而这个时期的物质已经是"成形的物质"，在这种情况下，物质与形式之间的二重性不再相适应。

19 世纪的自然科学中，物质和力之间的二重性起了一定的作用。物质是能够承受力的东西，换句话说，物质能够产生力。比如物质可以产生引力，同时这种力又作用于物质。在现代物理学发展史上，正是因为每个力场包含了能量，所以就构成了物质。"对于每一种力场，都有一种特殊的基本粒子隶属于它，这种基本粒子在本质上和物质的一切其他原子单位具有相同的性质。"③

而在自然科学，特别是物理学中，它的研究领域在于物质结构的分析和促使形成这些结构的力的分析。自伽利略以来，自然科学的研究方法就是实验。在现代自然科学早期，化学家引入了"元素"的概念，正是这个概念的引入，才使得对物质结构的了解走向最重要的一步。因而将物质具有的多样性归结为基本的物质——元素，关于这一点，在化学中体现得最为显著。原子是表

---

① Werner Heisenberg, *Physics and Philosophy*: *The Revolution in Modern Science*, Harper & Row Publishers, 1962, p.97.

②③ Ibid., p.98.

示化学元素物质的最小单位，同样，也是可以表示化合物的最小颗粒。如今，化学元素的数目已达百个。

继而化学家发现了质量守恒定律，从而给予物质新的定义："物质能用它的质量来度量，而与它的化学性质无关。"① 在化学学科中，化学元素就是物质的最终单位，要想让化学元素之间相互转化，就需要依赖力的支撑。这样，物质与力的二重性问题就可以衔接上了。

紧接着，海森堡从物质谈到了物质统一性的问题。那么我们前面提到的质子、中子和电子就是物质最终不可毁灭的单位吗？这就是德谟克利特哲学中的原子吗？海森堡给予我们的答案是："在能量足够大时，所有的基本粒子都能嬗变为其它粒子，它们能够仅仅从动能产生，并能泯灭而转化为能量，譬如说转化为辐射。"②

而这就是对物质统一性的最终结论。对此，海森堡说："所有基本粒子都是由同一种实体制成，我们可以称这种实体为能量或普遍物质；所有的粒子正是这种物质所能呈现的不同形式。"③

这时，我们可以想到亚里士多德哲学中物质和形式的概念，他的物质是"潜能"；这里的物质是"能量"，基本粒子产生，它就可以通过形式变为"现实"。而在现代物理学中，物质和力之间没有界限，"因为每一种基本粒子不仅产生某些力并受力的作

---

① Werner Heisenberg, *Physics and Philosophy*: *The Revolution in Modern Science*, Harper & Row Publishers, 1962, p.99.

②③ Ibid., p.107.

用，它同时还代表某种力场"①。

（三）时间和空间

1905 年爱因斯坦在论文中提到，将洛伦兹变换中的"变现"时间认定为"真实"时间。海森堡认为这是物理学界的一个改变："一个未曾预料到的并且是非常根本性的改变，这种改变需要一个年轻的革命天才的全部勇气。人们要在自然的数学表示中采取这一步骤，只需要前后一致地应用洛伦兹变换就够了。"② 正是因为这一新的创举，空间和时间的结构改变了，物理学家们对物理学界的许多问题也有了新的见解。

在生活中，我们常常使用"过去"和"未来"这两个词表示时间。海森堡对于这两个词是这样定义的："'过去'包含了全部我们至少在原则上可以知道的和我们至少在原则上能够听别人说到的那些事件；类似地，'未来'包含了全部我们至少在原则上能够给予影响的、我们至少在原则上可以试图去改变或阻止的那些事件。"③

而这样的定义不是依靠观察者的运动状态或其他性质来下的，也就是说，它们的含义对于观察者的运动是不变的。海森堡认为，在经典理论中，过去和未来是由一个可以称为"现在"的无限短的时间间隔所隔开的；而在相对论中，过去和未来是由一个有限的时间间隔隔开的，它的长短与观察者的距离有关。在物

---

① Werner Heisenberg, *Physics and Philosophy*：*The Revolution in Modern Science*，Harper & Row Publishers，1962，p.107.

② Ibid.，p.70.

③ Ibid.，p.71.

理学中，任何作用只能以小于光速或等于光速的速度传播。而在事件发生的两个瞬间之间有限的时间间隔对于观察者来说也就是观察瞬间的"现在"，这就意味着，发生在两个特定时刻间的任何事件与观察时的动作是"同时"的。

海森堡认为，这里的"同时"是在我们日常生活经验中形成的，同样地，这个词还可以从物理学上来进行定义："如果两个事件在第一种意义上是同时的，那么，人们总可以找到一个参照构架，使得这两个事件在这个参照构架中，那么两个事件在第二种意义上也是同时的。"①相比于第二种定义，海森堡觉得第一个定义更接近于日常生活，两个事件是否同时发生的问题可以不依赖参照构架。同样，在物理学中，物理学家也试图改变经典物理学中有些词的含义，使得它们更准确、更符合自然。

一直以来，有这样一些古老的哲学问题困惑着哲学家们，比如，空间是有限的还是无限的？时间开始之前有什么？时间终止时又将发生什么？或者时间是无始无终的？对于这些问题，在不同的哲学和宗教中可以找到不同的答案。

对于时间无限性的问题，圣·奥古斯丁（St. Angustine）在《忏悔录》（Confessions）中曾问到：上帝在创造世界之前，他在干些什么。同时，他也对这一问题做出了分析，海森堡对于他的分析进行了概括："时间仅仅对于我们是在不断地消逝；我们所期待的时间是未来；正在过去的时间是现在；我们所回忆的时间是过去。但上帝不在时间之中，对于上帝，千年如一日，一日犹

---

① Werner Heisenberg, *Physics and Philosophy*：*The Revolution in Modern Science*，Harper & Row Publishers，1962，p.72.

千年。时间是和世界一同被创造出来的，它属于世界，因此时间并不在宇宙存在之前存在。对于上帝，整个宇宙过程是一次决定的，在他创造上帝之前没有时间。"[1]

关于时间，也许是有类似于起点的这个说法。从观测可以得出宇宙起源于约四十亿年前，在那时，宇宙的全部物质集中于狭小的空间内。通过观测陨石、矿物的年龄，很难驳斥宇宙有一个起源这种解释。因此，"这可能就意味着在这个事件之外时间的概念将遭受根本的变化"[2]。

在亚里士多德的哲学中，整个宇宙空间是有限的。空间的起源是因为物体的广延，它是与物体相联系的，没有物体就没有空间。宇宙是由地球、太阳和星球组成的，这些是有限的物体，因而宇宙空间也是有限的。

而在康德的哲学中，空间不能是有限的，同时空间又不能是无限的。因此，这个问题属于"二律背反"，两种不同的论证可以导致不同的结果。所以康德的结论是：对于空间是有限还是无限这个问题，不能给出合理的答案，因为整个宇宙不能成为我们的经验的对象。

海森堡认为，在广义相对论中，有关时间和空间无限性的问题，可以在经验的基础上做出部分回答。人们可以建立宇宙模型，也就是宇宙学图像。宇宙所充斥的空间也许是有限的，"但这并不意味着宇宙在某个地方有一个尽头，它可能只是意味着朝

---

[1]　Werner Heisenberg, *Physics and Philosophy*: *The Revolution in Modern Science*, Harper & Row Publishers, 1962, p.78.

[2]　Ibid., p.80.

着宇宙的一个方向前进又前进，人们最后将回到他们出发的地点"①。

在物理学中，狭义相对论中的时间空间结构与牛顿力学以来的时间空间结构有所不同，新发现的结构最显著的特征就是：存在一个极限速度，"这就是任何运动或任何传递信号均不能超越的光速"②。狭义相对论中所表示的时间空间的意思是："在同时性的区域和其他区域之间存在着无限明确的界限：在同时性区域内，不能传递任何作用，而在其他区域内，从一个事件到另一个事件的直接作用是能够发生的。"③

（四）宗教

海森堡认为，区分人类与其他生物的真正本性是"他超越纯粹感觉并珍视其他东西的能力，这些本性是以他能够说话并且能够思维的人类社会的一部分为基础的"④。因此，这个社会不仅仅是具有物理形式的社会，还具有精神形式。在这个具有精神形式的社会中，人们总是试图去寻找那些与整体更有意义的联系。在寻找的过程中，人们发现了自己的行动指南，不是反映外部状况的问题，而是有关价值、或者说是伦理标准的问题。

"但这种精神形式不仅决定一个社会的伦理学，而且决定它的整个文化生活。只有在这里我们看到了真、善、美的密切关

---

① Werner Heisenberg, *Physics and Philosophy*：*The Revolution in Modern Science*, Harper & Row Publishers, 1962, p.79.

② Ibid., p.108.

③ Ibid., p.109.

④ Werner Heisenberg, *Universitas*, Oslo Media, 1974, Vol.1.

系；只有在这里我们可以谈论个人生活的意义，我们称这种精神形式为社会的宗教。"① 海森堡在这里提到的宗教一词的意义比我们在通常范围内所理解的要广阔些。"这意味着包含各种文化和不同时期的精神内容，甚至包含上帝的概念尚未出现的时期。"②

瓜尔迪尼在他的著作中论述了宗教是怎样占据了人类社会的形式和个人的生活。他们的生活无时无刻不在为宗教真理作斗争，这仿佛是基督教的精神一般。基督教内的人有着明确的分辨善恶的能力，正是因为有这种能力，所以才有进步的希望。假如没有标杆来为我们指明前进的道路，也就失去了伦理标准的尺度，这也就意味着失去了我们行动和忍受痛苦的意义，到头来等待着我们的只有失望和否定。海森堡得出的结论是："所以宗教是伦理的基础，而伦理是生活的先决条件。因为我们每天必须作出决定，我们必须知道决定我们行动的价值（伦理标准），或者至少隐约地想到它们。"③

在真正的宗教中，精神世界和精神秩序占主要地位。当代的思维形式也形成了一种伦理学，但这种伦理学只涉及对道德行为的规范。海森堡认为，"宗教本身不讲规范，而是指导性理想，我们用这些指导性理想指导我们的行为，而且我们之多也只能接近这些理想。这些指导性理想并不是以直接可见的世界为基础，而是以在它之后的王国为基础"④。这里的王国是指柏拉图称为理念的王国，而在圣经中则为"上帝就是心灵"（God is Mind）。

---

①②③④ Werner Heisenberg, *Universitas*, Oslo Media, 1974, Vol.1.

其次，海森堡认为，"宗教不仅是伦理的基础，也是信任的基础"①。瓜尔迪尼也将宗教的形象比作我们在儿童时期学习语言，感到语言中所包含的是人与人之间的信任。世界上有不同的语言，它在我们存在的世界中、在我们存在的意义中产生信任。最后，海森堡认为，"宗教对于艺术也是最为重要的"②。前面我们说过，宗教是与人类有关的精神形式，那么纵观文化史，艺术必然是宗教的一种表现。

海森堡为我们所描述的这些有关宗教的内容，就是为了告诉我们："一个科学界的代表，如果他努力思索了宗教真理和科学真理的关系，也必须承认宗教无所不包的意义。"③17世纪以来，两种真理观相互冲突，对欧洲思想界有了一定的影响。而冲突的开端是这样的：1616年，罗马宗教法庭对伽利略进行了审判，缘由是因为哥白尼学说。哥白尼的两个论点——"太阳是世界的中心，因此是不动的"和"地球不是世界的中心，不是不动的，而是天天在转动着"在当时人们看来是荒谬的。因此，主教不允许伽利略去讲授这样的学说。

"教会的权威和伽利略都同样相信很高的价值（伦理标准）处于危险之中，保卫这些标准是他们的责任。"④因为在他们心中，都坚信自己是正确的。

海森堡的好朋友泡利曾谈及这两种真理之间的矛盾，并认为二者哪个都不符合真理。"一个极端是客观世界的概念，它在时

---

①②③④　Werner Heisenberg，Universitas，*Oslo Media*，1974，Vol.1.

空中按照不依赖于任何观察主题的规律而运动；这是现代科学的指导原则。另一个极端是主体的概念，它神秘地体验了世界的统一，它不再面对任何客体，也不面对客观世界；这是亚洲人的神秘。"①

正如海森堡所说的那样，宗教的形象，让我们有了一种语言，没有这种语言就没有伦理学和伦理标准的尺度。而这种语言在原则上是可以被其他任何语言所替代的，但我们不能将这种宗教语言与科学语言相混淆。在天文学宇宙中，地球是无数银河之一的一粒尘埃，但对于我们来说，它却是世界的中心。"科学试图赋予自己的词以客观的意义，但宗教语言却必须避免把世界分为它的客观方面和主观方面。"②

海森堡认为，无论是宗教真理还是科学真理、宗教语言或是科学语言，我们都应该把它们区分开来。随着技术能力的发展，新的伦理学问题不断地产生。例如，一个科学家对他的研究成果的实际应用究竟要负起怎样的责任？一名医生应该把一个垂死挣扎的病人的生命延长多久？对于这样的问题，海森堡认为要采取如此整体观念："即用宗教语言表示的做人的基本态度。它是伦理原则的渊源。"③

如今我们所生活的世界，物质条件固然是重要的，但个人依旧需要社会在精神方面给他提供保护。人们会感到不幸，并不是因为物质上的匮乏，而是缺少信任，所以我们要尝试着去克服孤

---

①②③　Werner Heisenberg, Universitas, *Oslo Media*, 1974, Vol.1.

立。"心理学问题或社会结构的理论考虑也没有多大帮助，除非我们通过实际行动在生活的精神和物质领域方面重新成功地实现自然的平衡。这是在日常生活中恢复深藏在社会的精神方面的价值（伦理标准），并赋予这些价值（伦理标准）以如此巨大的光辉，使人们把它们当作自己个人生活的指针。"[1]

（五）海森堡名言及译文

（1）So the spirit of modern physics will penetrate into the minds of many people and will connect itself in different ways with the other traditions.[2]

所以，现代物理学的精神必将渗透到许多人的心灵之中，并以各种不同的方式和其他传统联系起来。

（2）It is true that quantum theory is only a small sector of atomic physics and atomic physics again is only a very small sector of modern science.[3]

确实，量子论仅仅是原子物理学的一个小分支，而原子物理学又是现代科学中的一个很小的分支。

（3）The enormous and extremely complicated experimental equipment needed for research in nuclear physics shows another very

---

[1] Werner Heisenberg, Universitas, *Oslo Media*, 1974, Vol.1.

[2] Werner Heisenberg, *Physics and Philosophy*：*The Revolution in Modern Science*, Harper & Row Publishers, 1962, p.1.

[3] Ibid, p.2.

impressive aspect of this part of modern science.[1]

原子核物理学研究所需的巨大的、非常复杂的实验设备，显示了这一现代科学部门的另一非常激动人心的方面。

（4）This violent reaction on the recent development of modern physics can only be understood when one realizes that here the foundations of physics have started moving; and that this motion has caused the feeling that the ground would be cut from science.[2]

只有当人们认识到现代物理学的最新发展已使物理学的基础发生动摇，并且认识到这种动摇已经引起科学即将丧失基地的预感，人们才能理解对现代物理学的新近发展的这种激烈的反应。

（5）In theoretical physics we try to understand groups of phenomena by introducing mathematical symbols that can be correlated with facts, namely, with the results of measurements.[3]

在理论物理学中，我们试图引入一些能够与事实，即测量结果相关联的数学符号来理解各类现象。

（6）Into this rather peaceful state of physics broke quantum theory and the theory of special relativity as a sudden, at first slow and then gradually increasing, movement in the foundations of natural science.[4]

在物理学的这种颇为平静的状态中，突然闯入了量子论和狭

[1] Werner Heisenberg, *Physics and Philosophy*: *The Revolution in Modern Science*, Harper & Row Publishers, 1962, p.2.
[2] Ibid., p.113.
[3] Ibid., p.117.
[4] Ibid., p.118.

义相对论，自然科学的基础移动了，开始是缓慢的，后来渐渐加快。

（7）In considering this process of expansion of modern physics it would certainly not be possible to separate it from the general expansion of natural science，of industry and engineering，of medicine，etc.，that is，quite generally of modern civilization in all parts of the world.[①]

在考察现代物理学的这个扩展过程时，当然不能将它与自然科学、工业和工程技术、医学等一般扩展分割开来，更普遍地说，不可能和世界各地的现代文化发展分割开来。在考察现代物理学的这个扩展过程时，当然不能将它与自然科学、工业和工程技术、医学等一般扩展分割开来，更普遍地说，不可能和世界各地的现代文化发展分割开来。

（8）This is the fact that the ultimate decisions about the value of a special scientific work，about what is correct or wrong in the work，do not depend on any human authority.[②]

事实上，关于专门科学研究工作价值的最终判定，关于研究工作中什么是正确的、什么是错误的问题，并不依赖于任何个人的权威。

---

① Werner Heisenberg, *Physics and Philosophy*：*The Revolution in Modern Science*，Harper & Row Publishers，1962，p.129.

② Ibid.，p.134.

三、主要影响

（一）对现代科学技术的影响

量子力学在过去的一百年里，为人类带来了许多革命性的发明创造。也许有人会问，量子力学的诞生为现代科学技术提供了哪些帮助？它有哪些现实价值？詹姆斯·卡卡廖斯在《量子力学的奇妙故事》中说道："量子力学在哪？你不正沉浸于其中吗？"

美国杂志《探索》曾经给读者呈现了一篇有关晶体管的报道，这正是量子力学在现实世界的实际应用。1945年，美国研制出世界上第一台真空管计算机，但是这台计算机占地面积较大，资金投入也很高。此时此刻，贝尔实验室的科学家们正在研究能够替代真空管的发明——晶体管。

晶体管具有电子信号放大器和转换器的作用，同时，这也是现代电子设备的基本功能需求。而晶体管的诞生，无疑是量子力学的功劳。1930年，斯坦福大学的尤金·瓦格纳和他的学生共同发现半导体的性质。接下来的十年中，贝尔实验室对世界首枚晶体管进行了改良。1954年，美国成功研制出世界首台晶体管计算机，它占地面积小、功率小、性能高。如今，正是因为量子力学，因特尔的尖端芯片上才能够放数十亿个微型处理器。

（二）对理论物理学界的影响

1925年，海森堡访问了英国剑桥大学，狄拉克深受影响。在

科学－哲学家的智慧

此之前，狄拉克研究领域主要为相对力学。1928 年，他将相对论引进量子力学，提出著名的狄拉克方程，并从理论上预言了正电子的存在。1932 年，美国物理学家安德森对狄拉克的这一预言进行了证实。

此外，在量子场论特别是量子电动力学方面，狄拉克也做了奠基性的工作。因而，他被视为量子电动力学的奠基者，同时他也是首位使用量子电动力学这一名词的物理学家。1933 年，狄拉克和薛定谔因发现了量子力学的基本方程而共同获得诺贝尔物理学奖。

粒子物理学（particle physics）是物理学的一个分支，它主要是围绕原子粒子展开的。20 世纪，粒子物理学将原子分解成更小的粒子。1920 年，海森堡、狄拉克、泡利创立了量子力学。第二次世界大战后，新一代的理论物理学家将量子力学"重正化"。40 年代，来自纽约的费曼（Richard Feynman）发现了用路径积分来表达量子振幅的方法，1948 年提出量子电动力学新的理论与计算方法。40 年代末，费曼首先提出费曼图表，主要用于场与场间的相互作用，后来，这一理论被广泛应用。1965 年，费曼、施温格（Julian Schwinger）与来自日本的朝永振一郎（Shinichiro Tomonaga）因为在量子电动力学方面做出贡献而一同获得诺贝尔物理学奖。

四、启示

（一）对教育的启示

学习的过程就像海绵吸水一般，水分吸得愈充足，自身就愈饱满、充实，这就需要我们在学习中认真钻研、善于思考，并且有着持之以恒的态度。任何成就都离不开睿智的头脑与辛勤的汗水，正如爱迪生所说的那样，天才是百分之一的天分加上百分之九十九的汗水，因此天才就是一个经常能完成自己工作的聪明人。的确，海森堡在物理学上是具有天分的，但他的成就大多数要归功于在学术中的不断钻研。

对于大海而言，一滴水固然是微不足道的，但在学术的道路上，个人的作用毋庸置疑。海森堡一生中经历了两次战争、三次革命、四种不同的政治体制。即使在最艰难的岁月，他也没有放弃对理论物理学的研究。无论是在物理学还是在哲学上，他的成就与思想为我们讲授了宝贵的一课。在学术钻研的历程中，我们要不断充实自身、勤奋扎实、追求卓越、持续创新。

正如习近平所说的那样，"坚持创新发展，就是要把创新摆在国家发展全局的核心位置，让创新贯穿国家一切工作，让创新在社会蔚然成风。"在对物理学的研究问题中，正是因为海森堡有着强烈的创新意识，最终才能发现矩阵量子力学以及不确定性原理。在创新的道路上，我们要大胆地提出问题，有强烈的求知欲和探索精神。

（二）对道德的启示

生活就像是一望无际的大海，而友情则是大海中的浪花，大海因为浪花而美丽，浪花也因为大海而精彩。有人说，友谊如音符一般，需要我们共同谱写，才能演奏出一曲曲美妙的音乐；有人说，友谊如珍珠一般，需要我们共同穿缀，才能连成一串串璀璨的项链；也有人说，友谊如丝绸一般，需要我们共同剪裁，才能制成一件件夺目的礼服。

人们常说：一生难得一知己。在慕尼黑大学，海森堡结识了泡利，二人年纪相仿并且有着相同的兴趣。他们经常在一起聊天，一起研究物理学。在学术研究的道路上，海森堡与泡利相互支持、相互帮助。同时，也是他建议海森堡进行原子物理学方面的研究。当海森堡在物理学上有新的想法时，都会告诉泡利，与他一起进行探讨。

朋友之间应该是相互欣赏的，海森堡很敬重泡利，而泡利对海森堡的物理直觉也有很深的敬意。朋友间的欣赏并不是说要互相阿谀奉承，对于真理性的问题，也会提出质疑。海森堡与泡利曾经一起合作发展过非线性旋量理论，但后来，泡利退出了合作，并公开对海森堡做出批评。原来，那段时间泡利由于身体原因，情绪不是很稳定。无论如何，海森堡和泡利作为年纪轻轻就享有声誉的物理学家，二人的关系一直备受瞩目。

（三）对思维方式的启示

第二次世界大战期间，当爱因斯坦、波恩、泡利等众多科学家遭受到纳粹迫害时，海森堡执于对德国的热爱而留在自己的祖国，并倾尽全力尽可能地去挽救德国的科学事业。1941 年，海森堡被任命为柏林大学物理学教授和威廉皇家物理所所长，并成为德国研制原子弹核武器的领导者，与他一同进行核反应堆研究工作的是核裂变的发现者之一哈恩（Otto Hahn）。随着战争的愈加激烈，海森堡陷入了困境，一方面，他热爱自己的祖国；另一方面，他对纳粹的行为感到仇恨。为此，他决定要用实际行动来制止德国核武器的研制工作。

1957 年，海森堡和其他德国科学家共同反对用核武器使德国军队强大、用核武器武装德国军队。此外，他还与日内瓦国际原子物理学研究所合作。作为希特勒原子弹计划的总负责人，海森堡最终没有成功地将铀 235 分离与计算出来，正是因为海森堡的独特思维方式，才使得德国最后没有研制出原子弹。海森堡的这一行为方式，既忠实地执行了对祖国的义务，履行了对国家的职责，又使得纳粹和希特勒的计划破灭，阻止了一场灾难的发生。

思维方式，即思考问题的根本方式与方法。一个人要想取得成功，首先要具有正确的思维方式。人们总是将失败过多归咎于外因，抑或埋怨，抑或惆怅，却很少顿悟到是其思维方式出现了问题。正确的思维方式对人们在工作、学习与生活上具有极大的影响。因此，思维方式作为哲学认识论的一个重要范畴，对我们做人、做事都具有重要意义与现实价值。

五、术语解读与语篇精粹

（一）存在（Existence or Being）

1. 术语解读

从狭义上来讲，存在是相对于思维而言与物质同义的范畴；从广义上来讲，它是相对于无而言与有同义的范畴。笛卡尔的"我思故我在"以他的怀疑方法作为思考点，因为我在思考，所以我不能怀疑我的存在；继而他沿着经院哲学的路线，证明上帝的存在；最后，他得出结论，即上帝是不可能欺骗我的。圣经启示人们，万物的存在是由上帝创造的，它让"我"相信世界是存在的。

洛克（Locke）、贝克莱（Berkaly）和休谟（Hume）是早期经验论哲学的代表。洛克认为，一切知识最终都是以经验为基础，这种经验可以是感觉的或知觉的。贝克莱从洛克的经验论出发，提出著名的主观唯心主义命题：存在就是被感知，事物和观念的存在只在于被心灵所感知。继而，休谟在主观唯心主义的基础上，深入发挥经验主义因果性学说，并提出了不可知论。他说："感觉经验不仅是认识的唯一源泉，而且是唯一的存在，除此之外，物质实体或精神实体存在与否，都是不可知的。"[①]

而对于"事物是否真正存在"，在康德（Kant）哲学中也出现过，他提出了不同于知觉的"物自体"概念，从而保留了与实

---

① 冒丛虎等编：《欧洲哲学通史（上）》，南开大学出版社，1985 年，第 467 页。

在论的关联。总之，经验论哲学对形而上学实在论的批评，就是反对朴素地使用"存在"一词。海森堡认为，这种观点诚然是正确的，"我们的知觉最初并不是一堆颜色或声音，我们所知觉的已经是被知觉的某物，这里的终点是在'物'一词上，因此，用知觉代替物作为存在的最终元素，我们是否能得到什么东西，是值得怀疑的"[①]。形而上学的实在论认为"事物是真正存在着的"，这就像笛卡尔在用"上帝是不会欺骗我们的"这个论据来证明他的观点一样。"事物真正存在着"中的存在与"我思故我在"的存在似乎有着同样的意义。

2. 语篇精粹

语篇精粹 A

Theophrastus quotes from Anaximander："Into that from which things take their rise they pass away once more, as is ordained, for they make reparation andsatisfaction to one another for their injustice according to the ordering of time." In this philosophy the antithesis of Being and Becoming plays the fundamental role. The primary substance, infinite and ageless, the undifferentiated Being, degenerates into the various forms which lead to endless struggles. The process of Becoming is considered as a sort of debasement of the infinite Being—a disintegration into the struggle ultimately expiated by a return into that which is without shape or character. The struggle

---

[①] Werner Heisenberg, *Physics and Philosophy*: *The Revolution in Modern Science*, Harper & Row Publishers, 1962, p.24.

which is meant here is the opposition between hot and cold, fire and water, wet and dry, etc. The temporary victory of the one over the other is the injustice for which they finally make reparation in the ordering of time. According to Anaximander, there is eternal motion, the creation and passing away of worlds from infinity to infinity.[①]

译文参考 A

德奥弗拉斯特引用了阿那克西曼德的话："万物所由之而生的东西，万物又消灭而复归于它，这是命运规定了的，因为万物按照时间的秩序，为它们彼此间的不完满而互相补偿。"在这种哲学中，存在与生成的对立面起着根本性的作用。原始实体，无限和永恒是无差别的存在，退化成多种多样的形式，从而导致无尽的斗争。生成的过程被视为无限存在的一种修正——在斗争中瓦解，最终通过回到没有形状、没有特质而得到补偿。这里的斗争是指热与冷、火与水、湿与干等对立面。一个接一个的暂时性胜利是不公平的，因为他们最终会按照时间秩序进行修复。根据阿那克西曼德的观点，存在永恒的运动，从无穷到无限，世界会创造也会消失。

语篇精粹 B

Greek philosophy returned for some time to the concept of the One in the teachings of Parmenides, who lived in Elea in the south of Italy. His most important contribution to Greek thinking was, perhaps, that he introduced a purely logical argument into metaphysics. "One

---

① Werner Heisenberg, *Physics and Philosophy*: *The Revolution in Modern Science*, Harper & Row Publishers, 1962, p.27.

cannot know what is not — that is impossible — nor utter it; for it is the same thing that can be thought and that can be." Therefore, only the One is, and there is no becoming or passing away. Parmenides denied the existence of empty space for logical reasons. Since all change requires empty space, as he assumed, he dismissed change as an illusion.[1]

译文参考 B

希腊哲学有一段时间在巴门尼德的教授中又回到了"一"的概念。巴门尼德生活在意大利的南部埃里亚，他对希腊思想最重要的贡献也许是他将纯逻辑论证引入了形而上学。"人们不能知道什么是'非'——那是不可能——也不能将它表达出来；因为能够思想和能够存在是同一件事。"因此，只有"一"，没有生成、没有消失。巴门尼德因为逻辑推理否认虚空的存在。正如他假定所有的变化都需要虚空一样，他将变化视为幻觉从而排除变化。

语篇精粹 C

The first great philosopher of this new period of science was Rene Descartes who lived in the first half of the seventeenth century. Those of his ideas that are most important for the development of scientific thinking are contained in his *Discourse on Method*. On the basis of doubt and logical reasoning he tries to find a completely new and as he thinks solid ground for a philosophical system. He does not accept

---

[1]　Werner Heisenberg, *Physics and Philosophy*: *The Revolution in Modern Science*, Harper & Row Publishers, 1962, p.29.

revelation as such a basis nor does he want to accept uncritically what is perceived by the senses. So he starts with his method of doubt. He casts his doubt upon that which our senses tell us about the results of our reasoning and finally he arrives at his famous sentence：cogito ergo sum. I cannot doubt my existence since it follows from the fact that I am thinking. After establishing the existence of the I in this way he proceeds to prove the existence of God essentially on the lines of scholastic philosophy. Finally the existence of the world follows from the fact that God had given me a strong inclination to believe in the existence of the world，and it is simply impossible that God should have deceived me.[①]

译文参考 C

科学新时期的第一大哲学家就是勒内·笛卡儿，他生活于17 世纪前半叶。他的那些对科学思考发展最重要的思想都包含在《方法论》中。基于怀疑和逻辑推理，他试图为哲学体系找到一个全新的、如他所想象的坚实基础。他不接受启示这样的基础，也不想不加批判地接受感官所感知的东西。因此，他从怀疑方法开始。他将他的怀疑置于我们的感觉所告诉我们的推理结果之上，并且最终他得出名言：我思故我在。我不能怀疑我的存在，因为这是基于我在思想这一事实。用这种方法建立了我的存在之后，他继续从本质上沿着经院哲学的路线证明上帝的存在。最后，世界的存在基于上帝给予我去相信世界的存在这一强烈倾

① Werner Heisenberg, *Physics and Philosophy*：*The Revolution in Modern Science*，Harper & Row Publishers，1962，p.40.

向，很简单，上帝是绝对不可能欺骗我的。

（二）原子（Atom）

1. 术语解读

公元前5世纪，与恩培多克勒同时代的阿纳克萨哥拉（Anaxagoras）提出了混合物的概念，他假设事物的一切变化都是因为混合与分离的作用。世间万物的多样性是因为"种子"的多样性，并且有无数个不同的"种子"，但他的学说与恩培多克勒的四种元素说并不相同且毫无关系。对于他们的学说，海森堡认为，"阿纳克萨哥拉的宇宙不是由于爱和恨而开始运动的，如恩培多克勒所主张的那样，而是由'奴斯'（nons）推动的，这个词我们可以译为'精神'（mind）"[1]。

但这还没有走到原子的概念，事实上只有一步之遥了。此时，留基伯和德谟克利特迈到了这关键的一步，他们将巴门尼德所谓的存在与非存在的对立变为"充满"与"虚空"。存在不只是一，它可以重复，甚至重复至无限次。因而，物质不可分的最小单位产生了——原子，并且它是永恒的。物质是由"充满"和原子在运动中的"虚空"构成的。

德谟克利特原子学说中的原子全部是相同的实体，只是大小和形状不同。在数学意义上，原子是可分的，但在物理意义上则不然。而且，它没有任何物理性质，无色无味。这样一来，"我们的感觉器官所感知的物质的性质，被设想为原子在空间中的位

---

① Werner Heisenberg, *Physics and Philosophy*：*The Revolution in Modern Science*, Harper & Row Publishers, 1962, p.16.

置和运动所引起的"①。在海森堡看来，留基伯是相信完全的决定论的，因为在他的哲学中，原子并不仅仅是由于偶然的机缘才运动的。

1803 年，化学家道尔顿提出，化学元素是由非常微小的、不可再分的微粒，即原子构成的。为此，他的原子学说为当时许多化学定律提供了清晰的理论解释。海森堡认为，现代物理学和化学中所使用的"原子"一词常常被用在了错误的对象上，"因为一个称为化学元素的最小粒子仍然是由一些更小的单位组成的颇为复杂的系统"②。其中更小的单位应该是基本粒子，如果要与德谟克利特的原子相比较的话，就是质子、中子、电子这类的基本粒子。

2. 语篇精粹

语篇精粹 A

The atoms of Democritus wereall of the same substance，which had the property of being，but had different sizes and different shapes. They were pictured therefore as divisible in a mathematical but not in a physical sense. The atoms could move and could occupy different positions in space. But they had no other physical properties. They had neither color nor smell nor taste. The properties of matter which we perceive by our senses were supposed to be produced by the

---

① Werner Heisenberg，*Physics and Philosophy：The Revolution in Modern Science*，Harper & Row Publishers，1962，p.17.

② Ibid.，p.18.

movements and positions of the atoms in space. Just as both tragedy and comedy can be written by using the same letters of the alphabet, the vast variety of events in this world can be realized by the same atoms through their different arrangements and movements. Geometry and kinematics, which were made possible by the void, proved to be still more important in some way than pure being. Democritus is quoted to have said：A thing merely appears to have color, it merely appears to be sweet or bitter. Only atoms and empty space have a real existence.[①]

译文参考 A

德谟克利特的原子都是相同的物质，它们都具有存在的特性，但有不同的大小和不同的形状。因此，在数学上它们被描绘为是可分割的，而在物理意义上是不可分割的。原子在空间上能够移动、能够占据不同的位置。但是它们没有其他物理特性。它们没有颜色、没有气味、没有味道。通过我们的感官感觉到的物性被认为是通过空间的原子运动和位置而产生的。就像悲剧和喜剧可以用相同的字母写出来，这个世界上事情的多种多样，可以通过相同的原子之间不同的排列和运动实现。几何学和运动学由虚空促成，在某种程度上比纯粹的存在更重要。德谟克利特的话曾被引证："物仅仅显现出有颜色，仅仅显现出是甜还是苦。只有原子和虚空才是真实的存在。"

---

① Werner Heisenberg, *Physics and Philosophy*：*The Revolution in Modern Science*, Harper & Row Publishers, 1962, p.32.

语篇精粹 B

The next step toward the concept of the atom was made by Anaxagoras, who was a contemporary of Empedocles. He lived in Athens about thirty years, probably in the first half of the fifth century BC. Anaxagoras stresses the idea of the mixture, the assumption that all change is caused by mixture and separation. He assumes an infinite variety of infinitely small 'seeds' of which all things are composed. The seeds do not refer to the four elements of Empedocles, there are innumerably many different seeds. But the seeds are mixed together and separated again and in this way all change is brought about.[①]

译文参考 B

下一步走向原子概念的是阿那克萨哥拉，他是恩培多克勒同时代的人。他在雅典生活了大约三十年，大概在公元前 5 世纪的前半叶。阿那克萨哥拉强调混合物的理念，他设想所有的变化都是由混合与分离引起的。他假定一个无穷小的"种子"的多种多样性，以及组成所有事物的多种多样性。这类种子并不是指恩培多克勒的四种元素，有无数不同的种子。但是种子混合在一起后又被分离，以这种方式引起一切变化。

语篇精粹 C

According to this new concept of the atom, matter did not consist only of the "Full", but also of the "Void" of the empty space in which the atoms move. The logical objection of Parmenides against

---

① Werner Heisenberg, *Physics and Philosophy*: *The Revolution in Modern Science*, Harper & Row Publishers, 1962, p.30.

the Void, that not–being cannot exist, was simply ignored to comply with experience. From our modern point of view we would say that the empty space between the atoms in the philosophy of Democritus was not nothing; it was the carrier for geometry and kinematics, making possible the various arrangements and movements of atoms. But the possibility of empty space has always been a controversial problem in philosophy.[①]

译文参考 C

按照这种新的原子概念，物质不仅由"充满"所组成，而且由"虚空"组成，由原子运动的虚空组成。巴门尼德的逻辑否定是对虚空——非存在不能存在的反对，忽略了对经验的依从。从我们现代的立场来看，我们可以说在德谟克利特的哲学中原子的虚空不是非存在，它是几何学和运动学的承担者，它使得原子的各种排列和运动成为可能。但是虚空的可能性一直是哲学中的有争议性的问题。

（三）语言（Language）

1. 术语解读

自古希腊哲学家苏格拉底以来，语言概念就是一个主要题目，苏格拉底的一生"是连续不断地讨论语言中概念的内容和表达形式的局限性的一生。"同样，亚里士多德也着重分析了语言形式，分析了判断和推理的形式结构。为此，亚里士多德在希腊

---

① Werner Heisenberg, *Physics and Philosophy*: *The Revolution in Modern Science*, Harper & Row Publishers, 1962, p.31.

哲学中所做出的开创性的贡献，为我们建立思想方法的秩序和对思想方法的阐述起到了至关重要的作用，他被认为是创造了科学语言的基础。

在史前时期，语言作为人们之间传达信息的媒介就已形成。对于语言形成的各个步骤，我们知道得很少。但如今的语言，是在日常生活中准确传达信息的工具，它包含了许多概念。海森堡认为，"这些概念是在使用语言的过程中未作严格的区分而逐渐获得的，在经常反复使用一个词之后，我们认为我们多少知道它意味着什么"。众所周知，词是有一个有限的使用范围的。比如，在日常生活中，我们会说一块铁、一块木头，而不说一块水，因为"块"不能用来形容液态物质。

现代语言学理论奠基者索绪尔（Ferdinand de Saussure）被人们誉为"现代语言学之父"。他认为，言语活动分为两部分，包括"语言"和"言语"。语言是言语活动的一部分，它不受个人意志的支配，而言语活动受个人意志的支配。在索绪尔看来，语言有内部要素和外部要素，因此语言研究可以分为内部语言学和外部语言学。对于索绪尔来说，研究语言学，实则是研究语言的系统，即语言的结构。

在科学中，传达信息的唯一方法就是依靠语言，而且在传达的过程中，无歧义性问题占有重要地位，逻辑形式也要发挥作用。在海森堡看来，人们试图在自然科学中从一般导出特殊，并试图去理解由简单的普遍规律引起的特殊现象。当然，在科学知识的不断增长过程中，语言也增长了。一些老术语——能量、电等，被应用到了更广阔的领域，因此我们才发展了科学语言。

2. 语篇精粹

语篇精粹 A

On the other hand, science must be based upon language as the only means of communication and there, where the problem of un-ambiguity is of greatest importance, the logical patterns must play their role. The characteristic difficulty at this point may be described in the following way. In natural science we try to derive the particular from the general, to understand the particular phenomenon as caused by simple general laws. The general laws when formulated in the language can contain only a few simple concepts— else the law would not be simple and general. From these concepts are derived an infinite variety of possible phenomena, not only qualitatively but with complete precision with respect to every detail. It is obvious that the concepts of ordinary language, inaccurate and only vaguely defined as they are, could never allow such derivations. When a chain of conclusions follows from given premises, the number of possible links in the chain depends on the precision of the premises. Therefore, the concepts of the general laws must in natural science be defined with complete precision, and this can be achieved only by means of mathematical abstraction.[1]

---

[1] Werner Heisenberg, *Physics and Philosophy*: *The Revolution in Modern Science*, Harper & Row Publishers, 1962, p.116.

译文参考 A

另一方面，它必须依靠科学语言作为传达信息的唯一方式，并且在不存在至关重要的逻辑形式中，发挥它们的作用来传达非模糊性问题。这方面的困难特性如下：在自然科学中，我们试图从一般中得到特殊，试图通过一个简单的普遍规律，了解一个特殊现象。表达普遍规律的语言只能包含简单的少量概念——否则规律不会是简单的和普遍的。从这些概念可以推断出无穷的各种现象，不仅定性，而且还能够推导出在每一个细节上充分的准确性。显然，普通语言的概念，因为它们是不准确的、被模糊定义的，它一定不会做出这样的推导。当从前提中导出一系列结果，链条中环节的数量取决于前提的准确性。因此，自然科学概念的普遍规律必须完全准确规定下来，只有用抽象的数学方法才能做到这一点。

语篇精粹 B

With regard to the language, on the other hand, one has gradually recognized that one should perhaps not insist too much on certain principles. It is always difficult tofind general convincing criteria for which terms should be used in the language and how they should be used. One should simply wait for the development of the language, which adjusts itself after some time to the new situation. Actually in the theory of special relativity this adjustment has already taken place to a large extent during the past fifty years. The distinction between "real" and "apparent" contraction, for instance, has simply disappeared. The word 'simultaneous' is used in line with the definition given by Einstein, while for the wider definition discussed in an earlier chapter the term "at a space-like distance" is commonly used, etc.[1]

译文参考 B

另一方面，关于语言，人们已经认识到，也许不应该过于坚持确定的原则。在应选择什么样的语言，以及如何应用方面，始终难以找到一个令人信服的普遍准则。人们应当只是等待语言的发展，一段时间以后，调整自己以适应新的形势。事实上，在狭义相对论的理论看来，这种调整在过去的五十年里在很大程度上已经发生了。例如，"实在"与"显现"之间的差别缩小并消失了，"同时"一词已按照爱因斯坦的定义使用，前面一章讨论过的更广泛的定义"类空距离"这个术语已被广泛应用，等等。

语篇精粹 C

In classical logic the relation between the different levels of language is a one-to-one correspondence. The two statements, the atom is in the left half and it is true that the atom is in the left half, belong logically to different levels. In classical logic these statements are completely equivalent, i.e., they are either both true or both false. It is not possible that the one is true and the other false. But in the logical pattern of complementarities this relation is more complicated. The correctness or incorrectness of the first statement still implies the correctness or incorrectness of the second statement. But the

---

[1] Werner Heisenberg, *Physics and Philosophy: The Revolution in Modern Science*, Harper & Row Publishers, 1962, p.119.

incorrectness of the second statement does not imply the incorrectness of the first statement. If the second statement is incorrect, it may be undecided whether the atom is in the left half; the atom need not necessarily be in the right half. There is still complete equivalence between the two levels of language with respect to the correctness of a statement, but not with respect to the incorrectness. From this connection one can understand the persistence of the classical laws in quantum theory: wherever a definite result can be derived in a given experiment by the application of the classical laws the result will also follow from quantum theory, and it will hold experimentally.[①]

译文参考 C

在经典逻辑中，不同级别的语言之间的关系是一一对应的。"原子是在左半边"和"原子实际上在左半边"的两个语句逻辑属于不同的级别。在经典逻辑中，两种说法是完全等效的，也就是说，他们要么是真实的，或者都是假的，不可能一个是真，另一个是假。但在互补的逻辑形式中，这种关系是更复杂的。第二条语句的正确与否包含在第一条语句的正确与否中。但是，第二个语句不包含第一条语句的正确性和不正确性。如果第二条语句不正确，它不能确定原子是否在左边：原子不一定是在右边。在叙述的准确性方面，语言的层次是完全等效的，但在该语句的精度方面并非如此。从这一联系中，人们可以理解经典量子理论的规律特点继续存在：只要给定的实验可以推断出肯定结果的经典

① Werner Heisenberg, *Physics and Philosophy*: *The Revolution in Modern Science*, Harper & Row Publishers, 1962, p.126.

定律，由量子理论推导的结果，并在实验中有效。

（四）因果性（Causality）

1. 术语解读

关于因果性问题的探讨，一般可以从以下几个角度来进行：①逻辑学，归纳逻辑是研究因果性和因果律的逻辑方法；②科学哲学，亨普尔的 DN 模型是对现象进行因果解释的研究；③本体论和自然科学，原因对结果的作用、原因与结果的关系、因果必然性和实在性等。在康德哲学中，物自体与现象界之间的关系，似乎也是因果关系，物自体为原因，现象为结果。

唯物主义认为，客观存在的外界事物是感觉产生的原因，感觉是外物作用于感官的结果。而休谟认为："经验告诉我们，只有两个存在物恒常地结合在一起，二者才能有因果关系。但是，在我们心中除了知觉以外，不可能有任何其它存在物的观念，因此，我们只能在不同的知觉之间观察到因果关系，而永远不能在知觉和外物之间观察到因果关系。"[①] 在留基伯哲学中，没有什么是无缘无故就发生的，万物的发生都是有理由的，而且都存在着一定的必然性。

经院哲学追随亚里士多德所谈论的四种"因"：形式因为一个事物的形式或精神本质；质料因为构成事物的物质、材料；目的因为创造事物的目的；动力因为改变事物的动力及起因。细究其含义，我们会发现，其中的动力因与如今的"原因"一词含义

---

① 冒丛虎等编：《欧洲哲学通史（上）》，南开大学出版社，1985 年，第 470 页。

相当。海森堡认为，"因果性归结为科学研究的方法：它是科学能够成立的先决条件"[1]。当我们考察一个能够发射出 alpha 粒子的镭原子时，发射粒子的时间不能预测，只能说辐射在大约两千年内发生。因此，观测发射时，实际上并没有在寻找使得发射必定按照某种规律随之发生的居先事件。

2. 语篇精粹

语篇精粹 A

Still they form an essential part of this system in a somewhat different sense. In the discussion of the Copenhagen interpretation of quantum theory it has been emphasized thatwe use the classical concepts in describing our experimental equipment and more generally in describing that part of the world which does not belong to the object of the experiment. The use of these concepts，including space，time and causality，is in fact the condition for observing atomic events and is，in this sense of the word，"a priori". What Kant had not foreseen was that these a priori concepts can be the conditions for science and at the same time can have only a limited range of applicability. When we make an experiment we have to assume a causal chain of events that leads from the atomic event through the apparatus finally to the eye of the observer；if this causal chain was not assumed，nothing could be known about the atomic event. Still we must keep in mind

---

① Werner Heisenberg，*Physics and Philosophy*：*The Revolution in Modern Science*，Harper & Row Publishers，1962，p.26.

· 182 ·

that classical physics and causality have only a limited range of applicability. It was the fundamental paradox of quantum theory that could not be foreseen by Kant. Modern physics has changed Kant s statement about the possibility of synthetic judgments a priori from a metaphysical one into a practical one. The synthetic judgments a priori thereby have the character of a relative truth.[①]

译文参考 A

然而，它们构成了本体系的不同意义的主要部分。在讨论量子论的哥本哈根解释中，曾强调指出，当我们描述实验装置时，更一般地讲，世界的那部分不属于实验的客体。这些概念的使用包括时间，空间和因果性，实际上，从字的本义所述，观察到的原子事件是"先验"。康德没有预料到，这些概念可被用作先验条件而科学只能应用于有限的范围内。当我们做一个实验，我们必须假定有事件的因果链，这条因果链从原子开始活动，通过仪器，最后到达观察者的眼睛；如果你不认为这一事件有因果链，那么你就没有认识原子。然而，我们也必须牢记，经典物理学和因果性唯一的应用范围是有限的。康德没有预见的正是这种基本的量子理论的错误。现代物理学已经改变了康德关于先验综合判断的可能性，认为它是从形而上学到现实的陈述说明。因此，先验综合判断将具有相对真理的特性。

语篇精粹 B

In this way, finally, the nineteenth century developed an

---

① Werner Heisenberg, *Physics and Philosophy*: *The Revolution in Modern Science*, Harper & Row Publishers, 1962, p.50.

extremely rigid frame for natural science which formed not only science but also the general outlook of great masses of people. This frame was supported by the fundamental concepts of classical physics, space, time, matter and causality; the concept of reality applied to the things or events that we could perceive by our senses or that could be observed by means of the refined tools that technical science had provided. Matter was the primary reality. The progress of science was pictured as a crusade of conquest into the material world. Utility was the watchword of the time. On the other hand, this frame was so narrow and rigid that it was difficult to find a place in it for many concepts of our language that had always belonged to its very substance, for instance, the concepts of mind, of the human soul or of life. Mind could be introduced into the general picture only as a kind of mirror of the material world; and when one studied the properties of this mirror in the science of psychology, the scientists were always tempted— if I may carry the comparison further— to pay more attention to its mechanical than to its optical properties. Even there one tried to apply the concepts of classical physics, primarily that of causality. In the same way life was to be explained as a physical and chemical process, governed by natural laws, completely determined by causality. Darwin's concept of evolution provided ample evidence for this interpretation.[1]

---

① Werner Heisenberg, *Physics and Philosophy*: *The Revolution in Modern Science*, Harper & Row Publishers, 1962, p.137.

译文参考 B

因此，直到 19 世纪，自然科学发展的极端性框架不仅构成了科学，也构成了群众的普遍看法。该框架是由时间、空间、物质和因果关系等经典物理学的基本概念，以及可以适用于我们能够感知到的理化过程中的现实概念所支持的。物质是最初的实在。实用成为时代的口号。另一方面，这个框架是如此的狭隘和刻板，以致于在其中很难找到一个地方，组织我们语言的概念——它将总是属于概念的真实本质，如人的精神、人的灵魂、或者生活理念的概念，它们只是作为物质世界的一面镜子被列入大的图景。当人们学习心理学这面镜子时，科学家往往倾向于——如果我可以进一步做一个比喻的话——更注重其机械性能，而不太注意其光学特性。即使在那里也尝试应用经典物理学的概念，首先是因果性的概念。同样的，生命是自然法则的演绎，物理和化学过程占主导地位完全是由因果律为其决定。达尔文进化论的概念这种解释为我们提供了充足的证据。

语篇精粹 C

Coming back now to the contributions of modern physics, one may say that the most important change brought about by its results consists in the dissolution of this rigid frame of concepts of the nineteenth century. Of course many attempts had been made before to get away from this rigid frame which seemed obviously too narrow for an understanding of the essential parts of reality. But it had not been possible to see what could be wrong with the fundamental concepts like matter, space, time and causality that had been so extremely successful in the history of science. Only experimental research itself, carried out with all the refined equipment that technical science could offer, and its mathematical interpretation, provided the basis for a critical analysis — or, one may say, enforced the critical analysis — of these concepts, and finally resulted in the dissolution of the rigid frame.[①]

译文参考 C

现在回过头来谈谈现代物理学的贡献，最重要的变化可以说是在十九世纪的概念及其刻板的框架成果的解体所带来的。当然，此前已多次试图摆脱这种刻板的框架，对于了解实在的主要部分，显然是过于狭窄了。但在过去，他们没能找到像物质、时间、空间和因果性等基本概念上出现的可能的错误，这些基本概念一直以来都是如此成功。只有技术和科学精密仪器做出的实验研究与数学解释，在这些概念的基础上提供了一个批判性的分析（或者说，加强了这种批判性分析），并最终导致了这一刻板框架的解体。

（五）经验（Experience）

1. 术语解读

《中国大百科全书·哲学卷》中对于"经验"是这样定义的：经验，即感性经验，指人们在同客观事物直接接触的过程中通过感觉器官获得的关于客观事物和外部联系的认识。

---

① Werner Heisenberg, *Physics and Philosophy*: *The Revolution in Modern Science*, Harper & Row Publishers, 1962, p.138.

　　17世纪英国唯物主义代表者培根是重视经验的经验主义者，他不仅充分肯定感觉经验是认识的源泉，也肯定理性认识在认识中的作用。他说："决不能给理智加上翅膀，而毋宁给它挂上重的东西，使它不会跳跃和飞翔。"[①] 在培根看来，唯一能够限制理性的就是经验。洛克在培根和霍布斯的影响下，进一步论证了知识起源于经验的唯物主义原则。他在《人类理解论》中说："首先把知识的起源问题，即人的知识是头脑固有的，还是从经验得来的，作为知识论的首要问题提出来加以研究。"[②] 对于这一问题，康德在《纯粹理性批判》中也提出：知识是否仅仅起源于经验，还是能来自其他的源泉。他的结论是，"我们的知识有一部分是'先天的'，而不是从经验归纳地推论出来的"[③]。

　　在海森堡看来，"一切知识最终都以经验为基础"这样的一个命题自从量子论建立以来就不能成立了。电子的"位置"和"速度"等词的概念，在牛顿力学中的地位是很好地定义了的，但在和自然的关系上并没有很好地定义。"这表明，我们决不能预先知道，在把我们的知识推广到只能用精密的仪器才能深入进去的自然的微小部分中时，对某些概念的适用性应该加上什么样的限制，因此，在深入过程中，有时我们不得不使用我们的概念，这种使用方法既不正当，也没有任何意义。"[④]

---

① 冒丛虎等编:《欧洲哲学通史（上）》，南开大学出版社，1985年，第465页。

② 同上，第468页。

③④ Werner Heisenberg, *Physics and Philosophy*：*The Revolution in Modern Science*，Harper & Row Publishers，1962，p.24.

2. 语篇精粹

语篇精粹 A

The philosophic thesis that all knowledge is ultimately founded in experience has in the end led to a postulate concerning the logical clarification of any statement about nature. Such a postulate may have seemed justified in the period of classical physics, but since quantum theory we have "learned that it cannot be fulfilled". The words "position" and "velocity" of an electron, for instance, seemed perfectly well defined as to both their meaning and their possible connections, and in fact they were clearly defined concepts within the mathematical framework of Newtonian mechanics. But actually they were not well defined, as is seen from the relations of uncertainty. One may say that regarding their position in Newtonian mechanics they were well defined, but in their relation to nature they were not.[①]

译文参考 A

所有最终根据经验而获得的知识即哲学命题，导致了关于自然的陈述进行逻辑性说明的假设。这种假设似乎已经在经典物理学时期得到了证实。但自量子理论成立以来，我们已经知道，它不能成立。例如，一个电子的"位置"和"速度"等这样的字眼，无论是在其含义，还是在联系上，实际上，它们是在牛顿力

---

① Werner Heisenberg, *Physics and Philosophy*: *The Revolution in Modern Science*, Harper & Row Publishers, 1962, p.46.

学的数学框架中明确定义的概念。然而，从不确定的关系上看，事实上，这些概念过去并没有很好地被界定。有人可能会说，考虑到它们在牛顿力学中的地位，它们被很好地定义了，但考虑到它们与自然的关系，它们并没有明确地被定义下来。

语篇精粹 B

It is true that experience teaches us that a certain thing has such or such properties，but it does not teach us that it could not be different. Therefore，if a proposition is thought together with its. necessity it must be a priori. "Experience never gives to its judgments complete generality. For instance，the sentence The sun rises every morning" means that we know no exception to this rule in the past and that we expect it to hold in future. But we can imagine exceptions to the rule. If a judgment is stated with complete generality，therefore，if it is impossible to imagine any exception，it must be "a priori". An analytic judgment is always "a priori"; even if a child learns arithmetic from playing with marbles，he need not later go back to experience to know that "two and two are four". Empirical knowledge，on the other hand，is synthetic.[1]

译文参考 B

事实上，经验告诉我们一些这样或那样的本质，而经验没有告诉我们它不可能是别的。因此，如果一个命题是有其必然性，并说，它必须是"先验"的。经验永远不会给人以完全普遍性的

---

[1]　Werner Heisenberg，*Physics and Philosophy*：*The Revolution in Modern Science*，Harper & Row Publishers，1962，p.47.

判断。例如，"太阳每天早上升起"这句话意味着，我们知道，在过去这是没有例外的，我们预计它仍在未来有效。但是我们可以想象例外规律。如果判断是呈现完整的普遍性，那么如果你无法想象有任何例外，它必须是"先验"的。判决的分析始终是"先验的"，即使一个孩子从打弹珠中学到数学，他不用回到经验去理解"二加二等于四"，另一方面，经验知识是综合的。

语篇精粹 C

Any concepts or words which have been formed in the past through the interplay between the world and ourselves are not really sharply defined with respect to their meaning; that is to say, we do not know exactly how far they will help us in finding our way in the world. We often know that they can be applied to a wide range of inner or outer experience, but we practically never know precisely the limits of their applicability. This is true even of the simplest and most general concepts like "existence" and "space and time". Therefore, it will never be possible by pure reason to arrive at some absolute truth. The concepts may, however, be sharply defined with regard to their connections. This is actually the fact when the concepts become a part of a system of axioms and definitions which can be expressed consistently by a mathematical scheme. Such a group of connected concepts may be applicable to a wide field of experience and will help us to find our way in this field. But the limits of the applicability will in general not be known，at least not completely.[1]

译文参考 C

过去的任何概念或者词汇都是通过我们与世界的相互作用而形成的，就其含义而言并不是真正严格的规定；也就是，我们并不确切地知道，它们究竟在多大程度上能够帮助我们在这个世界上寻求自身的出路。我们常常知道他们可以应用到广泛的内部和外部的经验，但实际上，我们不可能确切地知道其所适用的范围。即使如"存在"与"时间和空间"这些最简单、最普遍的概念，亦是如此。因此，依靠简单的推理以获得某种绝对真理是永远不可能的。然而，就这些概念的联系而言，是能够被确切地加以界定的。当这些概念可以成为原理和定义体系的一部分时，这些概念就可以不断地由一个数学方程式表现出来，这确实如此。因此，有联系的概念可以适用于经验的广阔领域将帮助我们在这一领域找到自己的方法。但我们通常不会知道适用的限度，至少不完全知道。

（六）相对论（Relativity）

1. 术语解读

在物理学研究领域中，相对论始终居于重要地位。曾经，在牛顿力学中似乎成立的"相对性原理"是这样的：如果在某个参考系中物体的运动满足牛顿力学定律，那么作匀速非转动运动的任何其他参考构架中，物体的运动也满足牛顿力学定律。1904 年，

---

[1]　Werner Heisenberg，*Physics and Philosophy*：*The Revolution in Modern Science*，Harper & Row Publishers，1962，p.51.

莫雷（Morley）和密勒（Miller）对迈克尔孙（Michelson）实验进行了反复研究，首次确定性地证明了不能用光学方法检测地球的平移运动。而爱因斯坦对相对论的研究，依据对象不同分为狭义相对论和广义相对论。1905 年，爱因斯坦发表《论动体的电动力学》（*The Theory of Electrodynamics of Moving Bodies*）一文，这是关于狭义相对论的第一篇文章。两年后，他撰写了《关于相对性原理和由此得出的结论》这篇决定性的文章。1915 年，爱因斯坦将狭义相对论进一步发展，对相对论作出了很重要的推广——广义相对论。

海森堡受到爱因斯坦的启发，在《物理学与哲学》一书中对相对论的问题进行探讨。他说："对于相对论所提出并由它部分解决的那些问题的讨论，实质上属于我们对现代物理学的哲学涵意的探讨。"[1] 海森堡认为，相对论解释的出发点是："在小速度（与光速相比较）的权限情形下新理论实际上与旧理论相等同。"[2] 继而，由相对论所解释的空间和时间结构给物理学的各个方面带来了许多结果，比如，运动物体的电动力学可以从相对论原理中推导出。而相对论原理所带来的最重要的结果是——能量的惯性，即质量和能量的等价性。

---

[1]　Werner Heisenberg，*Physics and Philosophy*：*The Revolution in Modern Science*，Harper & Row Publishers，1962，p.31.

[2]　Ibid.，p.56.

2. 语篇精粹

语篇精粹 A

Within the field of modern physics the theory of relativity has always played a very important role. It was in this theory that the necessity for a change in the fundamental principles of physics was recognized for the first time. Therefore, a discussion of those problems that had been raised and partly solved by the theory of relativity belongs essentially to our treatment of the philosophical implications of modern physics. In some sense it may be said that—contrary to quantum theory—the development of the theory of relativity from the final recognition of the difficulties to their solution has taken only a very short time. The repetition of Michelson's experiment by Morley and Miller in 1904 was the first definite evidence for the impossibility of detecting the translational motion of the earth by optical methods, and Einstein's decisive paper appeared less than two years later. On the other hand, the experiment of Morley and Miller and Einstein's paper were only the final steps in a development which had started very much earlier and which may be summarized under the heading "electrodynamics of moving bodies". [①]

译文参考 A

在现代物理学领域，相对论起到了非常重要的作用。人们首

---

① Werner Heisenberg, *Physics and Philosophy: The Revolution in Modern Science*, Harper & Row Publishers, 1962, p.67.

次认识到有必要改变物理学的基本原理。因此，提出对这些问题进行讨论，而这些问题在一定程度上通过相对论得到了解决，要归因于我们对现代物理学的哲学含义的思考，这在本质上是至关重要的。在某种意义上可以说——与量子理论相反——从认识问题的困难到最终解决这些问题，建立相对论只花了一段很短的时间。莫雷和米勒在 1904 年对迈克尔逊实验的重复为确定地球的平移运动不能用光学方法检测出来提供了第一个确定的证据。之后，爱因斯坦的结论性文章不到两年的时间就出版了。在另一方面，莫雷和米勒的实验与爱因斯坦的论文是早早就开启了研究过程中的具有决定性的几步，而这可以用"动体的电动力学"这个标题加以概括。

语篇精粹 B

The concepts of space and time belonged both to Newtonian mechanics and to the theory of relativity. But space and time in Newtonian mechanics were independent; in the theory of relativity they were connected by the Lorentz transformation. In this special case one could show that the statements of the theory of relativity approached those of Newtonian mechanics within the limit in which all velocities in the system are very small as compared with the velocity of light. From this one could conclude that the concepts of Newtonian mechanics could not be applied to events in which there occurred velocities comparable to the velocity of light. Thereby one had finally found an essential limitation of Newtonian mechanics which could not be seen from the coherent set of concepts nor from simple observations on mechanical systems.[1]

译文参考 B

空间和时间的概念都属于牛顿力学和相对论。但空间和时间在牛顿力学中是相互独立的；在相对论中，它们被洛伦兹联系起来。在这种特殊情况下，人们可以认为相对论的叙述接近这些限制范围内牛顿力学的叙述，限制范围内的所有速度与光速相比是非常小的。从这里人们可以得出这样的结论，牛顿力学的概念不能应用于与光速相近的情况。因此人们终于找到了牛顿力学的本质界限，这不能从连贯的概念看出，也不能从简单的机械系统观察出来。

语篇精粹 C

But quite generally any kind of energy will, according to thetheory of relativity, contribute to the inertia, i.e., to the mass, and the mass belonging to a given amount of energy is just this energy divided by the square of the velocity of light. Therefore, every energy carries mass with it; but even a rather big energy carries only a very small mass, and this is the reason why the connection between mass and energy had not been observed before. The two laws of the conservation of mass and the conservation of charge lose their separate validity and are combined into one single law which may be called the law of conservation of energy or mass. Fifty years ago, when the theory of relativity was formulated, this hypothesis of the equivalence

---

① Werner Heisenberg, *Physics and Philosophy*: *The Revolution in Modern Science*, Harper & Row Publishers, 1962, p.57.

of mass and energy seemed to be a complete revolution in physics, and there was still very little experimental evidence for it. In our times we see in many experiments how elementary particles can be created from kinetic energy, and how such particles are annihilated to form radiation; therefore, the transmutation from energy into mass and vice versa suggests nothing unusual.[①]

译文参考 C

然而，根据相对论，任何类型的能量总是导致惯性，质量（属于一定量能量的质量）就是能量除以光速的平方。因而，每一个能量具有质量；但即使相当大的能量仅具有非常小的质量，这是以前没有被发现有质量和能量之间联系的原因。质量守恒定律和能量守恒定律单独失去效果，相结合成为单一定律，它可以被称为能量守恒定律也是质量守恒定律。五十年前，相对论被构想出来的时候，质量和能量等价的假设似乎是物理学的彻底革命，但只有少数实验证据。现在我们在一些实验中看到基本粒子如何从动能产生，以及这些颗粒如何转化为辐射，因此能量转化为质量和质量转化为能量并没有提出什么不寻常的事情。

（七）基本粒子（Elementary Particle）

1. 术语解读

在柏拉图哲学中，基本粒子最终是数学形式，这一点在他的著作《蒂迈欧篇》（*Timaeus*）中有所体现。牛顿力学产生以来，

---

① Werner Heisenberg, *Physics and Philosophy*: *The Revolution in Modern Science*, Harper & Row Publishers, 1962, p.73.

物理学中恒定的因素就是动力学定律，因此代表基本粒子的是某种永恒的物质运动律。1928 年以前，人们将电子和质子视为两类基本粒子，它们的数目总是守恒的。

自 20 世纪 30 年代以来，基本粒子理论的形成逐步提高。1928 年，狄拉克发展了电子相对理论并预言了正电子的存在，从而改变物理学的面貌。四年后，安德森在研究宇宙射线簇射中高能电子时，对狄拉克所预言的正电子进行证实。1951 年，费米首次发现共振态粒子，即所有的基本粒子都是共振态，同时这也揭开了基本粒子的秘密。1964 年，盖尔曼提出夸克模型，他认为夸克和反夸克组成了介子，而重子由三个夸克组成。第二年，费曼、施温格和朝永振一郎对量子电动力学"重正化"，在基本粒子物理学方面产生了深远影响，并因此获得诺贝尔物理学奖。

物理学家主张，基本粒子是不能分成更小部分的，因为即使分裂一个基本粒子，它们的碎片仍然是基本粒子，而不是任何更小的部分。1975 年，海森堡在德意志物理学会年会上发表了《基本粒子是什么》（*What is the Elementary Particles*）的报告，他在基本粒子同一场论中把所有基本粒子看成同一物质的不同形态，并反对把电子和质子看成一个复合系统，强调探索物质的基本动力学。

2. 语篇精粹

语篇精粹 A

The modern view of the elementary particle with regard to this point seems more consistent and more radical. Let us discuss the question：What is an elementary particle? We say, for instance, simply.a neutron but we can give no well–defined picture and what we mean by the word. We can use several pictures and describe it once as a particle, once as a wave or as a wave packet. But we know that none of these descriptions is accurate. Certainly the neutron has no color, no smell, no taste. In this respect it resembles the atom of Greek philosophy. But even the other qualities are taken from the elementary particle, at least to some extent; the concepts of geometry and kinematics, like shape or motion in space, cannot be applied to it consistently. If one wants to give an accurate description of the elementary particle — and here the emphasis is on "the word accurate" — the only thing which can be written down as description is a probability function. But then one sees that not even the quality of being (if that may be called a quality) belongs to what is described. It is a possibility for being or a tendency for being. Therefore, the elementary particle of modern physics is still far more abstract than the atom of the Greeks, and it is by this very property more consistent as a clue for explaining the behavior of matter.[①]

译文参考 A

考虑到这一点，基本粒子的现代观点似乎更一致、更完整了。让我们讨论一个问题：什么是基本粒子，我们简单地回答是"中子是基本粒子，"但我们不能给"中子"一个确切的图

---

① Werner Heisenberg, *Physics and Philosophy*：*The Revolution in Modern Science*, Harper & Row Publishers, 1962, p.34.

片，我们用这个词意味着什么。我们可以用影像的作品，有时把它描述为一个粒子，有时描述为一个波或波包。但是我们知道这些描述没有一个是准确的。当然，中子没有颜色，没有气味，没有味道，在这方面，它是类似于希腊哲学中的原子。然而甚至一些其它的性能在基本粒子上也没有了，至少从某种意义上讲；几何学和运动学中的概念，例如形状或空间运动的概念，是无法连续性地应用于基本粒子上。如果人们想对基本粒子进行准确的描述——这里的重点是"准确"这个字眼，那么唯一的方法是概率函数的说明。但是在另一方面，人们看到，甚至存在性质（如果这可以被称为"性质"的情况下）不属于所描述的事情的情形。它是一种可能性，或存在的倾向。因此，现代物理学的基本粒子比希腊人的原子更抽象，也正是因为这种性质，它可以以一致的方式作为物质行为的线索重新进行演绎。

语篇精粹 B

Therefore, the mathematical forms that represent the elementary particles will be solutions of some eternal law of motion for matter. Actually this is a problem which has not yet been solved. The fundamental law of motion for matter is not yet known and therefore it is not yet possible to derive mathematically the properties of the elementary particles from such a law. But theoretical physics in its present state seems to be not very far from this goal and we can at least say what kind of law we have to expect. The final equation of motion for matter will probably be some quantized nonlinear wave equation for a wave field of operators that simply represents matter, not any specified kind of waves or particles. This wave equation will probably be equivalent to rather complicated sets of integral equations, which have Eigenvalues. and Eigensolutions, as the physicists call it. These Eigensolutions will finally represent the elementary particles; they are the mathematical forms which shall replace the regular solids of the Pythagoreans. We might mention here that these Eigensolutions. will follow from the fundamental equation for matter by much the same mathematical process by which the harmonic vibrations of the Pythagorean string follow from the differential equation of the string. Butt, as has been said, these problems are not yet solved.[①]

译文参考 B

因此，一些基本粒子代表的数学形式将是一些物理运动规律永久性的解决方案。其实，这是一个未解决的问题。物质运动的基本规律是未知的，因此不能以数学方法推出基本粒子的性质规律。但理论物理学的当前状态似乎距离目标也不是很远，我们至少可以说，我们所期的定律是怎样的。运动的最终方程式可能是关于算符的量子非线性波动方程，其中波场仅代表材料的一些物质，但并不代表任何特殊类型的波或粒子。波动方程也许还有一些相当复杂的积分方程，相当于物理学家所说的"本征值"和"本征解"。这些本征解最终将代表基本粒子；他们将取代毕达哥拉斯正多面体的数学形式。这里我们可以注意到，这些"本征解"从基本方程式推出，其中的数学方法和毕达哥拉斯和弦简谐

---

① Werner Heisenberg, *Physics and Philosophy*: *The Revolution in Modern Science*, Harper & Row Publishers, 1962, p.36.

振动方法的实质是非常相似的。

语篇精粹 C

We may add an argument at this point concerning a（question which is frequently asked by laymen with respectto the concept of the elementary particle in modern physics：Why do the physicists claim that their elementary particles cannot be divided into smaller bits? The answer to this question clearly shows how much more abstract modern science is as compared to Greek philosophy. The argument runs like this：How could one divide an elementary particle? Certainly only by using extreme forces and very sharp tools. The only tools available are other elementary particles. Therefore，collisions between two elementary particles of extremely high energy would be the only processes by which the particles could eventually be divided. Actually they can be divided in such processes，sometimes unto very many fragments；but the fragments are again elementary pan-tides，not any smaller pieces of them，the masses of these fragments；resulting from the very large kinetic energy of the two colliding particles. In other words，the transmutation of energy into matter makes it possible that the fragments of elementary particles are again the same elementary particles.[1]

译文参考 C

对于人们常常提出的现代物理学基本粒子的概念问题，我们

---

[1]　Werner Heisenberg，*Physics and Philosophy*：*The Revolution in Modern Science*，Harper & Row Publishers，1962，p.37.

可以再增加一点探讨。现在的问题是：为什么物理学家声称基本粒子不能被划分成更小的部分？这个问题的答案清楚地表明，现代科学比希腊哲学更加抽象。论证如下：人们如何分割基本粒子，当然，只有采用强大的力量和一个非常尖锐的工具才能做到。唯一适用的工具就是其他的基本粒子。可见，两个非常高能量的基本粒子之间的碰撞是能够真正分裂粒子的唯一过程。事实上，它们可以以这样的方法来拆分，有时分成许多片；但碎片仍然是基本粒子，而不是任何其较小的部分，这些碎片的质量是由两个非常大的粒子的碰撞的动能所产生。换句话说，能量被转化成物质，此类基本粒子的碎片仍然是相同的基本粒子。

第四章　波普尔：证伪主义的探索者

Instead of posing as prophets we must bec-
ome the makers of our fate. We must learn to do
things as well as we can，and to look out for our
mistakes. And when we have dropped the idea that
the history of power will be our judge，when we
have given up worrying whether or not history
will justify us，then one day perhaps we may
succeed in getting power under control. In this
way we may even justify history，in our turn. It
badly needs a justification.[①]

——Karl Raymond Popper

我们不做预言家，我们要成为自己命运的
创造者。我们必须学会做我们力所能及的事，
并且尽量留意我们自己的错误。当我们抛弃了
权力的历史是我们的审判者这种观念时，当我
们已经不再担心历史是否将为我们作证明时，

① Karl R. Popper，*The Open Society And Its Enemies*，Routledge，1962，p.475.

也许就是我们可以成功控制权力之日。这样的话，我们甚至可以反过来证明历史，而历史正需要这样的证明。

——卡尔·雷蒙德·波普尔

一、成长历程

卡尔·雷蒙德·波普尔（Karl Raymond Popper）1902 年生于奥地利维也纳。波普尔的一生获得诸多荣耀，学术成绩显著：维也纳大学（University of Vienna）哲学博士，英国皇家科学院院士（FRS），大不列颠学会会员（FBA），伦敦经济学院研究员、伦敦帝国大学（King's College London）研究员、布拉格大学查尔斯学院（Charles University）研究员、剑桥大学达尔文学院（Darwin College Cambridge）研究员。他同时被人们认为是 20 世纪最具影响力的批判理性主义哲学家之一。波普尔的证伪主义理论认为科学不能被证实只能被证伪。他一生研究成果颇丰，其中包括广为流传的《猜想与反驳》（*Conjectures and Refutations*）、《开放社会及其敌人》（*The Open Society and its Enemies*）、《历史决定论的贫困》（*The Poverty of Historicism*）、《科学发现的逻辑》（*The Logic of Scientific Discovery*）等等。

（一）童年熏陶——畅游书海

1902 年 6 月 28 日，卡尔·雷蒙德·波普尔出生于奥地利维也纳的一户犹太家族，但波普尔终身信仰基督教。波普尔有两个姐姐，他是父母三个孩子中最小的一个。而波普尔的父亲西蒙·西格蒙德·卡尔·波普尔（Simon Sigmund Carl Popper）学识丰富，在维也纳大学教授法律。据说他酷爱读书并拥有一座巨型私人图书馆。父亲对幼年时期的他产生了很大影响，正如波普尔在自己的思想自述中所说："我是在一种酷爱读书的环境中长大的。家里除了餐室外到处都是书。"[①] 所以他从儿童时期就受到马克思主义哲学思想和达尔文进化论科学思想的熏陶。

而波普尔的母亲则是一位精通音律的艺术家，对他也产生了深刻的影响。童年时代的波普尔就受到了父母家庭气氛的熏陶。他曾经在自述中提及，自幼时就开始思考很多深刻的哲学问题，例如空间无限性。波普尔很小就阅读各种思想巨著，从斯宾诺莎到康德。这些都对幼年的波普尔接触到哲学真谛——怀疑与批判的精神奠定了深厚的基础。

（二）少年启蒙——蓄势待发

1918 年，世界大战后的维也纳充斥着各种不安和动乱，但同时也产生了许多创造性的思想。科学、音乐、绘画和哲学领域理论空前发展，同时拥有更为广阔的发展空间。对于当时 16 岁的波普尔而言，他的知识范围早已超过了同龄人在学校所学，为了汲取更多的知识，他来到维也纳大学，成为一名旁听生。大学中活跃的思想给年幼的波普尔打开了一个崭新的知识世界，使他终生难以忘怀。他说道："我们痴迷地阅读，浏览群书，辩论和研究，去粗取精。我们听音乐，去美丽的阿尔卑斯山徒步旅行，同时也梦想一个更加美好、健康、朴素、诚实的世界。"[②]

---

① ［奥］波普尔：《波普尔思想自述》，赵月瑟译，上海译文出版社，1988 年，第 6 页。

② 同上，第 36 页。

卡尔·波普尔被布拉格查理大学授予荣誉博士学位

1915 年，爱因斯坦发表了著名的相对论思想，这一思想迅速传播。这一发现在备受全世界惊叹的同时，也吸引了波普尔的注意。这一时期，他还学习了以弗洛伊德精神分析学为代表的心理学理论。波普尔认为，精神分析学说和爱因斯坦相对论两者的区别在于，精神分析学说不做任何预言，却宣称能够解释一切有关意识的现象，它与形而上学、巫术，甚至点金术一样，属于"前科学"；而爱因斯坦的相对论是针对某一现象做出特定预言，并且承认符合预言的事实不能证实自己的理论，但不符合预言的事实却能证伪这一理论，这才是真正的科学。

少年时期的思想启蒙对波普尔一生的思想发展都起到了关键性的作用。受爱因斯坦等一大批科学家和思想家理论的影响，波普尔在少年时期建立了严谨科学的治学基础，对他的一生发生了（起了）决定性的影响。

（三）大学成就——初露锋芒

1922 年，波普尔以高分考取维也纳大学，从此进入大学生涯。在这段时期，波普尔如饥似渴地学习了各种知识，包括自然科学、哲学以及文学等。1928 年，波普尔取得了哲学博士学位。他以《论思想心理学中的方法问题》的毕业论文顺利完成了博士答辩。1932 年，继其博士研究之后，波普尔的《知识理论的两个基本问题》的原始版本也在学界广为流传开来。两年后，在石里克的帮助下，德语版本的《科学研究的逻辑》一书正式出版。这本书对波普尔之后研究的重点——科学与非科学的划界问题，展开了深入的探讨。

1940 年，由于时局的变化，波普尔请求英国学界救助委员会为他安排一项工作。波普尔的申请得到了一大批科学家、思想家的支持，最终他在剑桥大学等几所欧洲大学得到了教职。

二战期间，波普尔一直居住在新西兰，在教课的同时仍然进行学术研究。1944 年他在《经济学》期刊上发表了著作《历史决定论的贫困》。第二年，波普尔在英国出版了《开放社会及其敌人》（*The Open Society and its Enemies*）一书，这部著作探讨了历史主义的内容，一经出版，就斩获了各项学术大奖，使他的理论思想在全世界范围内传播开来。

（四）后期思想——硕果累累

1946 年，波普尔来到英国。1959 年，《科学发现的逻辑》（*The Logic of Scientific Discovery*）的英文版终于出版。1969 年波普尔辞去教职，专心进行著书立作。之后，他出版了论文《客观的知识》（*Objective Knowledge*），《卡尔·波普尔的哲学》上卷"思想自传"的修改版《无穷的探索》（*Unended Quest*）于 1984

年单独出版。1977 年波普尔与其他思想家共同出版了《自我及其大脑》(*The Self and Its Brain*) 一书。之后，《实在论与科学的目的》，《开放的宇宙》等书目也相继得以出版流传。

在当时，英国哲学的主流是分析哲学。而波普尔的思想显得与当时的学界主流格格不入。他的思想时常被人扭曲和误解。他的演讲发言也多次被人们批判。波普尔还曾多次把自己的书稿寄给权威的杂志社，但都被无情地拒绝了。

波普尔因其理论与政治学的深刻联系，为他赢得了众多荣誉。例如，白金汉宫爵士头衔，英国皇家协会会员以及多个院士和博士荣誉，其著作也在近五十个国家广为流传。有来自全世界的政坛大腕络绎不绝地前来拜访讨教，包括英国首相、德国前总理和日本天皇。

80 年代的波普尔

波普尔的崇拜者里不仅有优秀的思想家、理论家，还有政坛人士和商界大鳄，可以说吸引了各个领域的精英人士。1994 年的秋天，随着树叶的凋零，波普尔在英国伦敦与世长辞，终年 92 岁。各界人士和媒体纷纷发文追悼这位一生取得无数荣耀的伟大哲学家。

二、理论内涵

波普尔的理论颠覆了以往理性主义的主流思想，具有鲜明的反叛精神。他认为科学理论并不是普遍适用的，进而对传统的理性主义思想进行了批判。波普尔认为，用有限的实验数据来证实某一结论是不够科学的，因为没有办法能够有十足的材料证明某种结论的万无一失。而波普尔整个理论体系的核心思想就是这种科学结论的不可证明性，即"可证伪性"（Falsifiability）。

（一）证伪原则

在逻辑经验主义者看来，"证实"是以归纳为基础的科学。用科学理论来检验经验事实，与理论相符合的就是真理，相违背的就是谬误。这样，不符合的内容就将被排除在外。但在波普尔看来，以经验事实来检验科学理论，来证实其真伪性，经验就不能够证明理论的正确性，只能用来证明其不正确性。波普尔的证伪主义理论认为科学结论也可能存在谬误，并不是永远正确的理论，而这种不正确性可以用实验数据和经验来加以证明。因此，当提出一个科学理论时，人们无法证明它是完全正确的真理，只能不断以经验事实来证明他的"伪"，进而一步步推动科学理论的发展变革，让人们不再过于迷信科学理论的权威，而是不断努力使它愈来愈趋向于完美的真理。

通过证伪主义的理论，事实数据有了不同的意义，知识同样也可以从那些与科学相违背的经验中获得超越了原来理性主义的归纳法。

波普尔该理论的提出在促使原有的理性主义取得一种批判性进步的同时，也改变了原有的科学分界标准。逻辑经验主义者把形而上学的内容从科学的体系中分离开来，并致力于消除各种形而上的理论。而波普尔证伪主义理论的提出也进一步明确了科学的分界标准。

　　纵观西方哲学史，关于分界标准的争论由来已久。对于这个问题就是要回答科学与非科学是否有本质区别，以及什么是将科学与非科学、科学与伪科学、科学与形而上学区分开来的标准。简言之，就是科学与哲学二者到底存在什么关系的问题。波普尔最初也是通过对分界问题的提出进一步引入他的证伪主义思想。科学是什么，科学的本质是什么的问题自从人类开始认识自然就一直存在。传统的说法是凡是从经验归纳出来的理论就是科学的。在逻辑经验主义者看来，其分界标准就是可证实性。而波普尔对于这样的标准是全盘否定的。

　　传统理性主义理论中，科学理论一定就是真理，谬误一定是非科学。但在波普尔的证伪主义理论中，人们不能对科学理论盲目信服崇拜，就像他所提到的"科学的精神不是昭示无法反驳的真理，而是在坚持不懈的批判过程中寻找真理"①。

　　进而，波普尔将"可证伪性"作为分界标准。例如在 1697 年以前，几乎所有的欧洲人都不怀疑天鹅都是白色的。因为当时人们从未见过其他颜色的天鹅。说黑天鹅存在就好比说"太阳从西边出来"，代表了绝对不可能发生的事情。但在这些年，人们在澳洲发现了黑天鹅，关于天鹅的认知被完全颠覆。因此，只要出现一个否定的事例就可以将之前不可能完全证实的普通命题给证伪。波普尔认为，只有这样可以被证伪的科学理论才是科学的，并将可证伪性作为分界的标准。在他看来，占星术是不科学的。因为占星者的预言都十分模糊，让人无法反驳。预言根本不

---

① ［奥］波普尔：《波普尔思想自述》，赵月瑟译，上海译文出版社，1988 年，第 6 页。

会失败，也就没有可证伪性。

归纳作为一种认识世界的古老方法，最早可以追溯到古希腊的苏格拉底、亚里士多德对归纳推理所作的系统阐述，即"证明从普遍出发，归纳从特殊开始，除非通过归纳，否则认识普遍是不可能的"①。归纳是人类获得知识的重要方法。后来培根又对归纳法进行了完善。他依据自然科学对经院哲学进行抨击，并建立了唯物主义经验论原则。他认为单纯依靠演绎逻辑来理解是毫无成效的，为了逐步达到对普遍的理解，必须以经验为基础，在此之上进行归纳逻辑。

逻辑经验主义哲学家们把经验证实原则作为发现和证明科学知识的唯一原则，之后在世界范围内兴起一场逻辑经验主义运动。他们认为演绎逻辑仅仅是一种同义反复，因而对于知识的增长毫无作用。休谟指出，归纳在逻辑上不能成立，只不过是人们的一种心理习惯。与休谟一样，波普尔在对归纳的反驳中认为归纳法没有任何逻辑的理由，归纳方法之所以无效，主要在于归纳在逻辑上不成立。他认为，个别观察总是有限的，有限不能证明无限，个别不能推导出一般，而过去不能证明未来。所以归纳在逻辑上不成立，必须消除。他大胆地提出证伪主义来反对归纳法，并将它作为解决归纳问题的原则和标准。他认为，"归纳问题实质上是对划界问题的一种错误解决中产生的，让科学凌驾于伪科学之上的是真实可靠的和可证明的知识，这种方法就是归纳法"②。他提出了"反归纳法"，即反对证实原则的证伪主义。在当

① ［奥］波普尔：《波普尔思想自述》，赵月瑟译，上海译文出版社，1988年，第36页。
② 同上，第6页。

时逻辑经验主义盛行之下，提出证伪主义来反驳归纳方法的确需要很大的勇气。在波普尔看来，经验理由虽然不能支持一个理论普遍为真，但却可以证伪一个理论不具有普遍适用性。波普尔不仅用证伪思想解决了分界问题，而且解决了归纳问题，进一步为他对科学知识增长问题的研究打下了基础。

"在什么意义上我们可以论及知识的增长或进步，我们怎样才获得知识的增长和进步？"[①] 在对于科学是什么的问题上，波普尔反对认为科学始于观察这一观点，他认为科学始于问题。问题贯穿于科学的始终，只有发问，才能发展理论使知识得以增长。在有了问题之后，需要尝试对问题进行解答。这样的解答通常被称作为假说或者猜想。波普尔认为对于问题的解答需要进行大胆的猜测与提出假说。猜测与假说都不是凭空而来的，要基于一定的知识背景。有了猜想与假说之后，需要对它们进行检验，如果不能被检验，那么它们永远不能成为科学理论。于是他提出了检验的方法，即"试错法"，认为这是科学进步的根本方法。我们运用"试错法"的最终目的不是仅仅为了排除一些错误的理论，而是必须从中吸取经验，在错误中学习，这样科学知识才能得以增长。在对于科学进步的标准问题上，波普尔认为："高的可证伪度或反驳度、可检验度是科学的目标之一。"[②] 一个可证伪度高的理论只有经过严格的检验之后才会被人们所接受与认可。简言之，波普尔认为科学始于问题，科学理论是大胆的猜想，科学进步的方法是"试错法"，科学进步的标准就是"可证伪度"。

---

① ［奥］波普尔：《无穷的探索》，邱仁宗译，福建人民出版社，1983年，第36页。
② 同上，第50—51页。

科学知识的积累这一过程用一个公式来描述就是：

$$P1（Problem\ 1）\rightarrow TS（Tentative\ Solution）\rightarrow EE$$
$$（Error\ Elimination）\rightarrow P2（Problem\ 2）$$

"P1"代表问题，"TS"表示试探性的解决办法，"EE"即排除错误，"P2"为新的问题。对于问题 P1，人们提出假说尝试解决（Tentative Solution）它。然后通过证伪来消除错误（Error Elimination），进而产生新的问题 P2。

（二）开放社会

开放社会（The Open Society）是波普尔重要的核心术语，在认识论上受到英国哲学家休谟的影响。休谟认为，自然法学说中的概念十分含混，因为这种学说把一些无绝对确实性的命题说成是普遍的必然的真理，以及自然和道德的永恒法则。归纳法所得出的关于经验事实的命题并不具有必然性，只是出自人的心理习惯。所谓的自然权利、自由、平等这些观念，它们既不能从逻辑推理得出，也不能用事实证明。由此出发，休谟否定了自然法学说的真理性基础。而波普尔从休谟的观点出发来进一步论述，提出了一种独创性的认识论。在波普尔看来，人的认识和知识可能存在谬误，任何人都无权宣称自己的知识是绝对真理，人们都要遵循试错法，从错误中学习。它要求人们宽容异己，通过不断的批评来认识真理，坚持一种理性批判的态度。

这种方法论和认识论学说为波普尔开放社会的理论奠定了基

础。他以此来反对一切权威主义，提倡批判主义，提倡对一切批评开放的"开放社会"，反对压制批评屈从于迷信、神话、权威和教条的"封闭社会"。波普尔的试错法和反历史决定论的观点使他在理论上排除了构想理想国家和美好国家以及对整个社会进行大规模长期改造的计划。他反对乌托邦主义不切实际的幻想，主张逐步社会工程。波普尔批评了自柏拉图以来的各种乌托邦思想，认为这是以一种以信仰作为政治行动基础的做法，这种绝对不变的理想虽然听起来吸引人，但却是危险而有害的。乌托邦主义的弊端就是极端的彻底主义，要求人们按照完美的理想彻底地重建一个全新的社会。所以波普尔又称这种彻底主义为唯美主义、完美主义或浪漫主义。这种彻底主义所提供的理想蓝图和实现手段根本无法用科学方法来了解和证明，因而也不能加以实现，只能诉诸暴力的手段。要建立一个全新的理想国，就必须先铲除一切现存的制度、传统和机制。洗清一切现存的观念、习惯和生活方式。这种纯粹的理想本来并不是什么坏事，但如果没有理性约束，就可能导致某种危险。在波普尔看来，空想的乌托邦主义在政治上是有害的，因为理想社会的蓝图只有极少数所谓预言家才能够说得出来，多数的人只能听从这些少数人的安排和说教。其计划也不是诉诸人的理性，而是诉诸人的感性，不是交给人民去自由讨论，而是只能从房顶的喇叭来宣布。更重要的是要对社会进行彻底改造，就要求少数人进行集中统治。乌托邦主义必然导致权力的集中，却又不能集思广益。权力越集中，批评越少，自由越少，知识就越不能进步。波普尔认为，从人本主义的伦理目的来说，我们也没有理由要求这一代人为未来遥远而渺茫的理想做出牺牲，不能为了未来而忽视现在这一代人的平等权利和福祉。波普尔成为对两千年前的理想主义和乌托邦主义进行系统批判的著名思想家。他的批判精神和问题意识显示出了独特的后现代思维模式，即一切都不是权威的永远都存在着，潜在的错误需要不断去改进。这一点在波普尔的政治哲学上也表现出了深刻的影响。

在批评乌托邦主义和完美主义的基础上，波普尔提出，与其追求不切实际的"最大幸福"的理想主义原则，倒不如提倡最少的人可以避免疾苦。因为幸福是个人的事，使他人幸福的做法往往把自己的价值观念强加于人，要求他人承认自己对幸福的判定。逐步社会工程的主要任务不是"无所不知"的理性，而是以"最少疾苦"作为其公共政策的基本原则，尽可能地消除各种社会弊端，比如改善失业、贫穷、改革教育、扫除文盲等。而对于个人幸福等的问题则可放到"放任主义"的范围，由人们自己去实现。

进而，波普尔论述了他的逐步社会工程理论相比乌托邦主义所具有的优势。例如，乌托邦主义提出的是永恒、终极的理想社会蓝图，逐步社会工程则主张零星的逐步改进，用试错法逐步消除点滴的错误。这样改造，即使出现错误，损失也不会太大。并且逐步社会工程理论采用温和的改良方法，社会阻力小、易被人接受，先建设后破坏，不致推翻历史文化传统，以一种批判理性主义的态度切实地为社会消除祸害，通过民主协商取得公众的赞同。总之，逐步社会工程相比于乌托邦主义，则是切实可靠的社会改造方案。

波普尔详细地分析了封闭社会的特征，将封闭社会与开放社会相区分：神秘的、部落的或集体主义的社会是封闭社会，而每个人都依靠个人决定行事的社会则是开放社会。封闭社会以控制公民生活为主要目标，而不是给公民以个人选择的广阔余地。所以封闭社会是以个人无条件地服从集体为前提的，只讲集体或集团的利益，否定个人利益的正当性。而开放社会提倡理性，反对巫术和盲从，尊重个人和民众的自由，让人人都拥有判定是非和批判的权力。从历史上看，封闭社会源于原始野蛮的部落社会，开放社会则起源于古希腊的西方文明。古希腊雅典的民主制是开放社会的萌芽。在古希腊，开放社会与封闭社会这两种对立的社会制度就展开过激烈的斗争。雅典民主主义的领袖伯里克利是开放社会的倡导者，正如伯里克利所认为的那样，尽管政策是由少数人制订的，但所有的人都有权力进行评判。

波普尔批判乌托邦工程，在他看来，虽然是历史主义者美好愿望的产物，但其最终目标的内容也无法具体化，而只能是形而上的空洞言语。所以他主张渐进式的社会工程。他认为社会工程应该服从以下两个原则：一是以排除人民痛苦优先，而不是增加快乐。在所有的政治理想中，试图让人们快乐是最危险的一种。二是温和的改良，而不是暴力的革命。这就要求社会改良政策需要具体的，有针对性的目标，而不是空谈理想。波普尔于第二次世界大战时期写成《开放社会及其敌人》一书，提出了政治哲学中的四个悖论。

首先，应该由谁来统治？解决这个问题的根本在于探讨权利制衡的方式，应该以合理温和的手段来达到普遍的目的。开放社

科学－哲学家的智慧

会应该是一项基于民主制度的渐进社会工程。其次，民主的原则虽然是防止极权和专制，但是有的时候民主制的效率却不如专制主义。但用阿克顿的名言来说：绝对权力导致绝对腐败。专制者可以开明一时，但不可能开明一世，即便可以开明一世，也不能保证后代的开明。所以开放社会必须是一个基于民主制的社会，它的目的不在于最高的效率，而是减少可能带来的巨大危害。再次，自由的悖论在于，不加限制的自由会击溃自由本身。波普尔认为自由取决于制度，因为即便人生来平等，但极权主义仍然将他们困于枷锁中，所以制度的目的在于限制严重的不平等，既要维护自由经济制度，又要限制自由竞争所产生的不平等。最后，宽容是和自由类似的，不加限制的宽容也会击溃宽容本身。他主张民主制的宽容限度在于不能宽容反对民主制的人，其目标就是法西斯主义。波普尔划分开放社会和封闭社会的标准就是，政治制度的推翻对前者而言不需要流血；而对后者，流血在所难免。因此，开放社会的原则就是争辩双方都不能担保自己观点的正误，只有在讨论的基础上才有可能使自己的观点更接近真理。

波普尔称自己是一名自由主义者，但这是指以批判理性主义为基础的新自由主义，而不是以古典理性主义为基础的旧自由主义。古典理性主义者培根和笛卡尔分别以经验或理性为权威，强调平等、自由，主张真理面前人人平等。但他们未能解决权威主义的问题。波普尔的政治哲学与其开放社会的理论密切相关，他认为历来政治哲学家把"谁应当统治"的问题视为根本的问题，从而造成了长期的混乱。在他看来思想家应考虑探索和努力建立一些可以防止坏政府干坏事的制度手段，使统治者不断地从错误中学习，通过自由的批评和讨论对统治者加以约束。不求其总是做好事，但求其不敢或避免做坏事。

波普尔的政治自由主义继承了传统自由主义的某些思想，认为人们需要有秩序的国家，但在赋予国家以保障的职能拥有巨大的权力后，就必然会有滥用权力的危险。因此，必须限制国家权力。在波普尔看来，一切政治问题都是制度和法律结构的问题。与其迷信某个统治阶级的优秀品质，倒不如建立好的控制统治者的制度，使之难以滥用权力，即由被统治者对统治者施加某种有效的控制就可能迫使统治者不得不做些符合民众利益的事情。同时，波普尔不相信政治自由和政治制度是绝对万能的，认为最好的制度也可能受到破坏，提出了通过批评和纠正错误来保护民主制度不致腐败。绝对的自由也可能导致奴役，所以个人自由不能扩大到侵犯他人的程度，必须适当加以限制。由此，波普尔的理论也改变了近代主权不可分的学说。统治的权力应受到其他权力特别是被统治者的力量的制约。

总之，民主制度的真正重要之处不在于其政策比专制政策多高明，而在于它对政府权力的制衡，实现的一种自我调整的机制。波普尔通过对开放社会和政治改良主义的详细论述，对乌托邦主义和专制主义进行了深刻的批判，成为杰出的自由主义政治理论家。

（三）历史主义

自19世纪末以来，历史主义一直是德国乃至西欧史学界的一个热门题目。该词德文原为 Historismus，相当于英文的 historism；但波普尔论述历史主义时却创造了一个新的词汇 historicism。自此之后，德文 historimus 一词的相应词竟成了波普尔所提出的 historicism，而原来的 historism 一词被废弃不用。波普尔之所以使用 historicism 而不用 historism，是因为他历史主义一词的涵义与德国学派如狄尔泰（Dilthty）和梅尼克（Meineche）等人的迥然不同。在传统的历史主义者那里，所谓历史主义就意味着：历史的意义一般是可以，或者是应该以某种法则或规律加以解释的。同时，每一种世界观也都是历史地被限定的、被制约的，因而是相对于其时代而言的。

　　和这一传统的历史主义意义不同的是，波普尔所批判的"历史主义"主要是指历史主义中的历史决定论；也就是说，历史主义一词指的是这样一种观点：历史的行程遵循着客观的必然规律，因而人们就可以据之以预言未来。所以他所使用的历史主义一词乃是指那种根据客观的历史规律解释过去从而预言未来的历史观。波普尔本人则是反对这种历史主义决定论的。任何科学如果发现了客观的必然规律，就一定可以据之以预言未来。例如，天文学可以预告日食，地质学可以预告地震。人类的历史过程有没有像自然世界过程那样的客观规律呢？波普尔的回答是否定的。历史是没有规律可循的，因而也就是无法预言的。这一反理论就是他史学理论的核心。

　　在波普尔的《历史主义贫困论》中，历史主义的贫困，指历史主义无规律、不可预测。他说："历史主义是一种贫乏的方法——是一种不会结出果实来的方法。"[1] 历史主义是指一种社会

———————————

[1]　［奥］波普尔：《无穷的探索》，邱仁宗译，福建人民出版社，1983 年，第 78 页。

科学的研究途径，它的主要目的是历史预言，并通过揭示隐藏在历史演变之中的节奏、类型、规律和趋势就可以达到这一目的。他这样说道："假如有增长着的人类知识这样一种东西的话，那么我们今天就不可能预见我们明天将要知道什么。"① 也就是说，因为知识在增长，所以我们不能预知我们将要学习的知识。既然不能预知将来的知识，那么历史主义也就不能科学地预告它未来的知识状况，所以历史主义就是没有任何基础的，是贫困的。波普尔认为，他的这种推理是一种纯逻辑性的推理。在这里，波普尔历史主义的"贫困"实际上指的是历史决定论。对此，我们可以把波普尔的观点简要概括为反历史决定论。波普尔指出：历史决定论是乌托邦，是一种虚构的学说；是一种社会伦理学而非社会科学。他认为，历史主义不能帮助社会发展的任何一个方面，所以它是"贫困"的。

（四）波普尔名言及译文

（1）It is widely believed that a truly scientific or philosophical attitude towards politics, and a deeper understanding of social life in general, must be based upon a contemplation and interpretation of human history. While the ordinary man takes the setting of his life and the importance of his personal experiences and petty struggles for granted, it is said that the social scientist or philosopher has to survey things from a higher plane. He sees the individual as a pawn,

---

① ［奥］波普尔：《无穷的探索》，邱仁宗译，福建人民出版社，1983 年，第 48 页。

as a somewhat insignificant instrument in the general development of mankind.[①]

人们普遍相信，对待政治学真正科学的或哲学的态度，对一般意义上的社会生活更深刻的理解，必定建立在对历史的沉思和阐释的基础之上。尽管一般人认为生活环境、亲身经验和小坎小坷的重要性是理所当然的，但据说社会科学家和哲学家却必须从一个更高层面上眺望这些事情。在他们看来，个体的人是一个工具，是人类总体发展过程中一个微不足道的工具而已。

（2）Although I admire much in Plato's philosophy, far beyond those parts which I believe to be Socratic, I do not take it as my task to add to the countless tributes to his genius. I am, rather, bent on destroying what is in my opinion mischievous in this philosophy. It is the totalitarian tendency of Plato's political philosophy which I shall try to analyse, and to criticize.[②]

诚然，我很敬佩柏拉图的哲学，并认为它超越了苏格拉底的哲学，但现在我的任务并不是对他的天才进行无限称赞。我倒是要决心摧毁我认为他哲学中的有害部分。柏拉图政治哲学的极权主义倾向，就是我将要加以分析和批判的。

（3）And he finds that the really important actors on the Stage of History are either the Great Nations and their Great Leaders, or perhaps the Great Classes, or the Great Ideas. However this may be, he will try to understand the meaning of the play which is performed

---

① Karl R. Popper, *The Open Society And Its Enemies*, Routledge, 1962, p.16.

② Ibid., p.42.

on the Historical Stage；he will try to understand the laws of historical development. If he succeeds in this，he will，of course，be able to predict future developments.①

他还发现，历史舞台上真正重要的演员要么是伟大的国家或伟大的领袖，要么可能就是伟大的阶级或伟大的观念。无论如何，他想试图理解历史舞台上演的这幕戏剧的意义；他想试图理解历史发展的法则。如果他在这方面获得了成功，他当然就能预测未来的发展了。

（4）Only when certain events recur in accordance with rules or regularities，as is the case with repeatable experiments，can our observations be tested—in principle—by anyone. We do not take even our own observations quite seriously，or accept them as scientific observations，until we have repeated and tested them. Only by such repetitions can we convince ourselves that we are not dealing with a mere isolated "coincidence"，but with events which，on account of their regularity and reproducibility，are in principle inter-subjectively testable.②

只有当某些事件能按照定律或规律性重复发生时，像可重复的实验里的情况那样，我们的观察在原则上才能被任何人所检验。在我们重复和检验它们之前，我们甚至对自己的观察也不大认真对待，也不承认它们是科学的观察。只有根据这些重复，我们才确信我们处理的并不仅仅是一个孤立的"巧合"，而是原则

---

① Karl R. Popper，*The Open Society And Its Enemies*，Routledge，1962，p.16.
② Ibid.，p.22.

上可以主体间相互检验的事件，因为它们有规律性和可重复性。

（5）My attitude towards historicism is one of frank hostility, based upon the conviction that historicism is futile, and worse than that. My survey of the historicist features of Platonism is therefore strongly critical.[1]

我对历史主义的态度是公然敌对的，因为我深信历史主义是无用的，而且比这更糟。因此，我对柏拉图主义的历史主义性质的论述持强烈的批评态度。

（6）The aims of science which I have in mind are different. I do not try to justify them, however, by representing them as the true or the essential aims of science. This would only distort the issue, and it would mean a relapse into positivist dogmatism. There is only *one* way, as far as I can see, of arguing rationally in support of my proposals. This is to analyze their logical consequences: to point out their fertility–their power to elucidate the problems of the theory of knowledge.[2]

在我的心目中，科学的目的是不同的。然而，我并不想把它们说成是科学的真正的、本质的目的，来证明其正确性。这样做只能歪曲这个问题，而且这样做将意味着陷入实证主义的教条主义。就我所知，只有一种方法才能合理地论证我的建议，这就是：分析它们的逻辑推断，指出它们的丰富性——它们阐明知识理论问题的能力。

① Karl R. Popper, *The Open Society And Its Enemies*, Routledge, 1962, p.41.
② Ibid., p.15.

（7）We can never return to the alleged innocence and beauty of the closed society. Our dream of heaven cannot be realized on earth. Once we begin to rely upon our reason，and to use our powers of criticism，once we feel the call of personal responsibilities，and with it，the responsibility of helping to advance knowledge，we cannot return to a state of implicit submission to tribal magic.[①]

我们绝不能回到封闭社会的所谓纯朴和美丽中去。我们的天堂梦想是不可能在尘世上实现的。我们一旦依靠我们的理性并使用我们的批判能力，我们一旦感受到责任的召唤和促进知识增长的责任的召唤，我们就不会回到顺从于部落迷信的状态中去。

（8）For those who have eaten of the tree of knowledge，paradise is lost. Beginning with the suppression of reason and truth，we must end with themost brutal and violent destruction of all that is human. There is no return to a harmonious state of nature. If we turn back，then we must go the whole way—we must return to the beasts.[②]

对于吃过智慧之树禁果的人来说，天堂已不复存在。我们一旦压制理性和真理，我们必定随着全人类最残忍和最粗暴的毁灭而告终。回到和谐的自然状态是不可能的。如果我们走回头路，那么我们就必定要从头再走一遍——我们必定会回到野蛮的状态。

（9）Instead of posing as prophets we must become the makers

---

① Karl R. Popper，*The Open Society And Its Enemies*，Routledge，1962，p.202.
② Ibid.，p.203.

of our fate. We must learn to do things as well as we can, and to look out for our mistakes. And when we have dropped the idea that the history of power will be our judge, when we have given up worrying whether or not history will justify us, then one day perhaps we may succeed in getting power under control. In this way we may even justify history, in our turn. It badly needs a justification.[①]

我们不做预言家，我们要成为自己命运的创造者。我们必须学会做我们力所能及的事，并且尽量留意我们自己的错误。当我们抛弃了权力的历史是我们的审判者这种观念时，当我们已经不再担心历史是否将为我们作证明时，也许就是我们可以成功控制权力之日。这样的话，我们甚至可以反过来证明历史，而历史正需要这样的证明。

（10）Historicism, I assert, is not only rationally untenable, it is also in conflict with any religion that teaches the importance of conscience. For such a religion must agree with the rationalist attitude towards history in its emphasis on our supreme responsibility for our actions, and for their repercussions upon the course of history.[②]

我断言，历史主义不仅在理性上是站不住脚的，它也和任何倡导良知的宗教相冲突。因为在强调我们对我们的行为最终负责任的方面，宗教必然赞同理性主义对历史的态度。

（11）True, we need hope; to act, to live without hope goes beyond our strength. But we do *not* need more, and we must not

---

① Karl R. Popper, *The Open Society And Its Enemies*, Routledge, 1962, p.475.

② Ibid., p.474.

be given more. We do not need certainty. Religion, in particular, should not be a substitute for dreams and wish-fulfillment; it should resemble neither the holding of a ticket in a lottery, nor the holding of a policy in an insurance company. The historicist element in religion is an element of idolatry, of superstition.[1]

的确，我们需要希望，不带希望地行动和生活是我们力所不及的。但是我们并不需要太多，我们也不必被赐予太多。我们不需要确定性。尤其是宗教不应该成为梦幻和愿望的替代物，它既不应该像持有的彩券，也不应该像持有的保险公司的保单。宗教中的历史主义因素是一种偶像崇拜和迷信因素。

（12）Now it is far from obvious, from a logical point of view, that we are justified in inferring universal statements from singular ones, no matter how numerous; for any conclusion drawn in this way may always turn out to be false: no matter how many instances of white swans we may have observed, this does not justify the conclusion that *all* swans are white.[2]

从逻辑的观点来看，显然不能证明从单称陈述（不管它们有多少）中推论出全称陈述是正确的，因为用这种方法得出的结论总是可能成为错误的。不管我们已经观察到多少只白天鹅，也不能证明这样的结论——所有天鹅都是白的。

（13）My use of the terms "objective" and "subjective" is not unlike Kant's. He uses the word "objective" to indicate that scientific

① Karl R. Popper, *The Open Society And Its Enemies*, Routledge, 1962, p.474.
② Ibid., p.4.

knowledge should be *justifiable*, independently of anybody's whim: a justification is "objective" if in principle it can be tested and understood by anybody. If something is valid, he writes, for anybody in possession of his reason, then its grounds are objective and sufficient. Now I hold that scientific theories are never fully justifiable or verifiable, but that they are nevertheless testable. I shall therefore say that the *objectivity* of scientific statements lies in the fact that they can be *inter-subjectively tested.*①

　　我对"客观的"和"主观的"术语的用法不同于康德。他用"客观的"这个词来表示科学知识应该是可证明的，不依赖于任何人的一时想法：假如原则上它能被任何人所检验和理解的话，一个证明就是"客观的"。他写道："假如某个事物对任何一个有理性的人都是合理的，那么它的基础就是客观的和充分的。"而我认为，科学理论不可能完全得到证明或证实，然而它们是可检验的。因此我要说：科学陈述的客观性就在于它们能被主体间相互检验。

三、主要影响

　　波普尔作为 20 世纪重要的哲学家，他的科学哲学思想影响深远，声名显赫。很多政界仰慕者像前总理施密特、日本天皇都曾就一些社会问题请教过他，撒切尔夫人也将波普尔视为自己的

---

① Karl R. Popper, *The Open Society And Its Enemies*, Routledge, 1962, p.23.

老师。他的学生不仅有杰出的学者如拉卡托斯、费耶阿本德，还有索罗斯这样的金融巨头，其经久不息的影响主要体现在科学哲学、经济学和社会文化艺术领域这三个方面。在科学哲学方面，波普尔的影响是十分巨大的。在社会科学哲学建构方面，任何一位社会科学哲学家论及这方面问题时，都不可能绕过波普尔的思想；在经济学领域，他更是影响深远，甚至有一部分学者认为，20世纪经济学方法论的全部经历是证伪主义；在社会文化艺术方面，他的情境逻辑还被经常应用于时尚、风格和趣味史的一些常见问题，在这些领域，社会科学方法产生了重要的影响。

（一）对科学哲学的影响——批判理性主义的探索

在两次世界大战之间，实证主义在社会科学哲学领域占据着主导地位。波普尔在批判实证主义科学哲学观时，对于在社会科学中进行反实证主义研究有着重要的贡献。

实证主义相信科学程序开始于从实践中得到的观察数据，并认为可以从中归纳出关于事实本质的一般看法，而波普尔则推翻了这一信念。他向人们展示了科学逻辑并不由经验的证实决定，而是通过证伪原有的理论来获得。科学知识是不确定的知识，但它又是人类所能期望的最确定的知识，它的确定性就在于它的可证伪性，而科学的客观性来源于其方法的客观性。他认为科学并不旨在批判现实，科学是"价值中立"的，批判的对象应该是科学方法。基于这一点，波普尔反对科学实证主义的观点，并且认为科学方法必须具有反思能力。因为科学是可错的，通常需要提高和纠正。他坚信科学知识的统一性和完整性，并将证伪主义原则应用于社会科学。

　　总的来说，波普尔的批判理性主义的重要性在于它不仅在社会科学领域也在自然科学领域批判了实证主义的自然主义谬误。实证社会科学通常要借助自然科学家的实证主义来证明其合法性，波普尔强烈反对将自然科学的实证观当作解释自然运行的理论。

　　波普尔的批判被普遍作为"实证主义争论"的三大波折之一，被当作方法论的实证主义向后经验主义科学的转型。当然，随着科学哲学的进一步发展，对波普尔的科学哲学观的批判时有发生。1969年《德国社会学的实证主义争辩》的出版，表现出波普尔和阿多诺发生的观点分歧。科学哲学界颇具影响力的哈贝马斯对阿多诺的观点表示支持。在哈贝马斯看来，科学家不可能以波普尔的方式从其研究主题中独立出来，忽视了近代科学前的诠释学维度。但他也肯定了波普尔对实证主义批评的不可磨灭的重大意义。波普尔对科学哲学的发展具有建设性的贡献，而且他的科学统一性方法和对科学史的关注对库恩的历史主义也有着重要影响。随着社会科学和自然科学的发展，更多人开始支持两者方法的统一性，进一步表明了波普尔思想的前瞻性。波普尔对社会科学的观点颇有意义，指出了可证伪性标准在方法论上的意义，表明弗洛伊德理论缺乏恰当的科学地位的证据。这在当时产生了重要影响，因为精神分析学说在当时社会科学领域都是极有影响力的学说，对它们进行批判不管是否能得到所有人的认同，都足以激起人们的反思，对社会科学的标准重新进行定位。

（二）对经济理论的影响——经济学方法论的贡献

马克·布劳格（Mark Blaug）认为20世纪经济学方法论全都是证伪主义。经济学方法论研究是根据现代科学哲学的理论来探究经济学家的思维结构和分析方式。在西方经济学方法论研究方面，波普尔将经济学方法论的研究推向了一个新的高潮。

20世纪30年代，西方经济学方法论的主要观点是经济学基本上是一个从内在经验所产生的一系列先决条件推断出来的纯演绎的体系。那些先决条件本身并不容易接受外界检验。最早运用波普尔可证伪性的方法论批判这种先验主义方法论的是哈奇森（Hatchison）。他认为，获得科学地位的经济学命题至少要在想象的程度上，经受一种以经验为依据的检验。而一切的经济学命题都可以分为同义反复命题和经验命题。无论哪一类经济学命题都应依据于经验加以检验的陈述来表达。哈奇森的主张是，只有运用波普尔的可检验性才能规定经济学命题的科学性。

西方关于经济方法论研究的争论，前后发生了三次。第三次方法论之争发生于50年代，深受波普尔哲学的影响，涉及经济理论的现实性和检验标准等问题。争论的代表人物就是诺贝尔的经济学奖得主萨缪尔森（Samuelson）和弗里德曼（Friedman）。萨缪尔森研究了经济学在操作意义上的一般原理，他指出，有意义的一般原理仅仅是一种关于经验资料的假说，这种假说在理想条件下是会被驳倒的。萨缪尔把操作上有意义的一般原理定义在了波普尔的证伪主义原则上，使操作理论变为一种可以证伪的理论。他认为可证伪理论中包含的经济学假定应该具有现实意义，即一种理论应该与实际领域和观察资料有足够的联系，科学领域不存在解释，只存在描述。

而弗里德曼则认为，经济学家们不需要使自己的假定成为现实。对一项假说有效性的唯一检验是将它的预测同经验相比较，如果预测与经验有矛盾，假说被拒斥，没有矛盾，就被接受。"假定"没有必要是现实的，这种非现实性会对科学具有积极的好处。一项假说在种种假定的方面必定在描述上是虚假的。

经济理论假定的现实性问题的争论，其实质还是波普尔对科学命题的归纳性和演绎性的分析。大多数的经济学方法论研究学家都坚持了波普尔的哲学理论，认为直接证实经济理论的前提或假定是无必要的。经济理论的根本问题应根据想解释的现象含义而加以判断。以经验为依据的检验只能够说明某些模式是否能在一定的场合使用，而不能说明它们的真伪。当然，尽管众多经济学家继承了波普尔的证伪主义方法论思想，但也有以大卫·鲁宾为首的一部分人认为，仅用波普尔的思想来证明经济学理论与实际领域之间的联系是不够的。因此，如何具体利用波普尔的社会科学方法给予经济学适当的规范，仍旧是现代经济学需要进一步研究的问题。

（三）对文化艺术的影响——自我批评纠错的创新

在《科学和艺术中创造性自我批评》中，波普尔批驳了文化悲观主义者对自然科学的反对，论述了自然科学的创造性作品与艺术家的创造性作品的异同之处：第一，诗歌和科学有相同的起源——两者都滥觞于神话；第二，批评可分为两类——由美学、文学兴趣激发的批评和由理性兴趣激发的批评，第一类批评促使神话发展为诗歌，第二类批评促使神话发展成科学；第三，科学与诗歌和音乐有着血缘关系，它们都产生于人类对了解世界的起源与命运的尝试。

而在《关于音乐及一些艺术理论问题》一书中，波普尔受贝多芬作品的影响，比较了巴赫和贝多芬的音乐，反对在艺术问题上的历史决定论，认为艺术创作事实上也是一个自我批评和纠正错误的过程，对艺术没有普遍性进步、艺术创作过程是随意主观的这一普遍观点提出了反对。波普尔认为，艺术家在实际工作中，即使是正式计划也会在创作活动的影响下发生改变。艺术家通过自我批评的修正，计划变得更为具体和明确。艺术家要判断作品的每个部分是否符合理想的整体布局。同时，艺术家还要在逐步确定作品细节的同时不断修改理想的整体布局。这就存在着一种反馈效应，即越来越清晰的计划与通过纠错而逐渐形成的具体作品之间的相互作用。这一过程与科学家创作的过程没有什么本质的区别，都是遵守试错法，在试错中创造出伟大的作品。

贡里布希《名利场逻辑》的副标题是"在时尚、风格、趣味的研究中历史决定论的替代理论"，就是波普尔的社会科学的情境逻辑理论。他首先提出，波普尔的论敌之一卡尔·曼海姆（Karl Manheim）急于证实艺术作品之所以不是孤立出现的，是因为它们通过与其他作品和它们的时代相联系。一切艺术风格都是时代深处本质的显现。这种观点实质上是一种历史决定论在艺术学科中的运用，其影响直到波普尔理论的出现才有改观。同时，波普尔认为在社会检验与趣味的可塑性上，艺术评价当中的教条主义和主观主义阻碍了对艺术卓越与否的检验，使得艺术信条近乎宗教而疏于科学。他认为科学的客观性不应在于人们不受先入为主观念的影响，而应在于检验那些先入之见，倾听导致那些先入之见的论点。在艺术问题上，同样应该遵守这种检验。

波普尔的学术生涯始于对归纳问题的批评性研究，他的证伪主义学说来自于对归纳方法作为知识长逻辑基础的质疑，然后他又将科学发现的逻辑运用于科学哲学，以独特的理论连贯性地表达了深奥而复杂的科学哲学思想，对后世产生了深远的影响，成为整个 20 世纪科学哲学发展中不可绕过的一环。社会科学哲学在学术研究中还是一个较新的领域，而波普尔的社会科学哲学的思想价值和理论意义对整个社会的文化艺术领域都产生了长远而深刻的影响。

四、启示

（一）对科学的启示——提出问题大胆假设

波普尔认为，科学是永无止境、不断发展的过程。他认为，科学和知识的增长始于问题，科学的精神是批判，批判态度是合理的理性的态度。波普尔认为，猜想和批判创造了西方文明，因而科学发展的过程也就是提出问题、进行猜想、不断反驳、再提出问题的过程。他对科学发展模式的论述揭示了科学固有的辩证法，表现了科学是一个不断发展的过程。从深层次挖掘，他的科学发展模式所倡导的提出问题、大胆猜想及自由批判精神都对科学的发展有着一定的启示意义。

波普尔认为，问题是科学发展的动力，科学的起点，也是所有科学理论形成的基础。可以说，科学的发展离不开问题的提出，而要解决问题，就需要人们进行大胆的猜想。波普尔认为理论的预测力表示它的信息含量，不出错的可能性表示概率。因此，猜想的概率和信息成反比。按照常识，科学总是追求最可靠的知识，即概率最大的知识。但科学要更好地预测未来需要放弃这种可靠性，追求更小概率的知识，这也是科学发展所要求的创造精神。

科学发展的动力是问题，要解决问题，就要鼓励人们勇于提出问题，大胆进行猜想。同时，问题又是科学发现之源，科学发现的过程就是不断提出问题、解决问题、再次产生问题的过程。很多科学发现都来源于大胆的猜想，来源于提出一个与众不同的、有科学价值的问题。发现并提出一个或一系列新鲜而深刻的问题，对传统的学说、观念和理论进行大胆推敲、质疑和检验，往往是提出新学说的开端。

科学是波普尔科学哲学的主要研究对象，他认为科学精神是批判的，而科学探索中的批判态度是合理的、合乎理性的态度。他指出，科学的精神是批判，即不断推翻旧理论，不断涌现新发现。批判态度，是合理和理性的态度。知识是通过猜想而进步的，要使科学得到发展，就必须勇于猜想、勇于进行批判。批判是真理的要求，只有在批判中科学的发展才更接近真理。因此科学要求批判精神，有了这种批判精神科学才能沿着正确的道路前进。

波普尔认为，批判是真理的要求。他的知识增长理论倡导了一种与教条主义截然不同的理性批判态度。他反对把任何理论尊为权威或教条，主张通过自由的讨论来发现理论的弱点，随时准备修改、纠正和抛弃。所谓批判精神就是对既有的学说和权威不是简单地接受与信奉，而是在继承的基础上经过思考、判断，有根据地做出肯定接受或否定质疑的精神。科学总是在继承中发展，在批判中进步，怀疑批判是科学进步的原动力。

波普尔的批判精神首先表现在他对归纳问题的反驳上。波普尔认为，有限的实验不可能提供足够的观察来排除某天会出现的例外，归纳在逻辑上不能成立。归纳原理是多余的，必将导致逻辑的矛盾，因为为了证明这些归纳推理，就必须假定一个更高层次的归纳原理，从而最终陷入无限循环。波普尔认为，科学并不能到达真理或谬误，科学陈述只能达到一系列不同程度的概然性。波普尔的反归纳主义是对传统的归纳主义的挑战，体现了波普尔的批判精神，对科学的发展和思考方式都产生了深刻的影响，引起了西方哲学界的关注。

（二）对法学的启示——重视问题批判进步

波普尔不仅是一名科学哲学家，他还对社会科学中的方法问题非常关注。波普尔将其证伪主义的理性批判运用到社会科学领域，这些在其《历史决定论的贫困》《开放社会及其敌人》等著作中都有所表现。由于方法的共同性，波普尔的批判理性主义及方法对社会科学尤其是法学研究具有重要启示意义。

波普尔的哲学思想问题意识贯穿其思想发展的整个历程。在他看来，为了咬文嚼字的问题而放弃真正的问题，是一条由理智走向毁灭之路。他告诫人们："要尽全力去解决你的问题，而不是试图使你的概念表述得更精确，幻想这样会为你提供一个武器去解决尚未出现的问题。将来所需要的智力武器可能完全不同于人们现有的那些。"[①] 波普尔认为，科学知识的增长来源于问题，同样也灭亡于问题。这种对问题的关注，对法学研究尤具启发意义。

首先，理论的进步与发展不能仅仅通过证实的视角来观察，更需要从证伪的角度来探寻其进步的程度。陈瑞华教授在其《法学研究方法》一书中这样指出，"任何开创性的法学研究都应具备两个基本特征：一是敏锐地发现法制经验，并对这种经验做出深入的总结和概括；二是在总结法制经验的基础上，提出一般性的概念和理论，从而对这种经验的普遍适用性做出令人信服的论证。从经验事实、问题、到总结经验和基本概念的提出，这是一种跃进式的跳跃，也是社会科学研究所要达到的最高境界"[②]。为了实现这种"跃进式的跳跃"，单纯地追求理论经验证实是远远不够的，还需要证伪方法从另一角度提供更充分的验证。

其次，波普尔的猜想与反驳的方法对于法学研究也具有重要的启示意义。法学研究作为实用性较强的研究，注重调查、研究和对经验的观察。然而，在法学中理论的重大飞跃同样离不开对问题的猜想以及由此进行的反驳，法学研究中的创造性理论的出现无不与由"猜想与反驳"所体现的高度批判的思维紧密相关。这

[①]　［奥］波普尔：《无穷的探索》，邱仁宗译，福建人民出版社，1983年，第89页。

[②]　陈瑞华：《论法学研究方法》，北京大学出版社，2009年，第4页。

提示我们，法学研究中批判性的思维重要性。通过大胆猜想，批驳在竞争过程中发展的理论，应成为法学研究的一种重要的态度。

（三）对历史的启示——证伪历史创新思维

历史到底有意义吗？在不同的学者看来有不同的观点。波普尔明确地回答说，机械地看待历史是没有意义的。历史没有意义。虽然历史没有意义，我们却可以赋予它意义。所以有人评论他说，在形而上学的意义上，他否定了历史的意义，但是在实用主义或存在主义的意义上又肯定了历史的意义。在这种意义上，他也有理由被人说成是一个反形而上学的经验主义者。而在另一种意义上，他的贡献又恰好在于他对逻辑主义的思维方式补充了一种历史思考的因素。虽然他的反历史主义的理论中很多论点仍值得推敲，但是一种理论的贡献并不单纯在于它所给出的答案，也在于它所提出的问题，波普尔的理论仍不失为有一定启示意义的理论。在他把历史思考的因素注入思想方法论时，他提供了一个新问题，即在史学理论中怎样将证伪方法作为检验的标准这一问题，从而有助于人们进一步去探讨，并通过对他的批判而提高历史学的理论水平。

克罗齐的史学理论可以概括为一句话，即一切历史都是当代史。这就是说一切历史是从当前出发来解释历史。柯林武德的史学理论也可以概括为一句话，即一切历史，都是思想史。也就是说，历史之所以成为历史，就在于其中有思想，抽掉了思想，历史就只不过剩下一具空躯壳。柯林武德又阐释说，每一个时代都在重新写历史。每一个人都在把自己的心灵注入历史研究，并带着自己的观点和时代特征去研究历史。这种思潮反映了现代西方史学理论上的一场大换位，即把史学的立足点从客位转移到主位上来。它标志着西方传统的朴素的自然主义历史学的动摇。在这一点上，波普尔继承并发展了这种精神，即历史作为事件历程的本身是根本就不存在的。或者说，自然主义意义上的那种客观的历史是根本就不存在的。这一史学理论中根本性的历史学认识论的问题，从克罗齐开端，经过柯林武德的发扬，再到波普尔手中，已经成为西方史学理论中的一门显学。然而，纯而又纯的客观历史是否存在，仍有待于考察。

客观地说，波普尔提出的问题及其推理方式的创新性，丰富了人们对真理的认识。正如维根斯坦所说，一种新比喻可以清新我们的智慧，一个新问题或一种新思想、新方法同样可以增长人们的智慧。对真理的认识过程就是需要通过正反两个方面的不断深入而开展的。波普尔的史学理论对当代的影响就在于提供一种新的思想方式，以及其方法论提出历史主义能否证伪以及如何可能证伪的新问题。波普尔以他独特的风格，推动了思想史上的一次转折，使人们对于历史主义进行新的反思。

五、术语解读与语篇精粹

（一）证伪原则（Falsificationism）

1. 术语解读

伪科学（Pseudoscience）这一词汇的定义一直颇具争议。常见的定义为自称为是某种科学，但又不遵循科学的实践方法。伪科学看起来虽然像是科学，却无法用科学的方法进行检测。在东方，骨相学（Phrenology），占星术（Astrology）等被认为是典型的伪科学。1848 年，伪科学一词就已经出现，由一个希腊词根 pseudo 和一个拉丁词根 scientia 构成。pseudo 在英语里的意思是 false，scientia 对应的英文为 science。false，有错误虚假等含义；scientia 指知识或某一领域内的学问。Pseudoscience 一词在汉语一般译为伪科学。20 世纪中叶，卡尔·波普尔在其著作《猜想与反驳》中提出科学和非科学划分的证伪原则（falsifiability）。

他认为，任何科学理论都有可证伪性，但不同理论的可证伪性有程度上的差异，波普尔由此引出"可证伪度"概念。在波普尔看来，一个可证伪度高的理论只有经受住观察和实验的检验而得到确认时，才会被人们所接受、所承认。一个理论提供的信息越精确，而它被证伪的可能性就越大，即理论的可证伪度越高，据此他强调，一个较好的理论首先必须满足一个"潜在"的进步标准，即可证伪程度较高，并为此做了说明：对于一个经验科学的理论来说，具有的内容越丰富，它所不允许发生的事情就越多，其可证伪度就相对更高，也就是说与经验内容的多少成正比。由此可知，理论的内容越多，越容易被证伪。[①] 所以波普尔认为一个好的、进步的理论，不仅可证伪度高，而且确认度也高。科学理论的本性是可证伪性，其测量尺度就是可证伪度，只

---

① ［奥］波普尔：《猜想与反驳：科学知识的增长》，傅季重、纪树立、周昌中等译，上海译文出版社，1986 年，第 46 页。

有证伪度高的理论才会带来新的知识、新的观念，才会促进科学知识的增长。

在 21 世纪，随着理论自然科学的进一步发展，科学方法论作为科学哲学的核心，其影响仍将是十分深远的。证伪主义者承认观察受理论指导并以理论为前提。他们摈弃了认为能够根据观察证据确立理论为真或可能真的观点。理论被解释为试图解决以前的理论问题，并且对世界某些行为作出适当解释而自由的某种推论或猜想。科学通过试错法，通过推测和反驳而进步。虽然永远不能合理地说一个理论是真的，但能够说它是最好的，它比以前的任何理论都要好。波普尔科学哲学思想的重要意义就在于，对以往的、旧的科学方法论提出了有力的批判，并确立了自己的新的证伪主义方法论，尽管其证伪主义方法论有其局限性，但不可否认的是波普尔开创了一条通向全新的科学方法论的研究之路。

2. 语篇精粹

语篇精粹 A

But I shall certainly admit a system as empirical or scientific only if it is capable of being tested by experience. These considerations suggest that not the verifiability but the falsifiability of a system is to be taken as a criterion of demarcation. In other words：I shall not require of a scientific system that it shall be capable of being singled out, once and for all, in a positive sense；but I shall require that its logical form shall be such that it can be singled out, by means of empirical tests，in a negative sense.[①]

译文参考 A

只有当它是可以测试的经验时，我才会承认系统是实证的或科学的。这些考虑暗示的并不是可验证性，而是一个系统的可证伪性应作为检验的标准。换句话说：在积极的意义上，我不需要一个科学系统，它能够被独立出来，一劳永逸；但在负面的意义上，我需要规定其逻辑形式——通过实证检验的方法使其负面的意义被检验出来。

语篇精粹 B

Besides being consistent，an empirical system should satisfy a further condition：it must be falsifiable. The two conditions are to a large extent analogous. Statements which do not satisfy the condition of consistency fail to differentiate between any two statements within the totality of all possible statements.[②]

译文参考 B

除了一致性，实证应满足另一要素：它必须是可证伪的。这两个条件在很大程度上类似。不能满足一致性条件的陈述无法区分在整体性范围内所有可能的陈述中的任意两个陈述。

语篇精粹 C

The epistemological questions which arise in connection with the concept of simplicity can all be answered if we equate this concept with degree of falsifiability. This assertion is likely tomeet with

---

① Karl Popper，*The Logic of Scientific Discovery*，Taylor & Francis，2005，p.47.

② Ibid.，p.90.

opposition; and so I shall try, first, to make it intuitively more acceptable.[①]

译文参考 C

如果我们将这一概念等同于可证伪性，认识论问题所产生的所有简单概念都能找到答案。这种说法似乎会遭到反对；所以我要尝试一下，首先要使它直观上更容易接受。

（二）科学分界（Criterion of Demarcation for Science）

1. 术语解读

在历史长河中，分界问题是一个由来已久的问题，同时也是科学哲学要解决的根本问题。关于这个问题，首先是要求回答科学与非科学究竟有无原则上的区别，以及区分科学与非科学、科学与伪科学、科学与形而上学的标准究竟是什么的问题。而波普尔的证伪主义思想最早也是通过有关分界的问题提出的，证伪主义的基本问题就是科学分界的问题。

萨伽德认为，划界问题是科学哲学最重要的问题之一。科学分界问题的思想渊源可追溯到亚里士多德。亚里士多德作为学术的集大成者，对分界问题曾做过系统研究。因而区别科学与信仰、真理与谬误的标准在于能否被严格的逻辑所证明。诚如劳丹指出的那样，亚氏的分界标准在整个中世纪后期和文艺复兴中支配着科学本质的讨论，也为 17 世纪重新考虑这些问题提供了重要背景。可以说，亚里士多德的这种思想既给后人留下了极大的

---

① Karl Popper, *The Logic of Scientific Discovery*, Taylor & Francis, 2005, p.131.

启发，也引起了科学、哲学界关于科学知识与非科学知识分界标准的讨论。

此后，康德也对分界的讨论发表了自己的见解。由于康德把分界问题看成是知识理论的重要问题，因而波普尔分界的问题又被称作是康德的问题。分界这一问题最早由康德在《纯粹理性批判》《实践理性的批判》《判断力批判》三本书中提出并加以界定。按照康德的解释，科学认识一方面来源于经验，由感性经验提供认识材料，一方面来源于先天能力，由先天能力提供认识形式。由于经验本身不能保证其普遍性，因此归纳本身也达不到普遍性的认识，而科学认识又必须具备必然性与普遍性，那么保证科学认识普遍性的依据就不在于对有限经验的归纳，而在于先天结构与先验综合能力。正是这种先验的能力，才使人们达到了对因果必然性、合规律性、合客观性、合普遍性的认识。理论理性与实践理性，自然的概念与自由的概念，合因果律与合道德律，合客观性与合目的性，合必然与合自由，成为康德分界的基本标准。而在《判断力批判》一书中，康德进一步界定了自然现象界与存在本体界、自然的概念与自由的概念、理论理性与实践理性、科学认识论与道德形而上学之间的区别，对分界问题进行了更加完整的说明。

从此之后，逻辑经验主义对该问题又有了更进一步的解释。逻辑经验主义把可证实性作为意义的标准，认为命题的意义就是它的证实方法。能用逻辑分析法证实的，就是有意义的命题；反之，就是无意义的。按照这个标准，自然科学是可证实的、有意义的，因而是科学命题；而形而上学或伪科学由于我们无法知道它在什么条件下得到证实，所以是没有意义的虚假命题，应该被抛弃。所以在逻辑经验主义看来，意义标准与证实原则始终是联系在一起的。继卡尔纳普之后，逻辑经验主义的又一代表人物亨普尔发表了《经验主义意义标准上的问题和变化》一文。对逻辑经验主义的意义标准作了全面的批判性的分析，并认为有意义性与无意义性之间并无绝对界限，对逻辑经验主义科学划界观进行了进一步的发展。因为证实原则包含在归纳逻辑框架之内，需要通过归纳从经验事实推导出具有普遍性的科学理论，而检验始终只是一种有限的观察。此外，逻辑的可证实性往往与经验事实相矛盾，并带有很强的随意性，从而遭到不少科学哲学家的反对，认为逻辑经验主义的分界标准并没有提供一个科学的划分标准。

　　然而，波普尔在分界问题上最先开始研究并取得了进展性的成果。对于科学分界的标准问题，波普尔认为，这一区分是科学哲学的核心之一。解决这一问题的关键就是建立科学分界的标准，可证伪性就是波普尔科学分界的标准。除非科学家的某种方法是能够被驳回的，否则他们的理论属于伪科学。对于波普尔而言，科学的分界问题恰恰就是科学问题的合理性所在。这一问题也决定科学发展的逻辑和科学的定义。

　　虽然，这一问题仍待进一步发展研究。但毋庸置疑，波普尔对分界问题独特的回答，富有深刻的启发意义，打破了人们对于科学准确性的过分迷信。

2. 语篇精粹

语篇精粹 A

The older positivists wished to admit, as scientific or legitimate, only those concepts（or notions or ideas）which were, as they put it,"derived from experience"; those concepts, that is, which they believed to be logically reducible to elements of sense–experience, such as sensations（or sense–data）, impressions, perceptions, visual or auditory memories, and so forth.[1]

译文参考 A

旧实证主义者认为他们所说的"来源于经验"的那些概念（或者观念或者理念）才是科学的或者合理的。也就是说，他们认为那些概念被逻辑简化为感觉—经验的元素了，例如，知觉（或者感觉—数据）、印象、感知、视觉的或者听觉的记忆等等。

语篇精粹 B

It is clear that the implied criterion of demarcation is identical with the demand for an inductive logic. Since I reject inductive logic I must also reject all these attempts to solve the problem of demarcation. With thisrejection, the problem of demarcation gains in importance for the present inquiry. Finding an acceptable criterion of demarcation must be a crucial task for any epistemology which does not accept inductive logic.'[2]

---

[1] Karl R. Popper, *The Open Society And Its Enemies*, Routledge, 1962, p.5.

[2] Ibid., p.11.

译文参考 B

很明显，隐含的界定标准相当于需要进行逻辑的归纳。由于我拒绝接受逻辑的归纳法，所以我必然拒绝为解决界定的问题做出种种尝试。由于我的拒绝态度，对界定问题的探究目前愈加重要了。找到可接受的界定标准是任何不接受归纳逻辑的认识论的一项重要任务。

语篇精粹 C

Positivists usually interpret the problem of demarcation in anaturalistic way; they interpret it as if it were a problem of natural science. Instead of taking it as their task to propose a suitable convention, they believe they have to discover a difference, existing in the nature of things, as it were, between empirical science on the one hand and metaphysics on the other. They are constantly trying to prove that metaphysics by its very nature is nothing but nonsensical twaddle— 'sophistry and illusion', as Hume says.[①]

译文参考 C

实证主义者通常以自然主义的方式解释分界问题；他们解释它好像是自然科学中的一个问题。而不以它作为自己的任务去试图提出适合的观点。相反，他们认为他们必须在事物的本质上发现差异，也就是说，要在实证科学与形而上学之间找到差异性。他们总是想要证明形而上学从本质上说是一些毫无意义的废话，正如休谟所说，形而上学不过是一些"诡辩和幻想"而已。

---

① Karl R. Popper, *The Open Society And Its Enemies*, Routledge, 1962, p.12.

（三）归纳问题（Induction）

1. 术语解读

归纳推理的合理性问题，简称"归纳问题"。科学哲学的归纳（induction），来自于拉丁文的 iducere，亚里士多德对这个词进行了翻译。亚里士多德在《形而上学》中说："有两件归之于苏格拉底的事，归纳推理与普遍定义，这两者都与科学的始点相关。"亚里士多德对归纳推理作了系统的阐述，他认为："证明从普遍出发，归纳从特殊开始，但除非通过归纳，否则要认识普遍是不可能的（甚至我们称作'抽象'的东西，也只有通过归纳才能把握，因为尽管它们能分离存在，它们有一些也居于某类对象之中，仅就每类对象都有一种特殊性质而言）。"[①] "很显然，我们必须通过归纳获得最初前提的知识。因为这也是我们通过感官知觉获得普遍概念的方法。"[②]

亚里士多德对完全归纳、不完全归纳和直观归纳进行了研究，然而他并没有说明如何保证有限的前提结论的必然性。

在近代哲学史上，最早发现传统归纳法的局限性并对其加以完善的人是弗兰西斯·培根。培根认为，依靠演绎逻辑对理解是无效的，只有依靠经验基础之上的归纳逻辑，才能一步步达到普遍的认识。但是培根发现依据有限经验的枚举归纳并不足以说明普遍性的原理。休谟在《人类理解研究》中，通过对因果关系的

---

① ［奥］波普尔：《猜想与反驳：科学知识的增长》，傅季重、纪树立、周昌中等译，上海译文出版社，1986 年，第 11 页。

② ［奥］波普尔：《无穷的探索》，邱仁宗译，福建人民出版社，1983 年，第 481 页。

必然性与归纳方法的有效性的质疑，认为唯有经验能为他指出任何现象的真正原因。

继休谟之后，实证哲学和逻辑经验主义又对这一问题进行了拯救。逻辑经验主义的后期代表人物赖辛巴赫试图通过引入"概率"的概念来重新奠定归纳逻辑的基础。赖辛巴赫指出，可观察的事实只能使一个理论具有概率的正确性，而永远不能使一个理论绝对确定，因而只能以假定的意义被确认。据此，他提出了与经验证实不同的归纳证实的"概率意义理论"——任何命题，只要有可能权衡其概率的，就有意义，否则就没有意义。赖辛巴赫正是通过概率的归纳理论，来解决悬而未决的休谟问题或归纳问题。他也正是通过归纳的概率意义替代归纳的必然意义，拯救了归纳法。

波普尔认为休谟的归纳推论既清楚又完备，但同时波普尔对休谟从心理学上拯救归纳法的态度并不赞同，基于此，波普尔对归纳问题进行了逻辑上的重新表述，并给予了证伪主义的解答。与休谟不同，波普尔进一步认为，从心理学方面考虑归纳问题没有实际意义，经验理由虽然不能支持一个理论普遍为真，但却可以证伪一个理论不具有普遍适用性。至此，波普尔不仅用证伪解决了分界问题，而且用证伪解决了归纳问题，进一步为他的科学知识增长理论奠定了基础。

2. 语篇精粹

语篇精粹 A

The problem of induction may also be formulated as the question of the validity or the truth of universal statements which are based on experience, such as the hypotheses and theoretical systems of the empirical sciences. For many people believe that the truth of these universal statements is known by experience; yet it is clear that an account of an experience—of an observation or the result of an experiment—can in the first place be only a singular statement and not a universal one. Accordingly, people who say of a universal statement that we know its truth from experience usually mean that the truth of this universal statement can somehow be reduced to the truth of singular ones, and that these singular ones are known by experience to be true; which amounts to saying that the universal statement is based on inductive inference. Thus to ask whether there are natural laws known to be true appears to be only another way of asking whether inductive inferences are logically justified.[①]

译文参考 A

　　归纳问题也可能作为有效性问题或者基于经验，诸如实证科学中的假设和推想体系获得的全称陈述的真实性问题而出现。因为很多人相信这些全称陈述的真实性"由经验获得"；然而很明显，经验的描述——观察或实验结果——在最初只是一个单一的陈述，而不是一个全称陈述。因此，人们提到的我们所知晓的一个全称陈述的真实性通常意味着这个全称陈述的真实性其实指的就是许多单一陈述的真实性。而这些单一陈述的真实性源于经验——这相当于表明全称陈述是逻辑归纳的结果。因此，追问是

---

① Karl Popper, *The Logic of Scientific Discovery*, Taylor & Francis, 2005, p.4.

否存在真理般的自然法则只能是以另一种方式在询问逻辑推导是否具有逻辑上的合法性。

语篇精粹 B

Now this principle of induction cannot be a purely logical truth like a tautology or an analytic statement. Indeed, if there were such a thing as a purely logical principle of induction, there would be no problem of induction; for in this case, all inductive inferences would have to be regarded as purely logical or tautological transformations, just like inferences in deductive logic. Thus the principle of induction must be a synthetic statement; that is, a statement whose negation is not self-contradictory but logically possible. So the question arises why such a principle should be accepted at all, and how we can justify its acceptance on rational grounds.[①]

译文参考 B

现在这一推导的原则无法像一个恒真命题或解析陈述那样具有绝对的逻辑真实性。实际上，如果有所谓的纯粹的逻辑归纳原理，就不会存在推理的问题了；因为那样的话，所有归纳推理一定会被当作纯粹的逻辑或者恒定的转换，就如同演绎逻辑中的推断那样。也就是说，一个陈述的对立面不是自相矛盾，而是存在逻辑上的可能性。因此，这个问题就出现了——为什么这样一个原理应该被接受呢，我们如何在理性的立场上证明其可接受性。

---

① Karl Popper, *The Logic of Scientific Discovery*, Taylor & Francis, 2005, p.5.

语篇精粹 C

The problem of finding a criterion which would enable us to distinguish between the empirical sciences on the one hand, and mathematics and logic as well as "metaphysical" systems on the other, I call the problem of demarcation. This problem was known to Hume who attempted to solve it. With Kant it became the central problem of the theory of knowledge. If, following Kant, we call the problem of induction "Hume's problem", we might call the problem of demarcation "Kant's problem". Of these two problems—the source of nearly all the other problems of the theory of knowledge—the problem of demarcation is, I think, the more fundamental.[①]

译文参考 C

这个标准使我们能够一方面区分实证科学和数学的逻辑，以及形而上学的体系，另一方面，解决我所谓的界定问题。这是休谟所知晓并试图解决的问题。这个问题在康德那里成为知识论的核心问题。如果我们追随康德，我们可以称之为"休谟的归纳问题"，我们也可以称之为"康德的界定问题"。在这两个问题当中——它们可以说是知识论所有其他问题的源头——我认为，界定的问题是更重要的问题。

---

① Karl Popper, *The Logic of Scientific Discovery*, Taylor & Francis, 2005, p.11.

（四）第三世界（The Third World）

1. 术语解读

1952 年 8 月 14 日，法国人类学家阿尔弗雷德·索维（Alfred Sauvy，1898—1990）在法国杂志《新观察》（Le Nouvel Observateur）发表的一篇文章中首次使用了"第三世界"（Tiers Monde）这一概念，以此来描述次发达国家的状况。

其次，柏拉图也曾提出三个世界的观念，即具体世界、理念世界和灵魂世界。波普尔认为第三世界具有与第一世界和第二世界不同的性质，是一个客观、自主和实在的世界。他认为，第三世界不是人类精神活动的本身，一经生产出来，就脱离了人而独立的存在，成为其他人可以批判理解的对象，因此第三世界是客观的。

三个世界分类使我们反思，世界到底包括哪些层次？人的创新能力与周围世界发展具有怎样关系？在以往以物质的抽象特征来理解世界的传统中，进一步突出了世界的进步怎样体现了人类的成果。这一发展突出了人类文化发展的系统，更加明确了科学的方式问题。三个世界理论给我们带来了积极的启示，使人们对世界有了进一步的了解，针对科学的研究也更加开拓，这些都对于当代世界的发展起到了深远的影响。

2. 语篇精粹

语篇精粹 A

The task of formulating an acceptable definition of the idea of an.empirical science.is not without its difficulties. Some of these arise from the fact that there must be many theoretical systems with a logical structure very similar to the one which at any particular time is the accepted system of empirical science. This situation is sometimes described by saying that there is a great number—presumably an infinite number—of "logically possible worlds". Yet the system called "empirical science" is intended to represent only one world: the "real world" or the "world of our experience". [①]

译文参考 A

给实证科学下一个合适的定义十分不易。其中的一些困难源于这样的事实，必须有很多理论系统的逻辑结构，非常类似于一种在任何特定时间接受实证科学的体系。这种情况有时被描述成有大量 ——逻辑世界可能存在的——不确定的无限数目。然而，所谓的"实证科学"只是用来描述"真实世界"或"我们经验世界"的某个特定世界的。

语篇精粹 B

In such times of crisis this conflict over the aims of science will become acute. We, and those who share our attitude, will hope to

---

① Karl Popper, *The Logic of Scientific Discovery*, Taylor & Francis, 2005, p.16.

make new discoveries; and we shall hope to be helped in this by a newly erected scientific system. Thus we shall take the greatest interest in the falsifying experiment. We shall hail it as a success, for it has opened up new vistas into a world of new experiences. And we shall hail it even if these new experiences should furnish us with new arguments against our own most recent theories. But the newly rising structure, the boldness of which we admire, is seen by the conventionalist as a monument to the "total collapse of science", as Dingler puts it. In the eyes of the conventionalist one principle only can help us to select a system as the chosen one from among all other possible systems: it is the principle of selecting the simplest system——the simplest system of implicit definitions; which of course means in practice the "classical" system of the day.[1]

译文参考 B

在这样的危机时期，不同的科学目的之间的矛盾变得尖锐。我们和那些与我们持相同态度的人希望能有新的发现；我们希望得到新建立的科学系统的帮助。因此，我们对证伪的实验极为感兴趣。因为它开启一个成功进入新的经验世界的前景。即使这些新的经验与我们最新的理论发生冲突，我们仍应欢迎这些新的经验。正如丁勒所说的那样，但是这种新兴的结构，我们所崇拜的这种大胆创新的新事物，被墨守陈规的那些人视为是一座"科学瓦解"的纪念碑。在墨守陈规的人眼中，一个原则只能帮助我们从所有的系统中选择一个系统。这是选择最简单的定义系统的原

---

[1]　Karl Popper, *The Logic of Scientific Discovery*, Taylor & Francis, 2005, p.89.

则——隐含定义的最简单系统；这当然意味着在实践中的"经典"的系统。

语篇精粹 C

Let us now imagine that the class of all possible basic statements is represented by a circular area. The area of the circle can be regarded asrepresenting something like the totality of all possible worlds of experience, or of all possible empirical worlds. Let us imagine, further, that each event is represented by one of the radii（or more precisely, by a very narrow area—or a very narrow sector—along one of the radii）and that any two occurrences involving the same coordinates（or individuals）are located at the same distance from the centre, and thus on the same concentric circle. Then we can illustrate the postulate of falsifiability by the requirement that for every empirical theory there must be at least one radius（or very narrow sector）in our diagram which the theory forbids.[①]

译文参考 C

现在让我们设想，所有可能的基本语句都由一个圆形区域表示。圆的区域可以被看作是类似于所有可能的经验世界，或所有可能的经验世界的整体。让我们进一步设想，每个事件都由半径之一（或更准确地说，由一个非常狭窄的区域或非常狭窄的扇形区）表示，涉及相同类别（或个人）的任何两个事件都与中心的距离相同，因此位于同一个圆心上，然后，我们可以要求每一个经验理论必须至少有一个半径（或非常狭窄的扇形区）是该经

---

① Karl Popper, *The Logic of Scientific Discovery*, Taylor & Francis, 2005, p.99.

验理论所禁止的，通过这一方法，我们就可以对该经验理论进行证伪。

（五）自由主义（Liberalism）

1. 术语解读

"自由"一词的最早来源为拉丁语。波普尔是一个和平主义者，所以他对民主的看法非常独到。在他看来，民主制度相比专制制度更加有利于和平的存在。波普尔对于战争带来的灾难深恶痛绝，但他认为暴力只能在所有和平的解决方式都无能为力时才能被考虑。这里，波普尔的这一思想体现了苏格拉底乐观的理性主义精神。这种改良的自由主义，首先体现在波普尔"社会渐进"的过程中。政治家根据这一理论而逐步进行调整。以此，人们能够对国家政策进行批判和讨论，进一步检测政策的正确性，防止因权力的过度集中造成的不良影响。

波普尔的自由主义同时为我们解释了应该对国家抱有何种期望或者说国家到底应该履行哪些职能。他反对极权主义，认为国家对市民社会的任何干涉都潜伏着很大的危险性。波普尔认为真正的幸福来源于自由和勇气。

2. 语篇精粹

语篇精粹 A

Liberalism and state-interference are not opposed to each other. On the contrary, any kind of freedom is clearly impossible unless it is guaranteed by the state. A certain amount of state control in education, for instance，is necessary，if the young are to be protected from a neglect which would make them unable to defend their freedom，and the state should see that all educational facilities are available to everybody. But too much state control in educational matters is a fatal danger to freedom.[①]

译文参考 A

自由主义与国家权利并不是对立的。相反，任何一种自由是明显不可能的，除非这种自由是受到国家保证的。例如，政府对教育实施一定的控制是很必要的。如果年轻人受到国家的保护，使他们不因被教育体系所忽略而无法捍卫他们受教育的自由。政府应该确保所有的教育设施人人都有份。但国家对教育事务管制过多的话则是对自由的一种致命的危险。

语篇精粹 B

One particular form of this logical argument is directed against a too naive version of liberalism，of democracy，and of the principle that the majority should rule；and it is somewhat similar to the well-known 'paradox of freedom'.[②]

译文参考 B

这个逻辑观点的一个具体的形式就是直接反对一种极其天真无知的自由主义观点，一种民主的观点，认为多数人应该统治国家的原则。这在某种程度上类似于著名的"自由的悖论"。

---

① Karl Popper，*The Logic of Scientific Discovery*，Taylor & Francis，2005，p.107.
② Ibid.，p.128.

语篇精粹 C

Thus, liberalism, freedom and reason are, as usual, objects of Hegel's attacks. The hysterical cries: We want our history! We want our destiny! We want our fight! Resound through the edifice of Hegelianism, through this stronghold of the closed society and of the revolt against freedom.[①]

译文参考 C

所以自由主义、自由和理性三者往往都是黑格尔理论反击的目标。就像那些歇斯底里的哭喊：我们想要我们历史！我们想要我们的命运！我们想要我们的斗争！它们在黑格尔庞大的哲学体系中，在封闭社会的盘踞地和对自由的反抗过程中回响。

---

① Karl Popper, *The Logic of Scientific Discovery*, Taylor & Francis, 2005, p.278.

第五章　库恩：历史主义的沉思者

Achievements that share these two characteristics I shall henceforth refer to as "paradigms", a term that relates closely to "normal science". By choosing it, I mean to suggest that some accepted examples of actual scientific practice–examples which include law, theory, application, and instrumentation together–provide models from which spring particular coherent traditions of scientific research.[①]

——Thomas Kuhn

凡是成功有两个稍后我称作"范式"的特征，这个术语与"常规科学"紧密相连。通过选择这个术语，我意在给出一些有关这个术语使用的实际科学实例，这些实例包括规律、理论、应用和仪器，它们都为我们提供了一些实例，而这些实例是源于科学研究的特有的连贯的传统。

——托马斯·库恩

---

① Thomas Kuhn, *The Structure of Scientific Revolutions*, The University of Chicago Press, 1996, p.10.

一、成长历程

托马斯·塞缪尔·库恩（Thomas Sammual Kuhn，1922—1966）是美国 20 世纪下半叶影响最大的科学哲学家，他也是科学哲学中历史学派和历史社会学派的创始人。他以"范式论"和"科学发展的动态模式"的著名理论而闻名于世。库恩曾任美国科学史学会主席（1968—1970）和美国科学哲学协会主席（1988—1990）。1962 年出版的《科学革命的结构》（*The Structure of Scientific Revolution*）是被大家熟知的著作之一。在书中，库恩以物理学的发展史为主要思想，提出科学发展的"范式转换"理论以及范式之间的不可通约性。他认为在用新范式取代旧范式的改革中必然会发生一场科学革命。库恩的这一理论，与先前的逻辑经验主义和批判理性主义的科学观截然不同，他发现了科学知识发展中的非理性因素，使人们对科学哲学的发展有了进一步认识。

（一）家庭影响——思想启蒙

托马斯·塞缪尔·库恩（Thomas Samuel Kuhn）是美国著名的科学哲学家、科学史家。库恩出生于美国俄亥俄州辛辛那提市的犹太实业家庭。家中有两个孩子，库恩是家中的长子。库恩的父亲居住在辛辛那提（Cincinnati），母亲是纽约市人。

库恩的父亲山姆（Sam）是一位水利工程师，战争爆发前，山姆在哈佛大学马萨诸塞工学院学习。在一战爆发之后，他作为一名军事工程师入伍。对于库恩的父亲来说，参加这场战争是他一生中值得自豪的事情。在离开军队之后，山姆返回辛辛那提照顾他独居的母亲赛蒂·库恩（Setty Kuhn）并与她一起生活。[①]

库恩的母亲米内特（Minette）出生于一个富裕家庭。米内特是一位自由教育者，曾做过专业的编辑工作。库恩的母亲喜爱读书，睿智、精明能干。库恩的母亲对库恩的研究工作有很大兴趣，她读过库恩写的诸多著作并常常与他讨论书中的相关内容。在讨论中，她启发了库恩的思想。[②]

库恩的姑妈艾玛·费舍尔（Emma Fisher）心地善良，乐于助人。她的种种善举对库恩的思想和行为影响很深。在第二次世界大战期间，艾玛姑妈把自己的家作为避难之地，帮助那些遭受纳粹侵害的年轻犹太人。库恩在《结构》中这样描述姑妈："是艾玛姑妈，帮助我找到自我，以及我所喜爱的事物。"[③]

1948年11月27日，凯瑟琳·慕斯（Kathryn Muhs）成为库恩的妻子。凯瑟琳·慕斯于1923年出生于宾夕法尼亚的雷丁（Reading），1944年毕业于瓦瑟学院（Vassar College）。他们共有三个孩子，莎拉（Sarah）、伊丽莎白（Elizabeth）和纳萨尼尔（Nathaniel）。库恩的妻子帮助和支持他的研究事业，支持他的博士论文的写作并鼓励他对学术工作的追求。得益于妻子对他工作的支持，库恩称她为他"最喜欢的知识学家"。他对妻子表示感

①②③　James A. Marcum, *Thomas Kuhn's Revolution: An Historical Philosophy of Science*, Continuum Press, 2015, p.3.

谢并感激他的家人长期对他工作的支持和鼓励。库恩与他的三个孩子关系非常和谐，在一部著作中，库恩写到"献给莎拉、伊丽莎白和纳萨尼尔，以及我的老师，谢谢他们对我不断的支持"[①]。

（二）求学之路——坚持自我

1927 年，库恩进入曼哈顿岛地区具有进步思想的林肯幼稚园。进步的教育在库恩看来就是要改革，强调独立思考而不是单纯靠课堂上教授的知识，让孩子们运用自己的能力积极主动地学习知识。库恩是一位聪明且善于独立思考的学生，他感到在学校学习的知识是被动的，个体难以运用自己所学的知识自主进行发散性探索，这种传统体制下的教育方式让他有诸多不满。

六年级刚开始时库恩就搬至哈德逊克罗顿，一个离曼哈顿岛 50 英里的小镇，青少年时期的库恩进入黑森林学校（Hessian Hills School）学习。这所学校是左激进派领导的，教授给学生们和平主义的思想理念。九年级之后他离开了黑森林学校到其他学校求学。在宾夕法尼亚（Pennsylvania）的索尔伯瑞（Solebury）预备学校学习时，他感到学校的教育方式使他毫无创作灵感。之后库恩在美国康涅迪克州沃特顿（Watertown）的耶鲁预备学校（Yale-preparatory Taft School）度过了最后的两年中学生活，虽然他对上学没有什么热情，但他知道在学校学习会使他得到更多正规化的训练。在 105 名同学中，库恩名列第三，也就顺利地被选入美国荣誉协会成为其中的一员。同时他也拥有了很有声望的伦

---

① James A. Marcum, *Thomas Kuhn's Revolution*: *An Historical Philosophy of Science*, Continuum Press, 2015, p.7.

斯勒理工学院校友会奖章。①

学生时期的库恩擅长数学和自然科学，这也使他决定专修物理这一学科。库恩也喜欢文学和哲学，却没有时间来仔细研究它们。他深受康德哲学的影响，（这）对库恩之后的哲学思想有很大的帮助。为了毕业后参与军事研究，库恩把他的本科学习压缩到了 3 年。他先在波士顿，后来到了英国，在雷达部队里为美国政府工作。他在纽约开始学生生涯，1939 年进入哈佛大学攻读物理学，1943 年毕业后参加与雷达有关的军事研究。战后，他回到哈佛研究生院研究物理学，并获得了理学硕士学位。1945 年二战结束，库恩回到哈佛大学，继续在研究生院攻读物理学，②并且在 1946 年获得硕士学位。1948 年库恩取得哈佛学会初级会员资格，这就使他享有一个为期三年的自由学习时期。在此期间，他也不放松对科学的研究，他认真研读了法国著名科学史家柯依列（Koyre）、美国逻辑学家蒯因、瑞士心理学家让·皮亚杰等人的著作，令他收获颇多。通过不懈努力，库恩于 1949 年获得了哲学博士学位，同时继续进行科学史和哲学领域的学习和研究。1951 年波士顿洛厄尔研究所邀他进行学术演讲，他在演讲中讲解了他逐渐形成的科学观思想。

库恩虽是一位研究物理学的研究员，但他酷爱哲学，他常常在不影响学业的情况下挤些时间用于学习哲学知识。他的哲学基础不是很好，不能把哲学作为他的专业去学习。他知道如果要

---

① James A. Marcum, *Thomas Kuhn's Revolution：An Historical Philosophy of Science*, Continuum Press, 2015, p.4.

② ［美］尼科尔斯编：《托马斯·库恩》，魏洪钟译，复旦大学出版社，2013 年，第 11 页。

去学习其他专业，就要浪费一年的时间。为了尽快拿到博士学位，他决定先读完物理学位。他选择跟随范弗莱克读博士，但库恩自己知道，他"自始至终的目标是从历史中研究哲学。"① 在詹姆士·范·弗雷克（James Van Vleck）的指导下，库恩写了固态物理方面的论文。科南特教授是他在研究科学哲学方面思想的导师，科南特教授录取库恩为自己的学生，让库恩讲授新开设的科学史的课程。这就是哈佛著名的"案例研究"课程。科南特开设这门课程的目的，不仅是要提升那些不具备科学知识的学生的科学素养，也希望让更多有才华的本科生进入到科学和技术领域的学习中去，特别是想让政策的制定者拥有一定的哲学思想和科学的世界观。

在库恩研究生论文写作期间，他经过慎重考虑决定转专业。他与科南特表明了转专业的想法，获得了他的支持。库恩首先担任哈佛大学研究协会的初级研究员，使自己成为一名科学史学家，研究他所喜爱的科学哲学。库恩不喜欢他在本科学习的历史课程，因为他认为自己的个性不适合研究档案的工作。库恩在科学以及哲学领域中的学习与研究主要是靠自己钻研而习成的。但从这一时期开始，科学史研究才成为库恩的一个专业研究领域。做了 3 年的初级研究员后，库恩在哈佛成了讲师，之后成了助理教授。②

---

① ② ［美］尼科尔斯编：《托马斯·库恩》，魏洪钟译，复旦大学出版社，2013 年，第 11 页。

（三）学术研究——严谨求真

对库恩来说，事业并不是一帆风顺的，毕业之后他没有立即得到哈佛的聘用。但他接受了在美国西海岸的加利福尼亚大学伯克利分校助理教授一职。刚开始是哲学系的教授职位，但是后来转变为由哲学系和历史系联合聘任的教授。库恩教授的研究方向是以科学史为导向，从科学角度出发的知识史研究。之后他去了西部，在去西部后不久，他到帕罗奥多（Palo Alto）的行为科学高级研究所待了一年，期间他将主要研究的材料编纂成了《结构》一书。然而，几年之后，当他面临升为全职教授时，哲学系仅同意将他提升为历史学教授而不是哲学教授。这让一直把自己视为一位哲学家的库恩感到失望不已。[①]

库恩对待学术的态度，与他跟人交往的方式是一致的。无论遇到多少困难，遇到多大的误解，都不能阻止他求真的步伐。他是在哈佛读研究生时的一次鸡尾酒会上宣布这一使命的。当时一位年轻女性问他都做过些什么。正当他准备回答时，整个酒会不知什么缘故突然静了下来。每个人都听到了如下回答："我就是想弄清真相！"这个故事可以说明库恩为人和为学的认真态度。这就是库恩，一位真正的"求真的人"（truth-seeker）。虽然库恩的思想发生了多次的改变，但他勇于追求真理的目标却没有变。无论是遭受多大的批评与打击，他追寻事件背后真理的激情一直没有改变。[②]

---

① ［美］尼科尔斯：《托马斯·库恩》，魏洪钟译，复旦大学出版社，2013年，第11页。

② 方在庆：《纪念〈科学革命的结构〉问世50周年》，《科学文化评论》2012年第4期。

库恩在 1951 至 1954 年任哈佛助理教授，讲授普通教育和科学史。1954 年后，库恩在加州从事研究和教学工作，1957—1964 年在加州大学伯克利分校任教，并于 1961 年成为该校科学史专业的正教授，讲授科学史。1958—1959 年间，库恩应邀去加利福尼亚州的一个行为科学高级研究中心工作。在这里他拥有与更多社会科学工作者交流思想的机会，在与他人的交流和沟通之中，他意识到了"范式"在科学研究中起到的作用。库恩在哥本哈根花了一年时间来研究量子力学的历史档案，在此期间，他收到了普林斯顿大学请他加盟新的科学史和科学哲学课程的邀请，这个职位最符合他的期望。1964 年他搬到了普林斯顿，在那里一直待到了 1979 年。后来，他回到了剑桥，但是这次不是到哈佛任教而是到麻省理工学院任洛伦兹·S. 洛克菲勒讲座哲学教授。1961—1964 年，库恩受聘为"量子物理学史史料"计划负责人，访问了玻尔等在世的量子物理学创始人，这部史料于 1967 年由费城美国哲学学会出版。1965 年 7 月在伦敦的贝德福德学院举行科学哲学国际讨论会。库恩受到了邀请，他的思想对当时的研究具有很深的影响。但同时库恩也有很多的竞争对手，其中包括有卡尔·波普尔（Karl Popper）、伊·卡尔托斯（Imre Lakatos）、保罗·费耶阿本德（Paul Feyerabend）、斯蒂芬·图尔明（Stephen Thoulmin），还有包括库恩的新同事卡尔·亨佩尔（Carl Hempel）在内的实证主义人士。这次会议的诸多讨论的内容，在 1970 年由拉卡托斯和阿兰·马斯诺编辑整理为《批评与知识的增长》一书出版发行。库恩在 1968—1970 年间任美国科学史学会主席，也是美国科学院院士。1968—1979 年就任派恩（Pyne）讲座科学史教授，同时期也被聘为普林斯顿大学科学史教授。1979 年库恩转到麻省理工学院任教。1979 年以后，库恩应邀去麻省理工学院进行教学研究工作。一方面他在麻省理工学院所设立的"科学，技术和社会发展中心"讲授"科学知识的增长"等课程；另一方面，为进一步扩展和深化《科学革命的结构》（*The Structure of Scientific Revolution*）一书的思想，库恩也曾在语言和哲学系里从事科学哲学的研究工作。从 1980 年开始还参与该院的"科学、技术和社会计划"工作。

库恩到麻省理工学院之后，没有带任何学生。库恩与学生们的关系不太亲密，这很大程度上与他孤僻的性格有关。库恩不会在学术上与他人争强好胜，他致力于自己的学术研究。他对自己要求严格，对别人也有不低的期许。①库恩不喜与他人有过多的往来，喜欢独自享受孤独，安静地进行哲学的研究，他总是沉湎于自我的思想世界之中。库恩是个喜欢独自研究的人，在科学世界中孤军奋战，不理会是否有同伴和后继者。对库恩来说，最大的乐趣是在学术研究上得到进步与发展。1982 年 10 月，在费城举办的美国科学史学会、科学哲学学会、技术史学会和科学的社会研究学会共同召开的年会上，库恩被授予萨顿奖章，并于 1991 年在麻省理工学院退休。

（四）科学探索——成果卓著

在伯克利期间，库恩出版了两部著作，分别是《哥白尼革

---

① 方在庆：《纪念〈科学革命的结构〉问世 50 周年》，《科学文化评论》，2012 年第 4 期。

命》(*The Copernican Revolution*)（1957）和《科学革命的结构》(*The Structure of Scientific Revolution*)（1962）。1957 年，第一部科学史著作《哥白尼革命》(*The Copernican Revolution*) 由哈佛大学出版社出版。在《哥白尼革命》(*The Copernican Revolution*) 一书中，部分内容是来自库恩记录的随堂笔记。这本书以多种方式挑战了传统的科学认知。这本书也是最早描述库恩对学术改革认知的书籍。这种认知是基于库恩渴望更清楚地了解亚里士多德以及康德的一些思想产生的源泉。这本书全面、深入、细致地介绍了从托勒密的天文学到哥白尼、开普勒的天文学以及从亚里士多德到伽利略、牛顿的物理学。本书较为详细地分析了哥白尼提出"日心说"这一科学史事件，这一发现对力学和科学思想史产生了革命性（的）根本改变。此书也比较完整地介绍了这场伟大的科学革命。

1962 年库恩的《科学革命的结构》(*The Structure of Scientific Revolution*) 一书由芝加哥大学出版社出版。《科学革命的结构》(*The Structure of Scientific Revolution*) 一书是应实证主义哲学家、逻辑学家鲁道夫·卡尔纳普的邀请为《统一科学百科全书》而写的。这套百科全书是一部论述逻辑经验主义内容的大型百科全书，由奥图·纽拉特（Otto Neurath）寻找相关资料，芝加哥大学出版社出版。在《科学革命的结构》一书中，库恩反对把科学理论的发展看成直线似的积累，反对把科学和科学思想的历史发展过程看成逻辑或逻辑方法的过程。他依据科学史方面的相关材料，提出了科学和科学思想发展是一种动态结构理论，第一次明确地使用了"范式"这个核心理论。在这个动态结构理论中，库恩认为在实际中科学的发展是一种受范式制约的常规科学，以及需要突破旧范式的科学革命的一种交替过程。这些思想使库恩从科学史家转变为科学哲学家。此书被认定是一部关于科学哲学的经典著作，被广泛的阅读、研究和引用，很多哲学家对此书进行过多次的讨论和争论，深受哲学家们的高度关注，也为库恩赢得了世界性的声誉。1963 年 10 月 25 日，《泰晤士报文学增刊》（*Times Literature Supplement*）高度评价了《科学革命的结构》（*The Structure of Scientific Revolution*）一书。赫斯（Hesse）也高度赞扬了《科学革命的结构》（*The Structure of Scientific Revolution*）。作者将各种真知灼见熔于一炉，以一种全新的形式展现出来，从而彻底改变了我们过去的科学观。这本书也是科学哲学历史学派的奠基著作，原书虽只有 180 页，译成中文也仅有12.7 万字，但这本书被很多人称为"极其严谨的箴言录"。

库恩在研究科学哲学思想时经常对《科学革命的结构》（*The Structure of Scientific Revolution*）一书中提出的科学哲学问题进行重新思考，以至于想编写一部著作来完善在《科学革命的结构》（*The Structure of Scientific Revolution*）书中没有提及缺少或者需要改进的地方，但最终未能如愿。他也曾答应中国学者纪树立共同出一本中文版的选集，并为此写了序言，遗憾的是这本选集也未能完成。但在库恩去世前不久，他曾和科南特和约·豪格兰德（John Haugeland）共同商讨出版一部文集，也就是 2000年由芝加哥大学出版社出版的《结构之后的路》（*The Road Since Structure*）一书，这本书的问世也为我们了解库恩晚年思想的发展提供了可靠的依据。《科学革命的结构》（*The Structure of*

Scientific Revolution）一书被译成 24 种语言，发行量达上百万册。直到今天，人们还在研读他的这部经典著作，还以不同角度研究库恩的思想，以重新诠释他的理论体系。

随后，库恩在 1967 年出版了《量子物理学史的原始资料》（Sources for History of Quantum）。1977 年，德文版、英文版的论文集《必要的张力》（Essental Tension）也由芝加哥大学出版社出版。在这部文集中库恩通过一系列的科学史事件分析，进一步阐述了其在《科学革命的结构》（The Structure of Scientific Revolution）中提出的科学哲学观点和思想。库恩在该书中说道：马克斯·普朗克（Max Planck）并不是 1900 年量子理论的奠基者。但是爱因斯坦和埃伦费斯特（Ehrenfest）却误认为普朗克是早期的量子理论的开创者。尽管库恩为他的主张提出了可信的证据和事例，但是其他的物理学家还是不接受他的观点。1978 年，库恩的《黑体理论和量子不连续性 1894—1912》（Black-body Theory and the Quantum Discontinuity）由牛津大学出版社出版。这是一本关于早期研究出现的非传统量子理论发展史的书籍。库恩本应是撰写量子革命史最合适的人选，只可惜这本书没有完成就逝世了。1912 年，因为没人进一步纂写量子力学的改革并且在量子力学创建后信奉不同范式的物理学家之间经过长期、激烈的争论，最终也没有得到关于量子力学的最终解释。广大研究者的期望没能得到满足。

（五）学术导师科南特的影响

身为哈佛大学最伟大的校长之一同时也是美国科学政策的先

驱者，科南特（J·B Conant）细心地观察到哈佛的很多毕业生与当时社会需求存在巨大问题。他决心改变哈佛毕业生的各种能力，不论是知识方面还是实践方面的。科南特认为要进行根本性改变的最有效的方法就是研究科学史。他认为美国未来的社会人才应了解科学，善于运用科学知识。方法是要通过研究简单的科学史案例，使人们更好地理解科学，把科学当作一种工具可以随时加以运用。科南特亲自授课，受到了学生们极大的关注。为了课程的需要，他要在校内寻找三位助手，一向不善言谈的库恩，有幸得到科南特的赏识而成为其中的一位。如果没有科南特在哈佛学院开设的通识课程，库恩就不可能被选为助教，也就不会踏上探寻科学的历史与本质的学术之路。这也与库恩身为《哈佛深红报》（Harvard Crimson）主编有一定的关系。在科南特的著作《理解科学：历史的途径》一书出版后，库恩在《哈佛深红报》上发表了一篇书评。在科南特的推荐下，库恩后来又成为哈佛研究学会（Society of Fellows at Harvard）中年轻的成员。库恩的命运由此也被改变。1957年，库恩基于他在哈佛通识课程上学到的知识，出版了第一本专著《哥白尼革命》。科南特亲自为之写序。库恩后来更是将《科学革命的结构》一书献给科南特。库恩认为，在他的学术生涯中留下最深或最有意义印记的当是科南特老师。库恩在71岁时仍非常敬佩地称科南特是他见过的最聪明的人。在《科学革命的结构》出版之前，库恩把手写稿寄给了远在联邦德国当全权大使的科南特。尽管公务繁忙，科南特还是花时间看完了全稿，向库恩提出了许多建设性的意见，他认为库恩用"范式"一词将科学共同体中的问题简单化了。可惜库恩并没有采纳科南特的建议，因为他还没有从根本上认识到"范式"概念本身存在的不明确性。①

（六）迟暮之年——学无止境

库恩晚年转入了对哲学和语言学的研究。他将精力完全放在对自己理论概念的精致化过程。在库恩看来研究工作是必须要进一步进行精致明确的，也必须先从观念本身开始研究才会对一些理念有更深入的和新的了解。在科学活动中需要重构科学在实际和理论两方面的改变，库恩注重科学变化的全部过程，并一直仔细观察和努力钻研。寻找一个关于"科学变化"的"第一原理"，是库恩研究科学的主要出发点和动机。一些著名的科学家也参与到库恩的研究活动中，比如温伯格。尽管温伯格高度评价库恩及其《科学革命的结构》在历史上的地位，但他对库恩的一些具体的观点还是感到有些质疑。温伯格认为，《科学革命的结构》一书认为现在的标准和过去的标准之间完全无从比较的结论是有些夸大了。尽管从事物理学研究的人员在构成上发生了变化，现在从事物理学研究的女性和亚裔人员越来越多，但我们对物理学的认识的本质并没有改变。科学家直接参与到科学史和科学哲学的研究中，更有利于深入的研究和发展科学和哲学，也极大地促进了真理的产生。这是他们的大量独到的思想和不断钻研的严谨态度给学术界带来的积极影响。

库恩的"范式"概念自提出以后就一直伴随着赞扬和批评，

---

① 方在庆：《纪念〈科学革命的结构〉问世 50 周年》，《科学文化评论》，2012 年第 4 期。

甚至有学者指出，《科学革命的结构》一书本身并没有那么专业，这也同时批驳了此书在学术界享有的经典地位。但库恩并不理会这些争议，一直专注于自己的理论研究。库恩"范式"的运用揭示了科学发展的动态图景，指出了科学的进步不是累积性的而是用新范式取代旧范式的方法。这些理论的发现极大地推动了一场科学性质的革命发生。这种科学性的改革融入了科学发展的心理、社会、历史、理性、非理性等因素，对解释科学发展的过程具有较强的说服力，并且深化了人们对科学发展的认识。

1996 年 6 月 17 日，库恩因支气管和喉癌逝于麻省康桥家中，享年 73 岁。虽然库恩逝世多年，但库恩的科学理念仍被人们不断研究和发展。库恩的专著和传记也被大量的出版发行，他给我们留下了很多宝贵的思想遗产。科学史作为一门独立的学科，在世界范围内被广泛的传播和学习。1996 年库恩去世后，芝加哥大学出版社就出了《科学革命的结构》的第三版，以此来纪念这位伟大的科学史家。

二、理论内涵

（一）历史主义的宇宙论

宇宙论（Cosmology）一词，源自希腊文"Κοσμο"，是一门研究宇宙运动、变化以及对人类影响的学科。古印度稽那教宇宙论（Jain Cosmology）是关于宇宙论的早期阐述，该学派将"洛迦"（Loka）视作宇宙的中心。在基督教宇宙论

（Biblical Cosmology）中，学者以古巴比伦宇宙论（Babylonian Cosmology）为基础，他们认为，"天空"（firmament）是与"水的浑浊"（chaos-ocean）相对的概念。

古希腊天文学家阿里斯塔克（Aristarchean）是宇宙论的代表人物之一，他认为，地球围绕着太阳以及地轴进行旋转。在亚里士多德的著作《形而上学》（*Metaphysics*）中记载了德谟克利特的主张：充实和空虚是宇宙的根本元素。伪亚里士多德主义者蒙多（Mudno）将宇宙的构成分为五种，位于最中心的是土，其次是水、气、火和天空，它们层层包围。斯多葛学派（Stoic）提出了"无限的空"（infinite void）这一概念。

在 16 至 18 世纪，库萨的尼古拉是文艺复兴时期哲学家的早期代表，他指出，宇宙是无限的，没有边缘且无中心，更为重要的是，他认为地球并非宇宙的中心。哲学家、天文学家布鲁诺认为："宇宙无论如何不能被包含，因此是不可计量的和无边际的，因而是无限的和无尽的，也是不可移动的。它在空间中不动，因为在它自身之外并没有什么可以容他移动的地方。"[1] 托勒密模型（Ptolemaic model）的建立表明，行星进行环状运动，每个行星都有自身移动的中心。

托马斯·库恩在其著作《哥白尼革命》（*Copernican Revolution*）中，论述了古代两球宇宙（The ancient tow-sphere Universe）、行星问题（The Problems of Planet）、亚里士多德的宇宙论（Aristotle to Copernican）以及哥白尼对前人的革新，将宇宙论以历史主义的方式加以阐释。

---

[1] Thomas Kuhn，*The Road Since Structure*，The University of Chicago Press，1954，p.26.

库恩认为，太阳与地球在宇宙中的地位问题是哥白尼革命的核心，他表示："在他的计划提出之前，地球是作为固定的中心，天文学家根据它来测算恒星和诸星的运动。"① 库恩表示，太阳在宇宙中地位的确立，是16世纪天文学的重大突破，它对神学、物理学的影响深远。"一个世纪之后，太阳至少在天文学中取代了地球成为行星运动的中心，同时，地球也失去了其独特的天文学地位，成为众多运动行星中的一员。"②

库恩在对行星问题进行研究时，认为所有行星都依照自身固有的规律进行运动，在使用望远镜观察的几十年中，天文学家发现了其中所包含的定理，库恩对此进行了描述："所有行星都与恒星一起的向西周日运动，又都在恒星中逐渐东移，直到他们回到差不多原来的位置。"③ 库恩认为，月球与其他行星相比，对人类生活有更大的影响，星期、节气以及潮水的运动都与月球有关，他在《哥白尼革命》中表明，"前后相继的两个新月之间可能是29天，也有可能是30天，而且只有某种需要数代人系统地观测和研究才能得到的复杂的数学理论，才能确定未来制定的某月的长度"④。

库恩表示，地球的运动与月球和太阳的视运动密切相关，其中"周日绕轴旋转"（pivoting by days）、周年轨道运动（Orbital by years）与地轴的周年圆锥形运动（coning motion by years）是地球的三个基本特征。库恩认为："如果地球处于恒星天球的中

① Thomas Kuhn, *The Copernican Revolution*, Harvard University Press, 1985, p.55.
② Ibid., p.1.
③ Ibid., p.45.
④ Ibid., p.47.

心，并且围绕穿过自身南北极的轴做周日旋转，那么所有相对于恒星天球静止或者几乎静止的物体，看起来都像是在地平线上方的圆弧上向西运行。"①

库恩的宇宙论是基于哥白尼与亚里士多德等人的模型创造出来的，给多元宇宙论（Multi-Cosmology）、两球宇宙论（Two-sphere Cosmology）以及现代宇宙论（Modern Cosmology）的研究提供了基础。

（二）实验导向的范式论

范式（paradigm）一词源于希腊语"paradeigma"，原意指一种"模型"（model）或"形式"（pattern）。柏拉图在《蒂迈欧篇》（*Timaeus*）中提出了这个概念，用以描述一种获取知识的方法，这是范式概念的早期体现。随后亚里士多德在著作《形而上学》（*Metaphysics*）中表示，形式就是指所有事物的基础以及最基本的实体。库恩在前人的基础上发展了范式理论（paradigm theory），他在著作《科学革命的结构》（*The Structure of Scientific Revolutions*）中指出："它指的是一个共同体成员所共享的信仰、价值、技术等等的集合。指常规科学所赖以运作的理论基础和实践规范，是从事某一科学的研究者群体所共同遵从的世界观和行为方式。"②"范式"概念在其正式确立之前，作为一种共同的价值取向，在社会科学和自然科学中都发挥着重要作用。

---

① Thomas Kuhn, *The Road Since Structure*, The University of Chicago Press, 1954, p.89.

② Thomas Kuhn, *The Structure of Scientific Revolutions*, The University of Chicago Press, 1996, p.77.

科学 — 哲学家的智慧

古希腊时期，哲学的发展以希腊神话为范式，总体倾向是寻找万物的始基。哲学家恩培多克勒（Empedocles）在其著作《论自然》（*On Nature*）中提出了"四根说"，指出世界由"水"（water）、"火"（fire）、"土"（earth）、"气"（gas）四种元素组成。与此同时，苏格拉底的"目的论"（teleology），柏拉图的"理念论"（Idealism）以及亚里士多德的"实体论"（the entity theory）等都是希腊神话范式的表现。

18世纪启蒙运动兴起，主流范式由"人文主义"（Humanism）向"机械唯物论"（Mechanical Materialism）转变。"百科全书派"（Encyclopedistes）领袖德尼·狄德罗（Denis Diderot）认为"物质是唯一的实体"，在他的《关于物质运动的哲学原理》（*Principes philosophiques sur la matière et le mouvement*）一书中写到："要假定任何一个处在物质宇宙之外的实体，都是不可能的。"法国哲学家拉美特利（La Mettrie）支持"唯物主义一元论"（materialism monism），赞同狄德罗的哲学主张。哲学家爱尔维修（Helvetius）重视感官的作用，在他的《论人的理智能力和教育》（*De l. Homme，de ses facultés intellectuelles，et deson éducation p.491*）中有这样的描述："我们的一切观念都是通过感官而来的。"保尔·霍尔巴赫（Paul Holbarch）认为，自然是万物存在的基础，人类必须尊重自然，服从物质的运动规律。

人类的发展史中共有三次科技革命，18世纪中期，珍妮机的发明和使用极大提高了生产速度和规模，大机器生产成为工业生产的主要方式。第二次工业革命以电的广泛应用为显著标志。1866年，德国科学家西门子发明了发电机，电器开始用于代替机器，成为新能源，在这个时期中，贝尔发明了电话，90 年代意大利人马可尼无线电报试验成功。20 世纪科学技术发展的速度，远远超过了以前所有的时代。四五十年代以来，人类在原子能、电子计算机、微电子技术、航天技术、分子生物学和遗传工程等领域取得重大突破，标志着新的科学技术革命的到来。

托马斯·库恩从历史主义的角度出发，将前人思想加以总结，在《哥白尼革命》一书中，库恩根据不同时期的科学范式，详细叙述了两球宇宙、亚里士多德物理学以及哥白尼革命，最后提出新宇宙论的可能性。在《科学革命的结构》一书中，库恩阐述了范式在科学发展中的过程，即无范式的前科学时期，建立范式的新科学革命时期，范式发生动摇的科学革命时期，以及范式建立的常规科学时期。

库恩首先描述了在第一个范式建立之前，一门学科如何发展。在这里，他以电的研究为例予以说明："有多少重要的电学实验家，例如毫克斯比（Hauksbee）、格雷（Gray）、德沙古利埃（Desaguliers）、杜费（Du Fay）、诺勒特（Nollett）、华生（Watson）、富兰克林（Franklin）等，差不多就存在多少种有关电的本质的概念。"[1] 库恩指出，关于电的全部概念都是电的真正概念的一部分，它们并非凭空出现，而是来源于大量的科学实验，这些实验相互联系，成为科学史的一部分。在科学实验的基础上，库恩指出，正是由于这样的情形，从而造成了在科学发展的早期，其特征是学派众多，各执一词。众多学派的分歧总是能

---

[1] Thomas Kuhn, *The Structure of Scientific Revolutions*, The University of Chicago Press, 1996, p.13.

在新的范式建立之前消失，原因是"它们的消失总是由前范式学派之一的胜利造成的，获胜的这一派用其自身所具有的特征产生信念和成见，他们总是强调巨大且并不发达的信息库中的某一部分"①。至此，范式进入了建立阶段。

库恩指出，在范式的建立阶段，凡是可以被称为"范式"的概念，必须具备两个特征，即"它们的成就空前地吸引一批坚定的拥护者，使他们脱离科学活动的其他竞争模式"②，以及"这些成就又足以无限制的为重新组成一批实践者留下有待解决的种种问题"③。库恩认为，这两个特征为某一范式及与之相对应的常规科学提供基础。他还指出，在此基础之上建立的范式标志着某一学科的研究达到了成熟，在《科学革命的结构》中，有许多关于这一点的描述，试举一例："取得了一个范式，取得了范式所容许的那类更深奥的研究，是任何一个科学领域在发展中达到成熟的标志。"④

库恩认为，在范式发生动摇的时期中，常规科学与科学家的关系如同"谜"与"解谜者"。新范式的出现，都与之前的科学实验相互联系，"在哥白尼发表天体运行论之前，托勒密天文学处在一种矛盾重重的状况之中。伽利略对运动学的贡献，与经院批评家在亚里士多德理论中所发现的困难密切相关。牛顿的光和

---

① Thomas Kuhn, *The Structure of Scientific Revolutions*, The University of Chicago Press, 1996, p.17.

②③ Ibid., p.10.

④ Ibid., p.11.

颜色的新理论起源于现存的范式理论"[①]。库恩指出，在新理论建立之前，常规科学家都在一段时期内感到疑惑，这种疑惑来自于"解谜者"解"谜"的持续失败，从另一个角度看，"现在规则的失效，正是寻找新规则的前奏"。

在这里，库恩还表示，历史的车轮向我们揭示出，一种坚实的，具有共识的研究道路仍然需要很多努力。他认为，科学研究进入困境，是因为早先事实材料与科学实验的成果是一种随机而非有目的的活动，短时期内不会产生学术成果，现代科学家的参与热情不高，因此他说："这类收集事实的活动尽管对许多重要科学的起源是必要的，但是人们多少会犹豫是否能把这样搜集到的文献称作是科学的。"[②]

（三）团队攻坚的科学共同体

"Community"一词来源于希腊语 Koinonia，该词是由 20 世纪英国物理学家、哲学家迈克尔·波兰尼（Micheael Polanyi）最早提出的。1887 年，德国社会学家滕尼斯（Ferdinad Tonnies）在其著作《社区与社会》（*Gemeinschaft and Gesellschaft*）指出："科学共同体是科学家的组织和团体，是科学家在科学活动中通过相对稳定的联系而结成的社会群体，是集体科学劳动的一般社会存在形式，也是科学建制的核心。"[③]

1942 年莫顿在其著作《科学社会学》中表示，科学家

① Thomas Kuhn, *The Structure of Scientific Revolutions*, The University of Chicago Press, 1996, p.67.

② Ibid., p.16.

③ Thomas Kuhn, *The Road Since Structure*, The University of Chicago Press, 1954, p.90.

的行为准则分为"普遍主义"（Universalism）、"公有主义"（Communism）、"无私利主义"（Inexpediency）以及"有组织的怀疑主义"（Organized Skepticism）。他认为，以上四条是科学家必须遵循的准则，违反其中任何一条便不能被称为科学工作者。在这之后的几十年中，默顿·亨特（Morton Hunt）、希尔斯（Heath）、库恩、普赖斯（Price）、加斯顿（Gaston）等人都以不同的方式对科学共同体的发展进行研究。

库恩在其著作《科学革命的结构》中指出，科学共同体内部的社会分层标准主要有两类：第一种，按人的属性如性别、年龄来分层；第二种，依据人的社会属性如收入、权力、权威、声望、教育程度以及职业等来分层。随着科学整体化趋势的发展，越来越多的科学家由一个科学共同体转移到另一个科学共同体。库恩认为："至少在一个半世纪之前，科学专业化的建制模式第一次发展，直到最近专业化的各种附属物获得了它们自身的声望时，这段时期内的情况就是如此。"①

库恩表示，科学团体的建立与范式相互关联，每一旧的科学团体的消失都是由于"这些学派的成员改信新范式造成的"，新的范式意味着更加严格的研究标准，那些不能适应"新标准"的科学家只能孤立于主要派别之外。与此同时，研究报告的撰写方式也发生了改变，库恩在这里说明，如同达尔文（Darwin）《物种起源》（*The Origin of Species*）或是富兰克林（Franklin）《关于电的实验》（*Items about the Electricity Experiment*）等著作，在人类历史上占有重要地位，其中所包含的知识涉及诸多领域，对于

① Thomas Kuhn，*The Essential Tension*，Harvard University Press，1977，p.19.

许多人来说是不容易读懂的。库恩表示，只有建立专一领域的范式，才能使科学研究者可以格外集中地研究他那个团体所关注的自然现象，这样做的结果就是"这些人被认为具有共同范式的知识，唯有他们能够写出论文，也才能读懂为他们写的论文"[①]。

库恩认为，科学共同体有广义和狭义之分。"在最广的层次上，是指所有自然科学家的共同体。在稍低层次上主要指科学专业团体，其中包括物理学家、化学家、天文学家、动物学家等专业共同体。"[②] 库恩表示，一名科学家可以涉足多个领域，既可以是物理学家，又可以是哲学家。在科学共同体中，除成员的研究层次有区别外，学历、专业、技术等也会成为影响因素。库恩指出，科学共同体随着时间的推移，也会呈现不同的形式。当前的科学共同体成员，不再仅仅是具有共同研究方向的科学家，他们也可根据自身所需融入到不同共同体中，各学科开始打破原有的界限进行交流，科学研究较之以前发展速度加快。

（四）教育中的收敛式思维

收敛式思维（Convergent Thought）是科恩的重要核心术语。"'教育'是指'一种促进学习的过程'，即通过故事、讨论、训练等方式将自身所具备的知识、技能传授给其他人。"[③] 教育活动最早可以追溯到史前时期，成年人通过口述向年轻人传授知识技能等。哲学家柏拉图于公元前 387 年在雅典城外创立了"学园"

---

① Thomas Kuhn, *The Essential Tension*, Harvard University Press, 1977, p.20.

② Ibid., p.88.

③ Nicholas Bunnin, Jiyuan Yu. *The Blackwell Dictionary of Western Philosophy*, Blackwell Publishing Ltd, 2004, p.225.

（the Academy），"学园"成为欧洲历史上第一个高等教育学府。

罗马帝国衰亡后，天主教会（Catholic Church）成为了西欧的统治者，他们在中世纪早期建立了许多天主教学校（cathedral schools），作为推进教育的主要机构。经院哲学家重视思维教育，托马斯·阿奎那将人类的"精神性"（Psychic）和"物质性"（Materiality）相结合，认为："人被安置在一个精神界与物质界的交汇处，人必须具备来自于二者的能力。"[①]他是基督教义的忠实拥护者，将神学看作各门独立学科的基础。

欧洲文艺复兴时期，教育方面的杰出代表人物主要有伊拉斯谟（Erasmus）和蒙田（Montaigne），他们都重视思维在学习过程中的作用。教育家伊拉斯谟十分推崇古希腊时期的经典著作，他认为只有以经典为基础，人文主义精神才能得以延续。在吸收基督教义精华的同时，伊拉斯谟将基督教看作是"估量一切事物的标准"。伊拉斯谟认为，天资和后天的勤奋同样重要，因此他认为，只要选用了正确的方法，再加以练习，任何事都不是难事。哲学家、教育学家蒙田认为，教育的基本准则是将心灵与身体等同，如果心灵得不到发现，终会变得愚不可及。"我希望，在塑造孩子心灵的同时，也要培养他举止得体，善于处世，体格健康。"[②]此外，他还注重对学生判断力的培养，蒙田认为，一位真正的绅士，应该不受金钱的诱惑，不依赖于权威，具有自己独立的判断，"他受的教育，他的工作和学习，都是为了形成自己的

---

① Etieuue Glison：*The Christian Philosophy of St. Thomas Aqninas*，University of Notre Dame Press，1994，p.200.

② 米歇尔·蒙田：《蒙田随笔全集》（第一卷），上海书店出版社，2009年，第179页。

思维和看法"①。

欧洲启蒙运动时期出现了许多著名的教育家，代表人物有洛克和卢梭。洛克遵循"三育并重"的教育原则，其中包括"体育"（physically）、"智育"（intellectually）和"德育"（morally）。在体育方面，洛克指出："凡是身体精神都健康的人就不必再有什么别的奢望了。身体精神有一方面不健康的人，即使得到了别的种种，也是徒然。"②洛克重视道德的培养，在《教育漫话》（Some Thoughts Concerning Education）一书中，洛克提出：教育属于人类生活的永恒范畴。可以说："在人类生活实践中，无论是学校，还是社会和家庭，都不存在'道德虚空'，也不存在'道德无涉'的教育。道德不仅关系到社会各种利益的维系和调整，而且直接关系到每个人如何处世、行事和立生的'为人'之道。"③在智育方面，洛克认为，学生应该掌握大量的知识，以此解决实际生活中的问题，他将知识分为实用型知识和修养型知识，前者包括"阅读"（reading）、"书写"（writing）、"英语"（English）、"法语"（French）、"地理"（geography）等，后者则包括"拉丁文"（Latin）、"希腊文"（Greek）、"修辞学"（rhetoric）、"逻辑学"（logic）以及"音乐"（music）和"绘画"（painting）等等。卢梭的教育理念主要体现在其著作《爱弥儿》（Emile）中，他提出"自然教育"的观点，认为人人都应该受到符合其思维天性的教育，在他看来，"如果以成人的思维偏见加以干涉，剥夺儿童

① 米歇尔·蒙田：《蒙田随笔全集》（第一卷），上海书店出版社，2009年，第168页。
②③ 张裕鼎：《对洛克儿童教育建议的思考——〈教育漫话〉的三点启示》，《基础教育》，2004年第6期。

应有的权利，结果只会打乱自然的次序，破坏自然的法则，从根本上毁坏儿童"①。

托马斯·库恩在研究思维教育问题时，将发散思维和收敛思维并重，他指出，多数的科学发现和科学理论都是在基本实验和开放思想的基础上得以完成，但是只有灵活的思想是不够的，"如果不是大量科学家具有高度思想灵活和思想开放的特性，就不会有科学革命，也很少有科学进步，但是光有思想灵活还不够，还有显然与之矛盾的东西"②。在这里，库恩表示，常规科学范式基础的建立，是科学家进行研究工作的前提。"常规科学，甚至是最好的常规研究，也是一种高度收敛的活动，它的基础牢固地建立在从科学教育中获得的一致意见上，这一种意见又在以后的专业研究的生活中得到加强。"③

库恩表示，收敛式思维能够提供大量并且准确的事实材料，在科学教育中占有重要地位，库恩指出："我并不是要去为那种显然很糟糕的教学工作辩解，也不是认定我们国家的全部教育中收敛式思维倾向已走得太远，我认为没有收敛式思维，科学就不可能达到今天的状况，取得今天的地位。"④库恩还讨论了科学教科书的重要性。他指出，自然科学与人文科学在教育"范式"上存在很大的区别，人文科学并不鼓励学生遵循教科书进行创作，但是在自然科学领域，教科书给学科发展提供了最基本的研究模

---

① 王天一、夏志莲、朱美玉：《外国教育史》，北京师范大学出版社，2003年，第55页。

②③ Thomas Kuhn, *The Structure of Scientific Revolutions*, The University of Chicago Press, 1996, p.226.

④ Ibid., p.228.

式，"它们全部都是通过教科书进行的，这在其他创造性领域中完全是前所未见的，特别是化学、物理学、天文学、地质学或生物学专业的大学生和研究生们，都从专门为他们写的书本中获得这个学科的主旨"[1]。他表示，社会书籍只是在细节和水平方面与课本有所区别，而基本主旨和结构并无不同。教科书是由各领域专家所提供的最好解题方式，借用库恩的名言来讲就是："再也没有什么更好的办法能产生这样的精神定向或观点了。"[2]

（五）库恩名言及译文

（1）Its continued and selective attraction is not due either to coincidence or to the nature of history, and it may therefore prove especially revealing.[3]

它那种持久而有选择性的吸引作用，既不是由于偶然的巧合，也不是由于历史的本性，这正说明它特别有启发性。

（2）The final product of most historical research is a narrative, a story, about particulars of the past. In part it is a description of what occurred, its success, however, depends not only on accuracy but also on structure.[4]

大多数历史研究的最后成品是对过去特殊事件的一种描述，但要描述的成功，不仅靠精确性，还要靠结构。

---

[1] Thomas Kuhn, *The Structure of Scientific Revolutions*, The University of Chicago Press, 1996, p.228.

[2] Ibid., p.229.

[3] Thomas Kuhn, *The Essential Tension*, Harvard University Press, 1977, p.3.

[4] Ibid., p.5.

（3）The philosopher, aims principally at explicit generalizations and at those with universal scope. He is no teller of stories, true or false. His goal is to discover and state what is true at all times and places rather than to impart understanding of what occurred at a particular time and place.[①]

科学家的目标主要是明确的概括以及范围广泛的普遍概括。他不是讲故事，不管说的是真是假。他的目标是找出在一切时间地点都是真的东西，并加以陈述，而不是告知特定时间地点所发生的事件。

（4）Their concern, which they pursued with a subtlety, skill, and persistence seldom found among the historians, was the explicit philosophical generalization and the arguments that could be educed in its defense.[②]

哲学家关心的事情是进行明确的哲学概括以及捍卫这种概括而可能引出的证据，他们为此进行的敏锐、精巧而执着的探索，在历史学家里面是罕见的。

（5）Though influenced in extremely important ways by the work of his predecessors and his colleagues, the individual historian, like the physicist, forges his work from primary source material, from data that he has engaged in his research.[③]

个别历史学家也可以受到前人和同事的工作的重大影响，但

---

① Thomas Kuhn, *The Essential Tension*, Harvard University Press, 1977, p.5.

② Ibid., p.7.

③ Ibid., p.10.

他还是从第一手原始材料中、从他自己研究的资料中写出自己的著作，在这一点上他更像是物理学家。

（6）One is tempted to say, following a remark made for different reasons by M. Grize, that the term "cause" functions primarily in the meta-scientific, not the scientific, vocabulary of physicists.[①]

在格拉兹先生根据不同的理由作出（做出）的评论之后，人们倾向于说："原因"这个词最初是在物理学家的元科学词汇中起作用的，而不是在科学词汇中起作用的。

（7）In principle, every change possessed all four causes, one of each type, but in practice the sort of cause invoked for effective explanation varied greatly from field to field. When considering the science of physics, Aristotelians ordinarily made use of only two causes, formal and final, and these regularly merged into one.[②]

原则上，每一种变化都具有四因，每类一个，但是实际上产生有效说明的原因类型从一个领域到另一个领域有很大的变化。当考虑物理学科时，亚里士多德学派通常只利用两种因，即形式因和目的因，而这两因又合乎规则地合二为一。

（8）In the case of a statue, for example, the material cause of its existence is the marble; its efficient cause is the force exerted on the marble by the sculptor's tools; its formal cause is the idealized form of the finished object, present from the start in the sculptor's

---

① Thomas Kuhn, *The Essential Tension*, Harvard University Press, 1977, p.22.

② Ibid., p.24.

mind; and the final cause is an increase in the number of beautiful objects accessible to the members of Greek society.[①]

在雕像的例子中，它的存在的质料因是大理石，它的动力因是雕刻家的工具施加在大理石上的力，它的形式因是最终的雕像观念化的形式，它一开始就存在于雕刻家的心目中，而目的因则是希腊社会成员能理解的美丽雕像数目的增加。

（9）Stones fell to the center of the universe because their nature or form could be entirely realized only in that position; fire rose to the periphery for the same reason; and celestial matter realized its nature by turning regularly and eternally in place.[②]

石头落向宇宙的中心是因为它们的本性与形式只在那个位置才能完全被实现，火上升到圆周外围是由于同样的理由；而天体则通过有规则的、永恒的位置转动以实现它的本性。

（10）They came to seem tautologies only when each distinct phenomenon seemed to necessitate the invention of a distinct form. Explanations of an exactly parallel sort are still immediately apparent in most of the social sciences. If they prove less powerful than one could wish, the difficulty is not in their logic but in the particular forms deployed.[③]

只有每当一特殊现象似乎都必须发明一个特殊的形式时，它们才好像是同义反复。严格类似的一类说明在大多数社会科学中

---

①② Thomas Kuhn, *The Essential Tension*, Harvard University Press, 1977, p.24.

③ Ibid., p.25.

仍然十分明显。如果它们不像人们所希望的那样有力量，那么困难不在于它们的逻辑，而在于所用的特殊形式。

三、主要影响

（一）对科学的影响

托马斯·库恩是范式理论的主要推动者，他在《科学革命的结构》《必要的张力》以及《哥白尼革命》等著作中阐述的科学哲学思想为心理学、物理学等学科的发展提供了重要动力，其中所涉及的"不可通约性""范式"以及"科学共同体"等概念成为后世研究的重点。

历史主义代表人物费耶阿本德（Feyerabend）继承了库恩的范式理论，他认为，科学以及其他学科的进步，离不开范式的确立，而这一研究模式的确立并非一劳永逸，科学家应随着时代的变迁对当前范式进行修正，在其《反对方法》（*Against Method*）中，费耶阿本德表示，科学家一旦进入新的领域，他们就会按照自己的研究习惯对当前的标准进行修改。与此同时，费耶阿本德也发展了库恩的范式理论。他认为，在传统范式下，文化的转型旨在开创新的学科以支持当代理论的合理性，而费耶阿本德则强调科学研究的新思维和新思路，拓展了科学在某一领域的研究范围。在其著作《告别理性》（*Farewell to Reason*）中，费耶阿本德指出："本书所收录的论文论述了文化的多元性和文化转型的问题。它们试图说明当同一性减少我们的快乐和我们的（智力的、情感的、物质的）财富时，多样性是有偿的。"①

库恩并不强调科学与非科学之间的界限，他认为一切学科都具有历史上的相关性，过分强调学科区分会割裂知识的完整性。爱丁堡学派代表人物巴里·巴斯坦继承了库恩的这一理论，他表示："库恩的相对化的科学合理性概念和非理性思想，为科学知识社会学的工作开辟了道路。"②巴斯坦继承了"范式"的基础性原则，将范式看作科学研究和解释世界的工具。

（二）对心理学的影响

随着各学科的相互渗透，知识逐渐向整体化趋势前进。库恩将儿童心理学、格式塔心理学和科学社会学等领域的研究相互结合，对心理学的发展产生了重要影响。

范式作为一种心理学模式成为心理学家广泛接受的概念。美国心理学家巴斯（Buss A. R.）认为："库恩的范式论具有真理性，心理学的发展表现为一系列抛弃旧范式和建立新范式的革命。一个被广泛接受的观点就是，美国实验心理学范式开始于铁钦纳的结构主义，而后为机能主义所代替，机能主义又屈服于行为主义，最后被认知心理学所代替。"③

库恩认为，科学哲学的发展与科学社会学（sociology of science）和科学心理学（scientific psychology）密切相关。加拿大科学哲学家、科学心理学家萨伽德也持有相同观点，他同样重

① Thomas Kuhn, *The Road Since Structure*, The University of Chicago Press, 1954, p.56.

② 段静:《巴里·巴恩斯的科学社会学理论初探》, 陕西师范大学, 2011 年, 第 132 页。

③ Thomas Kuhn, *The Road Since Structure*, The University of Chicago Press, 1954, p.89.

视其他学科对科学哲学的促进作用，他表示：如果只有拉瓦锡一人的努力，要实现化学革命是不可能的。萨伽德继承并且发展了库恩的哲学思想，他认为，社会和心理因素在每一科学实践中都占有地位，而对于主要影响因素的确定，应作单独分析。

四、启示

（一）对思维方法的启示

库恩提倡"发散式思维"与"收敛式思维"并重，强调在发展科学教育的同时，艺术、美学等学科的教育依然占有重要地位。库恩的导师科南特也在《哥白尼革命》的序言中提出重要的教育原则，他认为不论在美国还是欧洲的现代学校中，经验已经表明要将科学置于与文学、艺术、音乐的相同地位来学习是何等困难。库恩深受其导师影响，提出革新教育的主张。

库恩提倡学科并重并非要求加重学生负担，而是旨在对学生全面思维方式的发展。正如英国哲学家洛克所言："教育的事业并非使年轻人能完美地从事科学研究，而是要开阔年轻人的心胸，使其能尽力运用自己之所长。"库恩认为，教育的最终结果不在于知识，而在于开阔思维，放宽眼界。

瑞士教育家亚美路曾说："教育最伟大的技巧是：知所启发。"印度尼西亚诗人阿米尔表示："懂得如何启发，是教人的一大艺术。"英国哲学家培根的名言："读史使人明智，读诗使人灵秀，数学使人周密，自然哲学使人精邃，伦理学使人庄重，逻辑修辞学使人善辩。"

教育是两方面的作用力，学生应善于理解教师所传授的精髓，站在整体和宏观层面去看待学业和人生；而作为教师，要尽力做好"授之以鱼"与"授之以渔"的关系，让学生有所学，有所想，最终达到知行合一的完美境界。

（二）对人才培养的启示

库恩科学哲学中涉及到"科学共同体"概念，他认为，在科学研究标准不断严格的情况下，对于人才素质的要求也在逐渐提高。人才培养方式的选择，对一个国家的生存和发展都产生重要作用。正确的培养导向，有助于建立正确的竞争与合作的观念，使人奋起直追，不断超越自我。

竞争激发斗志，合作成就自我。中国汽车行业发展与德国和美国相差甚远，虽然如此，国产品牌比亚迪收购沃尔沃，足以说明中国汽车工业正在崛起。正确的合作观念也是促进自身发展的必要手段。可口可乐与百事可乐公司的竞争与合作的关系建立已久，正是由于对方的存在，双方都不敢有一丝松懈，二者常年保持着稳定的市场份额。树立正确的人才培养观，处理好竞争与合作的关系，是成就自我、收获美好人生的前提。

五、术语解读与语篇精粹

（一）逻辑（Logic）

1. 术语解读

"logic" 一词源于希腊语 "λογική"，本意是指 "从核心主题出发对谬论和悖论的研究"[①]。哲学家亚里士多德是欧洲逻辑学的早期奠基人之一，他将前人有关逻辑学的知识加以总结，将该学科系统化。在其著作《工具论》（*Organon*）和《形而上学》（*Metaphysics*）中，亚里士多德重点讨论了思维、推理和规律的问题。他将逻辑学分为 "范畴学说"（Category theory）、"命题学说"（Proposition theory）、"推理学说"（Reasoning theory）、"证明学说"（Proof theory）和 "思维规律学说"（Theory of thought and law）五个部分，并且创立了推理法则的 "三段论"（Syllogism）。

德国古典哲学时期，逻辑学研究进入了新的发展阶段。哲学家黑格尔（Hegel）继承并发展了古希腊时期的逻辑学理论，他将自己的学说倾注在其著作《哲学全书》（Enzyklopaedie der Philosophischen Wissenschaften）、《小逻辑》（The Logic of Hegel）和《逻辑学》（Logics）中。黑格尔将逻辑学系统分为 "存在论"（Ontology）、"本质论"（Eudaimonism）、和 "概念论"（Conceptualism）三个大类，又将他们分为 "质"（quality）、

---

① Nicholas Bunnin, Jiyuan Yu. *The Blackwell Dictionary of Western Philosophy*, Blackwell Publishing Ltd, 2004, p.225.

"量"（quantity）、"度"（grade）、"本质"（essence）、"现象"（phenomenon）和"现实"（reality）等九个子类。在黑格尔看来，逻辑学是一切其他学科的基础，"逻辑学是自然哲学和精神哲学中富有生气的灵魂。其余部门的哲学兴趣，都只在于认识在自然和精神形态中的逻辑形状，而自然或精神的形态只是纯粹思维形式的特殊表现"①。

西方逻辑学的发展，促进了科学检验的进步，现代科学哲学家通过逻辑学方法，对"意义"（meaning）、"真理"（truth）、"谬误"（falsity）、"证明"（proof）以及"含义"（implication）、"参考"（reference）、"预测"（predication）、"恒定"（constant）、"多样性"（variable）和"可能性"（possibility）等命题的研究都有一定的推动作用。

库恩认为，卡尔爵士的"逻辑自明"（self–evident pure logic）原理可以表达自己对于逻辑的观点，他在《科学革命的结构》中表示，"一个概括和它的判断与经验论据的关系并不对称"②。这就表明，科学研究成果并不能够完全应用于一切可能发生的情况中，但是在某种程度上可以提供一种解决办法，库恩对逻辑的研究细致深入，值得精读。

---

① Hegel, *Small Logic*, Harvard University Press, 2005, pp.83–84.

② Thomas Kuhn, *The Structure of Scientific Revolutions*, The University of Chicago Press, 1996, p.280.

2. 语篇精粹

语篇精粹 A

In his Logik der Forschung, Sir Karl underlined the asymmetry of a generalization and its negation in their relation to empirical evidence. Ascientific theory cannot be shown to apply success–fully to all its possible instances, but it can be shown to be unsuccessful in particular applications. Emphasis upon that logic truism and its implications seems to me a forward step from which there must be no retreat. The same asymmetry plays a fundamental role in my Structure of Scientific Revolutions, where a theory's failure to provide rules that identify solvable puzzles is viewed as the source of professional crises which often result in the theory's being replaced. My point is very close to Sir Karl's, and I may well have taken it from what I had heard of his work. But Sir Karl describes as "falsification" or "refutation" what happens when a theory fails in an attempted application, and these are the first of a series of related locutions that again strike me as extremely odd. Both "falsification" and "refutation" are antonyms of "proof".They are drawn principally from logic and from formal mathematics; the chains of argument to which they apply end with a "Q.E.D."; invoking these terms implies the ability to compel assent from any member of the relevant professional community. No member of this audience, however, still needs to be told that, where a whole theory or often even a scientific law is at stake, arguments are seldom so apodictic. All experiments can be challenged, either for their relevance or their accuracy. All theories can be modified by a variety of ad hoc adjustments without ceasing to be, in their main lines, the same theories. It is important, furthermore, that this should be so, for it is often by challenging observations or adjusting theories that scientific knowledge grows. Challenges and adjustments are a standard part of normal research in empirical science, and adjustments, at least, play a dominant role in informal mathematics as well.[①]

译文参考 A

卡尔爵士在《研究的逻辑》中强调指出，一个概括和它的否定判断与经验论据的关系并不对称。不能证明一种科学理论可成功地应用于一切可能情况，但可以证明某些特定的应用不可能成功，强调这一逻辑上自明之理及其含义，我看是从退无可退的地方前进了一步。在我的《科学革命的结构》中这种不对称也有重大作用：理论如不能提供一种规则以确定那些可解决的疑难，就要引起专业的危机，而且常以理论被取代而告终。我的观点很接近于卡尔爵士，而且我采取这一观点很可能得益于他的工作。但卡尔爵士又把一种理论试用失败时所发生的一切，都说成是"证伪"或"反驳"，他的这种说法是使我感到惊奇的一系列有关说法的最先一种。"证伪"和"反驳"都是"证明"的反义词。它们主要是从逻辑和形式化数学中引来的；它们所运用的论证链条以"Q. E. D"（证毕）而告终。但没有必要去、再去告诉每一位

---

① Thomas Kuhn, *The Essential Tension*, Harvard University Press, 1977, p.284.

读者，整个理论、有时甚至是某一条定律如处于危急状态，论证就不会这么绝对这么肯定。实验是否贴切、是否精准，都可以受到挑战。一切理论都可以由此而进行调整修正，但主流方面仍然是同一理论。尤为重要的是，往往正是因为观察不断地提出挑战、理论不断地得到调整，科学知识才得以增长。挑战和调整，正是常规经验科学研究的典型内容，至少在非正式的数学中，调整也具有同样的支配作用。

语篇精粹 B

They require that both the epistemological investigator and the research scientist be able to relate sentences derived from a theory not to other sentences but to actual observations and experiments. This is the context in which Sir Karl's term "falsification" must function, and Sir Karl is entirely silent about how it can do so. What is falsification if it is not conclusive disproof? Under what circumstances does the logic of knowledge require a scientist to abandon a previously accepted theory when confronted, not with statements about experiments, but with experiments themselves? Pending clarification of these questions, I am not sure that what Sir Karl has given us is a logic of knowledge at all. In my conclusion I shall, that conclusion must, however, be postponed until after a last deeper look at the source of the difficulties with Sir Karl's notion of falsification.[①]

译文参考 B

它们要求认识论家和科研工作者把理论所导出的句子不是同

---

① Thomas Kuhn, *The Essential Tension*, Harvard University Press, 1977, p.284.

其他句子相联系，而是同实际观察或实验相联系。这就是使卡尔爵士"证伪"一词必然在其中起作用的语境，但怎样才能做到这一点，卡尔爵士却始终保持沉默。证伪如果不是最后反证，那又是什么呢？当一种业已被接受的理论不是面对实验陈述，而是面对实验本身时，认识逻辑在什么条件下才要求科学家放弃这种理论呢？这些问题得不到澄清，我也就弄不清楚卡尔爵士给予我们的究竟是不是一种认识逻辑。我的意见是：卡尔爵士所说的这一切虽然很有价值，但完全是另一回事。他与其说提出一种逻辑，不如说是一种意识形态，与其说提供了方法论规则，不如说是程序准则。但是且慢下结论，让我们再深入看看卡尔爵士伪证概念困难的根源何在。

语篇精粹 C

The same presupposition is even more apparent in Sir Karl's recently elaborated measure of verisimilitude. It requires that we first produce the class of all logic consequences of the theory and then choose from among these, with the aid of background knowledge, the classes of all true and of all false consequences. At least, we must do this if the criterion of verisimilitude is to result in a method of theory choice. None of these tasks can, however, be accomplished unless the theory is fully articulated logically and unless the terms through which it attaches to nature are sufficiently defined to determine their applicability in each possible case. In practice, however, no scientific theory satisfies these rigorous demands, and many people have argued that a theory would cease to be useful in research if it did so. I have myself elsewhere introduced the term "paradigm" to underscore the dependence of scientific research upon concrete examples that bridge what would otherwise be gaps in the specification of the content and application of scientific theories. The relevant arguments cannot be repeated here. But a brief example, though it will temporarily alter my mode of discourse, may be even more useful.[1]

译文参考 C

在卡尔爵士最近对逼真性的精确度量中，同样的预设就更为明显了。它要求我们先要提出以理论的所有逻辑推论有多少类，再借助于背景知识从中选出所有真推论类和所有伪推论类，若要从逼真性标准中导出一种理论选择方法，我们至少也要做到这一点。但是若非这一理论在逻辑上完全明确，若非其术语（理论通过这些术语附着于自然界）被定义得足以应用于任何一种可能的情况，就不可能完成这些任务。但是实际上任何科学理论都满足不了这些严格要求，许多人也都论证过，一种理论要真是这样，在研究中也就毫无用处了。我曾在别处引进"范式"这个词以强调科学研究依存于具体事例，它可以跨越科学理论内容的详细说明同理论应用之间的鸿沟。有关的论证这里不能重复了。举一个简单的例子也许更能说明问题，虽然要暂时改变一下讨论的方式。

---

[1] Thomas Kuhn, *The Essential Tension*, Harvard University Press, 1977, p.284.

（二）实验主义（Experimentalism）

1. 术语解读

古希腊时期，自然科学相对落后，没有出现以研究某一学科为目的的实验科学，哲学家的研究都是以感觉经验为基础。亚里士多德重视感觉经验，认为任何知识的获得都不能脱离感官，而感觉技能又是以感官为基础的。在他的著作中有许多关于经验的描述，试举一例，《论灵魂》（De anima）B15："在一种感官受到了强烈的刺激以后，我们就不能像以前那样运用这个感官，例如听到一个巨响之后，我们就不能立刻顺利地听别的声音，看到太明亮的颜色或闻到太浓烈的气味之后，我们就不能立刻去看去闻；理由就在于感觉的机能是依赖于身体的。"[①]亚里士多德对于感觉经验的论述，是"实验"概念的早期体现。

16 至 18 世纪，欧洲资产阶级革命爆发，新的思想观念不断发展，对"实验"问题的研究也进入了新阶段。意大利画家、哲学家达·芬奇（Da Vinci）强调实验在认知中的作用："科学如果不是从实验中产生并以一种清晰实验结束，便是毫无用处的，充满谬误的，因为实验乃是确实性之母。"[②]弗朗西斯·培根（Francis Bacon）继承了亚里士多德的观点，他认为人类全部的认识都来源于以感性经验为基础的实验科学，在此基础上，培根还指出，科学实验能够弥补感性的不足，在探寻真理的过程中，实验是不可缺少的步骤，"一切标记中，最确定最高贵的是由果实

---

① Hegel, *The Phenomenology of Mind*, Routledge, 2013, p.228.
② ［英］丹皮尔:《科学史》，李珩译，商务印书馆，2007 年，第 165~166 页。

得来的。因为果实和工作正好像是哲学真理的保证。科学在人心目中的价值也必须由它的实践来决定"①。英国哲学家洛克在研究实验的感性经验时，提出了"二重经验论"（dual empiricism），他认为经验分为外部经验和内部经验，其中"色"（forms）、"声"（sound）、"香"（smells）、"味"（tastes）和"硬软"（touches）是外部经验，而"知觉"（Perception）、"思维"（thought）、"怀疑"（suspicious）、"信仰"（belief）、"推理"（reasoning）、"认识"（cognition）和"意愿"（willness）等则被称为内部经验。

20 世纪，托马斯·库恩将实验的目的分为两种，其一是"有些实验是为了证明一个预先以其他手段获知的结论"，其二是"为了给当时已有理论所提出的问题做出具体回答"②。他从历史主义的角度出发，将培根科学以及之后的牛顿、惠更斯、玛丽奥特等人的思想进行详细解读，内容丰富，视角独特。

2. 语篇精粹

语篇精粹 A

Other historians point out that, whatever people may have believed about the need for observations and experiments, they made them far more frequently in the seventeenth century than they had before. That generalization is doubtless correct, but it missesthe essential qualitative differences between the older forms of experiment

---

① ［英］培根：《新工具》，许宝骙译，北京出版社，2007 年，第 17~18 页。

② Thomas Kuhn, *The Structure of Scientific Revolutions*, The University of Chicago Press, 1996，p.256.

and the new. The participants in the new experimental movement, often called Baconian after its principal publicist, did not simply expand and elaborate the empiricism elements present in the tradition of classical physical science. Instead they created a different sort of empirical science, one that for a time existed side by side with, rather than supplanting, its predecessor. A brief characterization of the occasional role played in the classical sciences by experiment and systematic observation will help to isolate the qualitative differences that distinguish the older form of empirical practice from its seventeenth-century rival. Within the ancient and medieval tradition, many experiments prove on examination to have been "thought experiments", the construction in mind of potential experimental situations the outcome of which could safely be foretold from previous everyday experience.[①]

译文参考 A

另一些历史学家指出，尽管人们以前也深感需要观察与实验，可是他们在 17 世纪却远比以前更经常地进行观察和实验。这个概括无疑是正确的，但却忽视了以前的实验形式与新实验形式之间最重要的本质区别。新实验运动（按其主要宣传者的说法统称为培根运动）的参与者并非仅仅把古典物理科学传统中的经验因素加以扩展和大力发挥，相反地他们创立了一种不同的经验科学。在一个时期内，这种新的经验主义科学与其前身同时并存，而不是取而代之。简单介绍一下实验和系统观察

---

① Thomas Kuhn, *The Essential Tension*, Harvard University Press, 1977, p.42.

在古典科学中偶尔起作用，会有助于分析经验实践的古老形式与其 17 世纪"对手"之间的本质区别。在古代和中世纪传统的范围内，当时许多实验考证原来是"思想实验"，即在内心设想出潜在的实验条件，其结果可以根据以前的日常经验可靠地预见到。

语篇精粹 B

Finally, those experiments that clearly were performed seem invariably to have had one of two objects. Some were intended todemonstrate a conclusion known in advance by other means. Roger Bacon writes that, though one can in principle deduce the ability of flame to burn flesh, it is more conclusive, given the mind's propensity for error, to place one's hand in the fire. Other actual empiricism, some of them consequential, were intended to provide concrete answers to questions posed by existing theory. Ptolemy's experiment on the refraction of light at the boundary between air and water is an important example. Others are the medieval optical experiments that generated colors by passing sunlight through globes filled with water. When Descartes and Newton investigated prismatic colors, they were extending this ancient and, more especially, medieval tradition. Astronomical observation displays a closely related characteristic. Before Tycho Brahe, astronomers did not systematically search the heavens or track the planets in their motions. Instead they recorded first risings, oppositions, and other standard planetary configurations of which the times and positions were needed to prepare ephemerides or to compute parameters called for by existing theory.[①]

译文参考 B

最后，那些的确曾经做出来的实验，总是不外乎要到达下述两个目的之一。有些实验是为了证明一个预先以其他手段获知的结论。培根写道：尽管人们能从原则上推导出火焰有烧肉的能力，然而内心推测易生谬误，还是把手放进火里试一下更为可靠。另一些实在的经验主义（其中有些还是很有成果的）是为了给当时已有的理论所提出的问题做出具体回答。托勒密关于光在空气和水交界处折射的试验，就是一个很好的例子。另一些例子则是中世纪的光学实验：让太阳通过一些装满水的球形容器以产生各种色光。当笛卡尔和牛顿探测棱镜色光时，他们正是发展这种古代的，尤其是中世纪的传统。天文学观察显示与此十分类似的特点。在第谷·布拉埃之前，天文学家并非系统地探测天象或行星的运动轨迹。他们只是记录星体的初升、下落以及其他一些标准的行星方位，其运行时间和位置的数据资料被用来制定星历表或用来计算某个已有理论所要求的参数。

语篇精粹 C

That attitude toward the role and status of empiricism is only the first of the novelties which distinguish the new experimental movement from the old. A second is the major emphasis given to experiments which Bacon himself described as "twisting the lion's tail". These were the experiments that constrained nature, exhibiting

---

① Thomas Kuhn, *The Essential Tension*, Harvard University Press, 1977, p.43.

it under conditions it could never have attained without the forceful intervention of man. The men who placed grain, fish, mice, and various chemicals seriatim in the artificial vacuum of a barometer or an air pump exhibit just this aspect of the new tradition. Reference to the barometer and air pump highlights a third novelty of the Baconian movement, perhaps the most striking of all. Before 1590 the instrumental armory of the physical sciences consisted solely of devices for astronomical observation. The next hundred years witnessed the rapid introduction and exploitation of telescopes, microscopes, thermometers, barometers, air pumps, electric charge detectors, and numerous other new experimental devices. The same period was characterized by the rapid adoption by students of nature of an arsenal of chemical apparatus previously to be found only in the workshops of practical craftsmen and the retreats of alchemical adepts. In less than a century physical science became instrumental. These marked changes were accompanied by several others, one of which merits special mention. The Baconian experimentalists scorned thought experiments and insisted upon both accurate and circumstantial reporting. Among the results of their insistence were sometimes amusing confrontations with the older experimental tradition.[1]

译文参考 C

对经验主义作用和地位的看法，仅仅是区别新实验运动与旧

① Thomas Kuhn, *The Essential Tension*, Harvard University Press, 1977, p.46.

实验运动的第一个新特点。第二个新特点，就是特别强调培根称之为"扭狮子尾巴"的那种实验。这种实验要求制约大自然，强使自然在那种没有人的有力干预便不会出现的条件下显示自己。人们把谷物、鱼、老鼠和各种化学药物依次放入一个气压计或空气筒的人造真空中，这种做法正是显示出新传统的这一个方面。运用气压计和空气筒，这一点突出了培根运动的第三个新特点，也许是最显著的一个特点。1590 年以前，物理科学的工具库里只有天文观察用的设备。在这以后的一百年中，热能迅速引进并运用于望远镜、显微镜、温度计、气压计、空气筒、验电器以及许多其他新的实验仪器。在这同一时期，学自然科学的学生还迅速采用一系列化学仪器，在以前这些仪器只见于工匠的工场或炼金术士的隐居所。在不到一百年内，物理科学变成重视仪器的科学。伴随着这些显著变化的，还有其他一些变化，其中之一是值得特别注意的。培根实验主义者轻视思想实验，坚持要做出准确而切实的实验报告。由于他们坚持这种要求，有时他们与古老的实验传统发生有趣的冲突。

（三）运动（Motion）

1. 术语解读

许多哲学家都研究过运动问题，"motion"一词包含多重意义，早期与"change""alteration""generation""becoming"等词通用。泰勒斯认为，水赋予万物生命力，也是世界运动变化的原因，这是运动概念的早期体现。毕达哥拉斯学派（Pythagorean

School）提出"美德在于和谐说"（Doctrine of Virtue Being Barmony），认为宇宙的运动依据数的和谐。阿那克萨戈拉将"奴斯"（Nous）即心灵，看作世界的动因，此外，德谟克利特的"虚空"（Void），普罗泰戈拉的"人是万物的尺度"（Man is the measure of all thing），柏拉图的"神创论"（Creationism），以及亚里士多德的"自然"（Nature）学说等，都是古希腊时期运动概念的阐述。

15、16世纪，人文主义和自然哲学思潮的兴起，运动概念出现了新的诠释。意大利哲学家乔尔丹诺·布鲁诺（Giordano Bruno）认为，"物质"是宇宙的动因。库萨的尼古拉（Nicholas Cusanus）是一位新柏拉图主义者，他认为上帝是万物的本质，也是世界运动变化的原因。

17、18世纪，欧洲哲学发展到了一个崭新的阶段，运动概念的研究更加深入。英国法学、哲学家弗朗西斯·培根（Francis Bacon）继承并发展了德谟克利特的"虚空"概念，在其著作《新工具》中提出原子的运动空间并非绝对纯粹，试举一例："虽无虚空的媒介，物质仍可以在某种限度内伸卷自如。"[1] 英国政治学家托马斯·霍布斯（Thomas Hobbes）将力学中的"静者恒静"、"动者恒动"规律引入哲学，认为运动是机械的位置移动。

库恩就亚里士多德的"四因说"展开论述，他认为"破坏宇宙秩序的猛烈变化当然要归因于动力因，归因于推和拉，但是这种变化并不被认为还能够作进一步说明，因而被置于物理学之外"。库恩表示，从亚里士多德的动力因，到17、18世纪笛卡尔

---

[1] ［英］培根：《新工具》，许宝骙译，北京出版社，2007年，第22页。

和牛顿的数学变形，再到 19 世纪末的机械形式理论，天体物理学的运动可以从声学、电学、光学和热力学中找到答案，物理学逐渐与数学融合，对科学研究产生了巨大的影响。

2. 语篇精粹

语篇精粹 A

Ever since prehistoric antiquity one field of study after another has crossed the divide between what the historian might call its prehistory as a science andits history proper. These transitions to maturity have seldom been so sudden or so unequivocal as my necessarily schematic discussion may have implied. But neither have they been historically gradual, coextensive, that is to say, with the entire development of the fields within which they occurred. Writers on electricity during the first four decades of the eighteenth century possessed far more information about electrical phenomena than had their sixteenth-century predecessors. During the half-century after 1740, few new sorts of electrical phenomena were added to their lists. Nevertheless, in important respects, the electrical writings of Cavendish, Coulomb, and Volta in the last three docades of the eighteenth century seem further removed from those of Gray, Du Fay, and even Franklin than are the writings of these early eighteenth-century electrical discoverers from those of the sixteenth century. Sometime between 1740 and 1780, electricians were for the first time enabled to take the foundations of their field for granted.

From that point they pushed on to more concrete and recondite problems, and increasingly they then reported their results in articles addressed to other electricians rather than in books addressed to the learned world at large. As a group, they achieved what had been gained by astronomers in antiquity and by students of motion in the Middle Ages, of physical optics in the late seventeenth century, and of historical geology in the early nineteenth. They had, that is, achieved a paradigm that proved able to guide the whole group's research. Except with the advantage of hindsight, it is hard to find another criterion that so clearly proclaims a field a science.[①]

译文参考 A

自史前以来，研究领域一个接一个地跨越了历史学家称之为一门科学的前史及其本身的历史之间的分野。这些领域向成熟过度，很少像我在这里不得不纲要似的讨论的所有可能暗含的那么突然或那么明显。但它们的过渡在历史上也不是渐进而共存的，也就是说，不是在诸领域的整个发展过程中实现过渡的。在18 世纪的前 40 年，电学研究者所具有的关于电现象的信息比他们 16 世纪的前辈们要多得多。在 1740 年以后的半个世纪中，他们关于电的知识的清单只增加了很少的几种。不过，在一些重要的方面，18 世纪最后 30 年内，卡文迪什、库伦和伏特的电学著作与格雷、杜费，甚至富兰克林等的著作之间的距离，远远大于18 世纪初这些电学发现者的著作与 16 世纪著作之间的距离。在1740 年到 1780 年这段期间，电学家第一次有可能认为已经奠定

---

① Thomas Kuhn, *The Essential Tension*, Harvard University Press, 1977, p.220.

了他们这个领域的基础。从这点出发，他们把电学问题的研究更具体和更深入，并且日益把他们的研究成果以论文形式向其他电学家报告，而不是以书的形式写给更大范围的知识界阅读。作为一个团体，他们已经达到了古代天文学家们、中世纪研究运动的学者们、17世纪晚期物理学光学的研究者们和19世纪早期历史地质学的学者们那样的水平了。这就是说，他们已经有了一种范式，用以知道整个团体的研究工作。除了事后认识到的这种好处，就很难能找到其他标准以致可以明确地宣告一个领域已经成为科学了。

语篇精粹 B

Finally, the Principia had been designed for application chiefly to problems of celestial mechanics. How to adapt it for terrestrial applications, particularly for those of motion underconstraint, was by no means clear. Terrestrial problems were, in any case, already being attacked with great success by a quite different set of techniques developed originally by Galileo and Huyghens and extended on the Continent during the eighteenth century by the Bernoullis, d. Alembert, and many others. Presumably their techniques and those of the Principia could be shown to be special cases of a more general formulation, but for some time no one saw quite how.①

译文参考 B

最后，《原理》一书的整个构思，主要是用以解决天体力学问题的。怎样使它适用于解决地球上的问题，尤其是怎样适用于

---

① Thomas Kuhn, *The Essential Tension*, Harvard University Press, 1977, p.227.

受限制的运动，还并不清楚。但在当时，地球上的问题已经获得了巨大的突破，发展出了一套相当不同的技巧，这套技巧最初由伽利略和惠更斯发展起来，18世纪，伯努利、达兰贝尔和其他许多人使之在欧洲大陆得到扩展。也许有人能够表明他们的技巧与《原理》中提出的技巧都是一个更普遍公式的一些特例，但有一段时间，没有人能够看出这种假定究竟如何证明。

语篇精粹 C

The agreement obtained was, of course, more than satisfactory to those who obtained it. Excepting for some terrestrial problems, no other theory could do nearly so well. None of those who questioned the validity of Newton's successors. Theoretical techniques were, for example, required for treating the motions of more than two simultaneously attracting bodies and for investigating the stability of perturbed orbits.[1]

译文参考 C

当然，所达到的这种相符程度已经使得做这一工作的科学家们非常满意了。除了某些地球上的问题外，再也没有别的理论能比牛顿理论做的更好了。没有人因为实验与观测的这种有限制的相符而怀疑牛顿理论的有效性。不过，这些相符程度的有限性却为牛顿的后继者们留下了许多迷人的理论问题。例如，为了处理两个以上互相吸引的物体的运动以及探讨受扰动轨道的稳定性，都需要理论技巧。

---

[1]　Thomas Kuhn, *The Essential Tension*, Harvard University Press, 1977, p.224.

（四）怀疑（Doubt）

1. 术语解读

"怀疑"指"存在于大脑中的不确定感觉"。（Doubt in its ordinary sense is an uncertain state of mind）西方哲学中，对怀疑的常用表达有"doubt""suspicious""skeptical"以及"Pyrrhonism"等等。皮浪（Pyrrho）是古希腊时期怀疑主义的创始人，该时期的怀疑主义也称为"皮浪主义"。皮浪主义者认为："世界充满矛盾，我们不能保证自己能够了解事物的本质。"[①] 有关皮浪主义的观点都收录在经验主义者塞克斯都·恩披里克（Sextus Empiricus）的著作中。

现代怀疑论的代表人物有作家蒙田（Montaigne），科学家伽桑狄（Gassendi）以及勒内·笛卡尔（Rene Descartes）和大卫·休谟（David Hume）。笛卡尔在其著作"第一哲学沉思集"中，就怀疑主义展开了深入探讨。笛卡尔的怀疑主义旨在剔除那些存在于人们心灵中的错误的旧见解，重新建立知识的大厦。大卫·休谟也是怀疑主义的拥护者，他的许多著作都透露出怀疑主义的倾向。

库恩表示，新理论的创建需要取得广泛的信任，在其成熟之前，需要不断对其进行怀疑，"这样一种发展方式需要一个判断

---

① Nicholas Bunnin, *Jiyuan Yu. The Blackwell Dictionary of Western Philosophy*, Blackwell Publishing Ltd, 2004, p.644.

过程，容许有理性的人表示反对"①。库恩认为，新理论的标准选择十分重要，"如果接受的标准定得太低，他们就会从一种富有吸引力的总体的观点转移到另一种……如果太高，就不会有一个确信理性准则的人会倾向于尝试新理论"②。新理论的创立必然突破常规，这是科学发展必须承受的压力。库恩的怀疑理论观点新颖，值得精读。

2. 语篇精粹

语篇精粹 A

Some of the differences I have in mind result from the individual's previous experience as a scientist. In what part of the field was he at work when confronted by the need to choose? How long had he worked there; how successful had he been; and how much of his work depended on concepts and techniques challenged by the new theory? Other factors relevant to choice lie outside the sciences. Kepler's early election of Copernicanism was due in part to his immersion in the Neoplatonic and Hermetic movements of his day; German Romanticism predisposed those it affected toward both recognition and acceptance of energy conservation; nineteenth-century British social thought had a similar influence on the availability and acceptability of Darwin's concept of the

---

①②　Thomas Kuhn, *The Structure of Scientific Revolutions*, The University of Chicago Press, 1996, p.332.

struggle for existence. Still other significant differences are functions of personality. Some scientists place more premium than others on originality and are correspondingly more willing to take risks; some scientists prefer comprehensive, unified theories to precise and detailed problem solutions of apparently narrower scope. Different factors like these are described by my critics as subjective and are contrasted with the shared or objective criteria from which I began. Though I shall later doubt that use of terms, let me for the moment accept it.[①]

译文参考 A

　　我所能想到的某些差异，是从个人以前作为一个科学家的经验而来的。当他必须进行选择时，他是在该科学领域的哪一部分工作？他在那里工作了多久？成就如何？有多少工作依赖于那些受到新理论挑战的概念和技巧？影响选择的其他因素则处于科学之外。开普勒最终选择哥白尼主义，部分是由于他卷进了当时新柏拉图运动和赫尔墨斯运动；德国浪漫主义使那些受影响的人最容易承认并接受能量守恒；19 世纪的英国社会思想同样影响人们可以去得到和接受达尔文的生存斗争观念。更重要的差异是个性的作用。有的科学家比其他人更重视创造性，从而更愿意冒险；有的宁要综合统一的理论，而不喜欢显然只是在更狭窄的范围中才更为精确而详细的问题解答。区分这样一些因素，竟然被我的批评者们说成是主观的，与我开始所说共有的客观准则形成了鲜明的对照。后面我还要怀疑这些术语的用法，但这里我姑且接受

---

　　① Thomas Kuhn, *The Essential Tension*, Harvard University Press, 1977, p.325.

这一点。

语篇精粹 B

I have already argued that that position does not fit observations of scientific life and shall now assume that much has been conceded. What is now at issue is a different point: whether or not this invocation of the distinction between contexts of discovery and of justification provides even a plausible and useful idealization. I think it does not and can best make my point by suggesting first a likely source of its apparent cogency. I doubt that my critics have been misled by science pedagogy or what I have elsewhere called textbook science. In science teaching, theories are presented together with exemplary applications, and those applications may be viewed as evidence. But that is not their primary pedagogic function（science students are distressingly willing to receive the word from professors and texts）. Doubtless some of them were part of the evidence at the time actual decisions were being made, but they represent only a fraction of the considerations relevant to the decision process. The context of pedagogy differs almost as much from the context of justification as it does from that of discovery.[①]

译文参考 B

我已经论证过，这种观点不适合科学生活中的观察，我假定这一点已基本得到承认。现在争论的是一种不同的观点：发现的情境同辩护的情境之间的区分，究竟能否提供一种可信而又有用

---

① Thomas Kuhn, *The Essential Tension*, Harvard University Press, 1977, p.327.

的理想呢？我认为不能，最多只能由首先提出这种表面中肯的可能来源而加强我的论点。我怀疑我的批评者被科学教育或我在别处所谓的"教科书科学"引入了歧途。在科学教学中，理论总是同范例应用一起出现，而这些应用可能就被看作是证据。但是那不是它们的主要教育作用（理科学生痛苦地立志接受教授和教科书那里的话）。在进行实际判定时有些应用无疑也是部分证据，但这只能表示考虑到有关判定过程的一些片段。教育的情境之不同于辩护的情境，几乎与它之不同于发现的情境一样。

语篇精粹 C

That point has a corollary which may be more important still. Most newly suggested theories do not survive. Usually the difficulties that evoked them are accounted for by more traditional means. Even when this does not occur, much work, both theoretical and experimental, is ordinarily required before the new theory can display sufficient accuracy and scope to generate widespread conviction. In short, before the group accepts it, a new theory has been tested over time by the research of a number of men, some working within it, others within its traditional rival. Such a mode of development, however, requires a decision process which permits rational men to disagree, and such disagreement would be barred by the shared algorithm which philosophers have generally sought. If it were at hand, all conforming scientists would make the same decision at the same time. With standards for acceptance set too low, they would move from one attractive global viewpoint to another, never giving traditional theory an opportunity to supply equivalent attractions. With standards set higher, no one satisfying the criterion of rationality would be inclined to try out the new theory, to articulate it in ways which showed its fruitfulness or displayed its accuracy and scope. I doubt that science would survive the change. What from one viewpoint may seem the looseness and imperfection of choice criteria conceived as rules may, when the same criteria are seen as values, appear an indispensable means of spreading the risk which the introduction or support of novelty always entails.[①]

译文参考 C

这一论点还有一个可能更为重要的推论。大多数新提出来的理论都未能存活。使它们难以存活的困难，通常都是用更传统的方法来说明。即使没有出现这种情况，在新理论表现出充分的精确性和广泛性取得广泛信任以前，一般也需要进行大量工作，包括理论工作和实验工作。总之，一种新理论为科学家群体接受以前，已通过一段时间内许多人的研究工作而经受了校验，有的是在这个理论的范围内进行研究，有的则在它的传统对手的范围内进行研究。但这样一种发展方式需要一个判定过程，容许有理性的人表示反对，而这种反对意见又会为哲学家一般寻求的共有算法系统所禁止。如果算法系统是现成的，所有遵循这一算法的科学家就会在同一时刻做出同一判定。如果接受的标准定的太低，它们就会从一种富有吸引力的总体的观点转移到另一种，不给传统理论以机会表现同样的吸引力。标准如果太高，就不会有一个

①　Thomas Kuhn, *The Essential Tension*, Harvard University Press, 1977, p.329.

确信理性准则的人会倾向于尝试新理论，用各种方式表现它，显示它的富有成果性，展示其精确性和广泛性。我怀疑科学是否经受得了这种变化。从一个角度看，选择准则作为规则似乎不严格、不完善，但把统一准则看成是价值，则又成了扩大风险所必不可少的手段，如果要引进或支持新颖性，总要承担这种风险。

（五）原因（Cause）

1. 术语解读

原因是指"对其他事物有产生影响和变化的事件"[①]。古希腊时期，最早对原因有所阐述的是哲学家赫拉克利特，他在著作《论自然》（*On Nature*）中使用"朴素辩证法"（Simple Dialectics），提出世界万物都以"对立"（Opposition）为原因："自然也追求对立的东西，它是用对立的东西制造出和谐，而不是用相同的东西；联合相反的东西而造成协调，而不是联合一致的东西。"柏拉图将"理念"（Idealism）作为万物的原因，并且赋予理念以"本原性"（Primitivity）、"超感性"（Supersensory）、"绝对性"（Absolute）、"真实性"（Authenticity）以及"等级性"（Hierarchy）等九大特性。哲学家亚里士多德（Aristotle）在《范畴篇》（Categoria）中提出"实体"（Entity）概念，他认为实体是最根本的实体，能够解释其他范畴。

18世纪，欧洲哲学发展到了一个新的阶段，对"原因"问题的解释也出现了新的特点。洛克将因果联系看作是与广延、大

---

① Nicholas Bunnin, *Jiyuan Yu. The Blackwell Dictionary of Western Philosophy*, Blackwell Publishing Ltd, 2004, p.108.

小、形状等具有同等地位的观念，在其著作《人类理解论》（*An Essay Concerning Human Understanding*）一书中有这样的描述："所有的行动过程都来自于一种力量，实体就在这种力量之中，当人们把这种力量用在行动中，就被叫作原因；如果一些实体是因此种力量制造出来的，就被叫做结果。"①斯宾诺莎推崇"唯物主义一元论"（Materialism Monism），他的哲学体系由"实体"（Substance）、"属性"（Attribute）和"样式"（Modes）三个基本范畴组成，实体是基础。

德国古典哲学对"原因"问题也有所关注。哲学家黑格尔（Hegel）从他的"绝对理念"（Die Absolute Idee）推演出四对范畴，即"现象和本质"（Phenomenon and Essence）、"必然和偶然"（Necessity and Contingency）、"可能性和现实性"（Possibility and Reality）、以及"自由和必然"（Freedom and Necessity），根据这四对范畴，黑格尔指出，"必然的规定在于：它在自身中具有否定性，即偶然"，"偶然的东西就是必然的东西"。

库恩认为，"原因"这一概念最早开始于物理学的元科学领域，实际上是包含心理学和语言学的因素，一旦出现该词，谈话或者文章就进入到一种十分专一的领域。库恩指出，科学研究的难度在于，能够表示原因概念的词汇并非时常出现，学者还必须找出那些没有出现指示词的篇章中有哪些部分也涉及到了原因概念。库恩对于原因的分析见解独到，值得精读。

---

① Nicholas Bunnin, Jiyuan Yu, *The Blackwell Dictionary of Western Philosophy*, Blackwell Publishing Ltd, 2004, p.108.

2. 语篇精粹

语篇精粹 A

If the historian of physics is to succeed in an analysis of the motion of cause, he must, I think, recognize two related respects in which that concept differs from most of those with which he is accustomed to deal. As in other conceptual analyses, he must start from the observed occurrence of words like "cause" and "because" in the conversation and publication of scientists. But these words, unlike those relating to such concepts as position, motion, weight, time, and so on, do not occur regularly in scientific discourse, and when they do, the discourse is of a quite special sort. One is tempted to say, following a remark made for different reasons by M. Grize, that the term "cause" functions primarily in the meta-scientific, not the scientific vocabulary of physicists.[①]

译文参考 A

如果物理学史家要成功地分析原因概念，我认为，他必须认识这个概念不同于大多数他习惯于探索的那些概念的两个相关的方面。如在其他一些概念分析中一样，他必须从在科学家的对话和出版物中观察到的像"原因"和"因为"这些词的出现开始。但是这些词，不像那些与位置、运动、重量、时间等等这类概念

---

① Thomas Kuhn, *The Essential Tension*, Harvard University Press, 1977, p.21.

有关的词那样，并不在科学的谈话中合乎规则地出现，而当它们合乎规则地出现时，谈话就是一种十分专门的类型。人们追随格拉兹先生根据不同的理由所做的评论，倾向于说："原因"这个词最初是在物理学家的元科学词汇中起作用的，而不是在科学词汇中起作用的。

语篇精粹 B

That observation ought not suggest that the concept of cause is less important than more typical technical concepts like position, force, or motion. But it does suggest that the available tools of analysis function somewhat differently in the two cases. In analyzing the notion of cause the historian or philosopher must be far more sensitive than usual to nuances of language and behavior. He must observe not only the occurrences of terms like "cause" but also the special circumstances under which such terms are evoked. Conversely, he must base essential aspects of his analysis on his observation of contexts in which, though a cause has apparently been supplied, no terms occur to indicate which parts of the total communication make reference to causes. Before he is finished, the analyst who proceeds in this way is likely to conclude that, as compared with, say, position, the concept of cause has essential lin–Quistic and group–psychological components.[1]

译文参考 B

上述观察不应当提示，原因是概念没有像位置、力或运动那

[1] Thomas Kuhn, *The Essential Tension*, Harvard University Press, 1977, p.22.

些典型的专门性概念那么重要。但是它确实提示，一些所用的分析工具在两种场合多少是以不同的方式起作用的。在分析原因概念时，历史学家或哲学家对于语言和行为的细微差别必然要比通常敏感得多。他必须观察的，不仅是像"原因"这些词的出现，而且也必须观察引出这些词时所处的特殊环境。反过来说，他必须把它的分析的一些主要方面以他对语境的观察为基础，在这些语境中，显然明显地提供了一个原因，但没有出现一些词来指明整个联系的哪些部分涉及到了原因。这样进行工作的分析家，在他完成分析以前很可能会这样总结：和位置概念相比较，原因概念有一些实质上是语言学的和群体心理学的成分。

语篇精粹 C

That aspect of the analysis of cause notions relates closely to a second one on which M. Piaget has insisted from the beginning of this conference. We must, he has said, consider the concept of cause under two headings, the narrow and the broad. The narrow concept derives, I take it, from the initially egocentric notion of an active agent, one that pushes or pulls, exerts a force or manifests a power. It is very nearly Aristotle's concept of the efficient cause, a notion that first functioned significantly in technical physics during the seventeenth-century analyses of collision problems. The broad conception is, at least at first glance, very different. M. Piaget has described it as the general notion of explanation. To describe the cause or causes of an event is to explain why it occurred. Causes figure in physical explanations, and physical explanations are generally causal.

Recognizing that much, however, is to confront again the intrinsic subjectivity of some of the criteria governing the notion of cause.[①]

译文参考 C

原因概念分析的这一方面与第二方面紧密地关联着，对于这第二个方面皮亚杰先生在这次会议的开始就坚决提出了。他曾说过，我们必须在两个标题下考虑原因概念，即狭义的和广义的。我认为，狭义的概念最初来自一个主动的动因的自我中心观念，一个推或拉的人，发出一个力或显示出一种动力。它非常接近于亚里士多德的动力因概念，这一概念在 17 世纪分析碰撞问题时，首次在技术物理中显著地起了作用。广义的概念，至少乍看起来，是很不同的。皮亚杰先生曾把它描述为一般性的说明概念。描述一个事件的原因或若干原因就是要说明它为什么发生。原因在物理学说明中出现，而物理学说明一般是因果性的。可是充分认识这一点又遇到了支配原因概念的某些准则的固有的主观性。

（六）科学哲学（Philosophy of Science）

1. 术语解读

科学哲学是以科学为分析和研究对象的哲学学科，从哲学认识论和方法论开始研究科学知识。科学哲学重点研究科学发展、科学知识增长、科学理论的变化等一些问题，主要探讨科学知识的本质、获取方法、评价标准、逻辑结构和目的等。科学哲学在 20 世纪的逻辑经验主义那里得到广泛的应用。他们把科学哲学归

---

① Thomas Kuhn, *The Essential Tension*, Harvard University Press, 1977, p.22.

结为，以现代形式逻辑即数理逻辑为方法分析各科学的语言，而把科学的理论、概念和见解理解为可以通过观察或实验用来检验的经验的概念和见解。具体内容包括科学发现问题（科学认识过程的形式、要素和目的）、科学进步问题（理论的发展变化即模式）、科学理论的评价问题、科学的性质以及科学与非科学、伪科学的分界问题、科学理论的结构（逻辑结构和经验内容的关系）问题、科学说明问题、科学理论的目的和功能即科学的实在问题论问题、专门科学中的哲学问题。

科学哲学的产生要追溯到亚里士多德，他将归纳和演绎的分析方法、对科学经验的说明和对科学理论结构、科学知识增长的规律做出的研究理解为科学哲学的起源。其后，以伽利略、F. 培根、笛卡尔、牛顿为代表的哲学家对经典科学进行了哲学探索。他们的研究丰富了科学认识论和方法论的探索，独立的科学哲学初步形成。F. 培根提出科学应以实验为基础，通过渐进的归纳方法获取一般性原理；笛卡尔认为，科学的理论是从先验的一般性原理出发演绎出具体定律的命题的等级体系；而牛顿提倡运用分析 - 综合法和公理法的方法进行研究。J. S. 穆勒和休厄尔对科学的方法论、科学的理论结构及科学发展模式等问题的研究，奠定了独立学科的科学哲学的基础。他们各自强调自己的归纳主义 - 逻辑分析的方法并从科学史实出发立足于对科学哲学的研究，成为现代西方科学哲学的主要流派。一是逻辑经验主义，20世纪 20 年代以马赫、彭加勒为思想先驱借助于当时物理学革命的推动，由罗素和维特根斯坦等人开创、以维也纳学派为中心的逻辑经验主义运动，作为第一个完整的科学哲学体系，标志着现代科学哲学的诞生。逻辑经验主义以证实性原则作为标准来排除形而上学，把科学哲学归纳为以数理逻辑为方法对科学理论结构作为静态的逻辑分析，并致力于逻辑重建。主要代表人物有石里克、卡尔纳普和亨普尔等。二是证伪主义或批判理性主义，20世纪四五十年代，科学哲学在批判和反对逻辑经验主义的过程中得到进一步发展。波普提出批判理性主义原则，反对建立在归纳主义方法论基础上的可证实性原则，以可证伪原则代之，提出以知识增长的动态模式为研究方法，通过对科学的批判使其进步，并致力于追求普遍有效的方法论原则。三则是历史主义，20世纪50年代末60年代初，以汉森、托马斯·库恩和费耶阿本德为代表的历史主义思潮兴起，思考了逻辑经验主义的根本缺点。（具有后现代主义的色彩）历史主义学派的特点在于把科学与科学史相结合，用"历史的再现"取代逻辑经验主义因为它严格区分了发现的范围和辩护的范围，单纯研究科学活动的成果－科学理论，不考虑科学活动的研究方法，但缺点是不符合科学的历史和实际。批判理性主义以可证伪性为分界标准，完全否认归纳的作用，并提倡要不断地进行科学革命，否认科学的传统方法，要把科学试验与实际经验相一致。历史主义的产生极大的冲击了逻辑经验主义，标志着现代科学哲学从逻辑主义逐步走向历史主义。[①]

库恩的科学哲学具有非常浓厚的辩证法色彩，这是受到柯瓦雷的影响。库恩强调范式与科学共同体（英文）两极的"张力"，常规科学与科学革命，科学史与科学哲学，数学传统与实验传统，发散思维与收敛思维等，对这些相互关联又相互区别的概念

---

① 金炳华等编：《哲学大辞典》，上海辞书出版社，2001年，第741~742页。

的分析，显示出库恩的辩证思维方式。库恩的科学哲学思想是对人类优秀文明成果的继承和批判，具有科学史、科学哲学、科学社会学、心理学和辩证法五个方面的传统。这有助于我们更好地理解库恩的科学哲学思想。

2. 语篇精粹

语篇精粹 A

By the same token, when speaking of the philosophy of science, I have in mind neither those portions that shade over into applied logic nor, at least not with much assurance, those parts that are addressed to the implications of particular current theories for such longstanding philosophical problems as causation or space and time.[①]

译文参考 A

同样的，当说到科学哲学，我想既不是融入到应用逻辑的那一部分，至少也不是保证谈论的某种现在流行的理论含义那部分，这种理论是要解决如因果性或时空等长期存在的哲学问题。

语篇精粹 B

Few members of this audience will need to be told that, at least in the United States, the history and the philosophy of science are separate and distinct disciplines.[②]

译文参考 B

几乎没有听众需要知道，至少在美国，科学史和科学哲学是

---

① Thomas Kuhn, *The Essential Tension*, Harvard University Press, 1977, p.12.

② Ibid., p.4.

彼此分开而且属于不同的学科。

语篇精粹 C

To suggest how this could be so，let me first point out a respect in which philosophy of science is almost unique among recognized philosophical specialties：the distance separating it from its subject matter.[①]

译文参考 C

这是如何被启发的呢？让我首先指出这一方面——在已知的各种哲学专业中几乎唯有科学哲学才具有的特点：哲学正在远离它的主题。

（七）现象（Phenomena）

1. 术语解读

人们对事物的认识是由现象到本质的，由所谓初级本质到二级本质深化的无限过程。比如人们从物质客体中逐步发现分子、原子、电子及其他基本粒子，就是对物质结构及其特征性认识的不断深化的标志，表明日益发展的人类科学在认识自然界过程中的一切活动都是暂时的，相对的，不完整的，因为物质世界是不可穷尽的，因此人们对它的认识的深化活动也是无止境的。

将客观存在的物质对象归结为实际的和可能的感觉或者认为认识的对象只能是现象，事物本质是不可知的观点。英国哲学家贝克莱最早提出了主观唯心主义的现象论体系，他同意洛克关于

---

① Thomas Kuhn，*The Essential Tension*，Harvard University Press，1977，p.12.

人的一切观念源自感觉经验的主张，但不同意洛克把现象和客观存在的对象区别开来的观点，认为人并不拥有关于现实世界的直接的感觉知觉，感知的只是人们自己的感觉，从而把村子归结为被感知的存在，也就是"存在即被感知"。休谟的观点接近现象论，他认为人们的观点只能追溯到印象，即人们在听、看、触、爱、憎时所产生的较活跃的知觉；至于是否有现象对象存在的问题，他认为是人完全不能理解的，J S.穆勒把物质视作永恒可能的感觉，一人可以获得的现象来解释世界，把原因看作"不变的和无条件的存在着"，把心解释为感觉系列，把科学限制在现象范围之内，认为知识都是假设，看得见的东西只是人看见的东西而已。康德承认自在之物的存在，但又认为人所认识的只是现象，自在之物的本来面目是不可认知的；作为一切精神现象的最完整的统一体的世界和作为最高统一体的上帝，都不是认识的对象，而是属于信仰的领域。新康德主义哲学家，如德国的柯亨、那托尔卜等否认康德的自在之物的存在。法国的雷诺维叶接受康德的自在之物，但抛弃使用"自在之物"一词，他希望根据现象来建立世界。阿芬那留斯、马赫等经验批判主义者们主张从纯粹经验来构造世界，认为实在是由感觉构成的，并把科学概念看作是感觉经验的总和。

在库恩看来，不同的范式对事物的现象有不同的解释，从认识论的角度看，这是运用自然科学来认识现象的一种主客合一的方法，并用范式的语言、表现出来。范式是人类知识自然的一种途径，无法与人的认知相离，尽管自然界是外在同一的，但不同的科学共同体却可以运用自己的理论发现它。即使对同一种现象也能产生不同的结论。库恩运用语言分析的方法来解释不可通约性时。在论述牛顿力学和爱因斯坦力学中的一些相同的名词，如空间、物质、时间、力等，库恩对他们两个理论中的意义作了详细的区分。他还借助于奎因语言哲学中的语言整体论观点来进一步说明范式的不可通约性。他把科学共同体称为语言共同体，不同的语言共同体之间的交流看作不同语言之间的翻译。这表明库恩越来越注重科学语言，越来越推崇语言分析方法，带有分析哲学的特征。他认为，将科学哲学的问题归结为科学语言的问题，有利于科学哲学的发展。库恩一直保有对科学改革的思想，利用现象去发现范式思想的本质内容。库恩站在历史主义的立场上来审视科学的发展并且他也是以注重运用语言分析方法来进行科学革命的哲学家。

2. 语篇精粹

语篇精粹 A

No part of the aim of normal science is to call forth new sorts of phenomena; indeed those that will not fit the box are often not seen at all.[①]

译文参考 A

常规科学的目的不是去唤起新类型的现象，事实上，那些没有被放进盒子内的现象，常常是完全被视而不见的。

---

① Thomas Kuhn, *The Structure of Scientific Revolutions*, The University of Chicago Press, 1996, p.24.

语篇精粹 B

Furthermore，though it admittedly strains the metaphor，that parallelism holds not only for the major paradigm changes，like those attributable to Copernicus and Lavoisier，but also for the far smaller ones associated with the assimilation of a new sortof phenomenon，like oxygen or X-rays.[①]

译文参考 B

此外，这必将导致对这个隐喻的曲解，即所谓的相似性不仅适用于重大的范式转变，诸如由哥白尼和拉瓦锡的观点所引发的范式转变，而且还适用于那些很小的，诸如氧气或者 X 光线等新现象的出现对人们观念上的影响。

语篇精粹 C

There are，in principle，only three types of phenomena about which a new theory might be developed. The first consists of phenomena already well explained by existing paradigms，and these seldom provide either motive or point of departure for theory construction.[②]

译文参考 C

原则上，只有三类现象可以引发新理论。第一类是已经由那些现存范式恰当地解释的现象，但它们很少为科学家提供构建新理论的动机或出发点。

---

① Thomas Kuhn，*The Structure of Scientific Revolutions*，The University of Chicago Press，1996，p.92.

② Ibid.，p.97.

第六章　费耶阿本德：多元主义方法论
　　的诠释者

The consistency condition which demands
that new hypotheses agree with accepted theories
is unreasonable because it preserves the older
theory, and not the better theory. Hypotheses
contradicting well-confirmed theories give us
evidence that cannot be obtained in any other way.
Proliferation of theories is beneficial for science,
while uniformity impairs its critical power.
Uniformity also endangers the free development
of the individual.[①]

——Paul Feyerabend

　　要求新假设符合公认理论的一致性条件，
这是不合理的，因为它保留了旧理论，而不是

---

① Paul Feyerabend, *Against Method*: *Outline of an Anarchistic Theory of Konwledge*, Verso Edition, 1978, p.24.

更好的理论。假设与证实的理论相矛盾，为我们提供了以任何其他方式不能获得的证据。理论的传播有益于科学，而一致性则削弱了它的批判能力，同时也危及个人的自由发展。

——保罗·费耶阿本德

一、成长历程

（一）生平简介

保罗·K.费耶阿本德（Paul Karl Feyerabend，1924—1994）是当代美国著名科学哲学家，于 1924 年 1 月 24 日出生于维也纳。学生时代的他兴趣广泛，很早便开始博览群书，并且致力于高等数学、物理学和天文学的研究。他终生保持着对音乐的热爱。费耶阿本德的人生历程极为丰富，他曾亲历第二次世界大战这一空前绝后的灾难，并在这一过程中承受着巨大的身心创伤。1938 年希特勒进军维也纳，吞并了整个奥地利，在奥地利建立了纳粹党的独裁统治。像许多被占领国的民众那样，费耶阿本德被征入德军，参加了二次大战东线的多次战斗。虽然他在残酷的东线战场上幸存，但在 1945 年 1 月纳粹德国大溃败阶段的某次作战中，终究未能幸免，被机枪子弹击中脊柱，从此落下了伴随终身的伤痛，不得不借助于止痛药物生活。不过他并未因此一蹶不振，战后的 1945 年，他继续在文化艺术领域进行研究，并从 1946 年开始在维也纳大学（University of Vienna）研读历史与社会学课程，有志于学的他甚至开始深入研究物理、数学和天文。在维也纳期间，借助于这些研究和探索，他成为狂热的实证主义信奉者。从 1948 年开始，费耶阿本德参加了一年一度的阿尔普巴赫论坛，他当时以大学讲师以及研讨班牵头人的身份积极参与。这期间，费耶阿本德结识了卡尔·波普尔（Karl Popper）和贝尔托·布莱希特（Bertolt Brecht），二人对其后来的科学生涯颇有助益。

就在这段时间，费耶阿本德和其他学生共同创立了一个哲学研究小团队。冯·赖特（Von Wright）和路德维希·维特根斯坦（Ludwig Wittgenstein）等著名人士也参与到该小组的活动中。在讨论的过程中，费耶阿本德接触了后期维特根斯坦的手稿，其中的一些甚至还未发表。小组成员对这些手稿进行了认真讨论，并得到了很多理论借鉴。之后的1951年，费耶阿本德顺利地获得了天文学与哲学博士学位。本来费耶阿本德有向维特根斯坦求教的打算。然而遗憾的是，当他成功申请到英国议会奖学金，奔赴剑桥大学就读时，维特根斯坦却去世了。无奈之下，费耶阿本德只得另选波普尔为导师。从1952年开始，他在波普尔的指导下开始研究量子论和维特根斯坦的《哲学研究》手稿。

1953年他返回了维也纳，并在两年之后应邀到英国布里斯托尔大学（University of Bristol）就任哲学讲师。经过一番努力，他为维特根斯坦的《哲学研究》所写的摘要在1959年得以发表。之后，费耶阿本德前往美国，在加州伯克利大学任教，并在后来加入了美国国籍。1965年，费耶阿本德出版了《经验主义问题》（*Problems of Empiricism*），在这本书中，他试图在发现经验主义问题的基础上对其进行修正，以构造"宽容"的经验主义。1969年，《没有经验的科学》（*Science without Empiricism*）标志着他与经验主义的决裂。后来费耶阿本德致力于用托马斯·库恩（Thomas Kuhn）的观点抨击波普尔，并首次提出了"认识论的无政府主义"（Epistemological Anarchism）思想。1975年，费耶阿本德的成名作《反对方法》正式编辑成书。这部著作在后来产生了巨大影响，他由此迈入了学术成果的高产阶段。1978 年《自由社会中的科学》（*Science in a Free Society*）面世，1987 年《告别理性》（*Farewell to Reason*）出版，后者辑录了费耶阿本德创作于 80 年代的一些文章。1990 年 3 月，费耶阿本德正式辞去伯克利的教职，并于次年从苏黎世大学退休。1993 年，费耶阿本德被查出患有难以治愈的重度脑瘤，不得不住进医院。最终在 1994 年 2 月 11 日溘然长逝于苏黎世的家中，结束了 70 年的学术人生。

（二）波普尔、拉卡托斯与费耶阿本德

众所周知，广为人知的批判理性主义最初是由波普尔开创的。波普尔既反对当时占主导地位的经验主义归纳法，也反对逻辑经验主义对归纳法具有或然性的见解。与此相对照，他认为我们应当将假设、演绎等方法作为经验科学的重要方法。对于这种见解，费耶阿本德在其著作中曾评论道："引起这个决定性转变的波普尔认为，我们必须'严格地将客观知识与'我们的知识'相区别'。"[①] 他认为，波普尔的观点承认我们只有通过观察才能发现事实，并且这一过程必须在理论的指导下才能完成。由于理论本身具有可证伪性，因此应当在科学探索中对理论采取批判与怀疑的态度。由此，他认为科学具有可证伪性：科学理论不能被证实，只能被证伪。这就是后来被大量的波普尔支持者奉为圭臬的"证伪主义"。

---

① Paul Feyerabend, *Philosophical Papers*（*Vol.1*）: *Realism, Rationalism & Scientific Method*, Cambridge University Press, 1981, p.50.

进入 50 年代，波普尔的研究重点转向本体论。这一度使他以哲学家自许，但在另一些人看来，其哲学观点存在相当大的争议。与之形成对比的是维也纳学派的工作，通常认为，这一学派倡导的"证实性"理论是与波普尔的思想相对立的。在一些人看来，波普尔更像是莱布尼兹时代的学者，他在自然科学与哲学之间的交叉地带展开工作。因而在当时的单一学科范式之下，我们就不难明白他的证伪主义观点为什么难以获得哲学界的一致认可。

在这些异见者中，费耶阿本德对波普尔的批判是比较有力的。[①] 费耶阿本德认为，对科学的探讨并非是由问题开始的；再者，我们有时在调查研究之后会发现，被提出的所谓"问题"本身即是一种谬误。为科学探索而刻意寻找的"问题"不一定存在于有关的现象与话语当中。因此在费耶阿本德看来，这种批判理性主义对科学探索的真正价值是令人质疑的。他还指出，不能简单地根据个别事实与理论的不一致性，就急于对理论本身进行怀疑。因为"观察事实"本身可能存在谬误，并会暴露在严格的检验当中。费耶阿本德曾意味深长地指出：波普尔的观点被认为是更具技术性的："波普尔及其学生也发展并维护着一种更具技术性的版本。到现在，这种技术性的版本已成为一种难以捉摸的问题。其目的不再是理解并支持科学家的工作，也不是通过对科学实践的比较来对理论进行检验。"[②] 在这里，费耶阿本德认为，由

---

① Paul Feyerabend, *Realism*, *Rationalism and Scientific Method*, Cambridge University Press, 1981, p.308.

② Paul Feyerabend, *Philosophical Papers*（*Vol.*2）: *Problems of Empiricism*, Cambridge University Press, 1981, p.21.

于波普尔科学哲学的动机发生了变化，其对科学实践的作用便越发有限了。

在对科学纲领的认知层面，费耶阿本德与伊姆雷·拉卡托斯（Imre Lakatos）存在着分歧。拉卡托斯于 1949 年留学莫斯科大学，从 1969 年起在伦敦经济学院任教，成为波普尔的学生和同事，并于 1972 年任该学院科学方法、逻辑和哲学系主任以及《不列颠科学哲学杂志》主编，直到 1974 年突然病逝。在波普尔的影响下，拉卡托斯率先在他的数学哲学当中运用证伪理论。[1]这是因为，拉卡托斯认为数学缺乏必然性基础，因此即使是众所公认的"数学公理"的真理性也是很难确证的。拉卡托斯的方法论和波普尔、费耶阿本德等人的学说存在相互借鉴的传承关系。在拉卡托斯的方法论当中，他认为科学发展就是以进步的研究纲领不断取代退化的研究纲领。因而在他看来，研究纲领的进步性是科学的划界因素。但他又认为，一个研究纲领是否真正退化，人们往往只能在很长一段时间后得知。

旅行中的费耶阿本德

①　Gonzalo Munevar ed., *Beyond Reason: Essays on the Philosophy of Paul Feyerabend*, Springer, 1991, p. XI.

费耶阿本德对于拉卡托斯那种所谓的"基本价值判断"观点持严重的批评态度，甚至可以说完全不承认。他指出，从某种程度上来说，使用基本价值判断来检验科学理论的做法至少忽视了科学的两大基本特征：一方面，一定的科学通过学科与理论的分化而形成了许多不同的学派，因此各派科学家的"先验知识"与"基本价值判断"是存在差异的，特别是在范式转换的时期，大量的既有经验、原理和判断都受到挑战甚至被颠覆，因而没有什么所谓的一成不变的"基本方法"。因此，即使是对同一种理论也会出现不尽相同的看法。另一个方面，基本价值判断往往只拿出并不充足的根据和原由，因而可以说，大部分科学家接受基本价值判断只是根据自己的某些信念，而并没有进行真正严谨的检验。总之，在这里运用价值判断常常会带来不合理的结果。

不过，费耶阿本德对拉卡托斯的一些成就也表示认可："拉卡托斯是英美传统下唯一一位将理性主义的问题解读为历史问题的科学哲学家，并试图用历史的方式来解决哥白尼革命后的所有科学事态发展都有一定的共同抽象特征：科学是一种理论传统，即使它包含的抽象已经非常薄弱，也是消逝的。"[①]

（三）反对盲目迷信科学

费耶阿本德常被视为科学哲学界的"异端"，但首先需要澄清的是，他并不是泛泛地批判科学，他批判的只是对科学的盲目迷信。按照费耶阿本德的观点，科学本来是启蒙的力量，却在现

---

① Paul Feyerabend, *Philosophical Papers*（*Vol.2*）: *Problems of Empiricism*, Cambridge University Press, 1981, p.25.

代逐渐成为被信仰的对象。一般认为，科学的普遍性和优越性是使其成为一种信仰的根源。通过对科学进行系统性的批判，费耶阿本德对科学的"前提"进行了深刻的反思，反思的目的是为了超越科学的局限性，促进科学的自我完善。因而在这一前提下解读他的思想就不再显得激进，而是超前、冷静、合乎逻辑的哲学反思了。相比较而言，其他的批判者都是从科学的外部来批判科学本身的，而费耶阿本德则走了一条更困难、更勇敢的路线：从科学内部进行反思和批判。

尽管在批判科学普遍性和优越性的过程中，费耶阿本德对波普尔、拉卡托斯等人的学说进行了批驳，但我们并不能因此就认为费耶阿本德是在否定一切方法和规则。这是因为，尽管费耶阿本德承认库恩对科学发展存在阶段性的论证，但相对"范式论"而言，他做了进一步的深化："了解科学的时期与理解艺术史上的时期相似。存在着一个明显的统一，但不能将其总结为少数简单的规则，引导它的规则必须通过详细的历史研究来发现。"① 他坚持认为，人们只要能够取得科学探索与实践的成功，就可以采用他们探索世界所用的一切方法。由此可以看出，费耶阿本德绝不是极端地把各种行之有效的方法排除在外，因为人类希望揭示的这个世界还几乎是个未知的实体。因此在面对这一任务时，人们需要解放思想，不能受权威主义和教条主义的影响而事先禁锢自己，这就是费耶阿本德竭力推广并坚持的"多元方法论"。费耶阿本德认为，在科学哲学中，逻辑经验（实证）主义的影响根深

---

① Paul Feyerabend, *Philosophical Papers*（*Vol.2*）: *Problems of Empiricism*, Cambridge University Press, 1981, p.24.

蒂固，然而，我们应该看到，这种影响并不全然是正面的。尽管其对科学（以及哲学）认识的发展做出过贡献，但其中仍然存在着教条主义的危险。因此，在明确了这一点后他认为：并不存在一成不变的科学事实与真理，因而术语、概念及其解释，以及话语体系和科学理论范式也应当随着实际情形而发生变化。因此，科学的"公理"和方法也就不可能是永恒不变的。

二、理论内涵

（一）多元主义方法论

费耶阿本德的"多元主义方法论"与占据着科学精神主体的"唯物主义一元论"观点大相径庭。在这一理论中，"反对方法"一词体现了费耶阿本德超越一切先见的叛逆精神。但我们也应该清楚地看到，费耶阿本德在对逻辑经验主义、批判理性主义以及研究纲领方法论进行反思时，并没有完全否定科学传统或理性。

费耶阿本德支持多元比较选择方法。他确信，对特定理论的反驳必须通过理论、观点的对比来发现其中的矛盾或悖论之所在。他认为，只有打破一元方法的壁垒，科学家才能在解决科学问题时更具实效，因此多元主义方法论是必要的，而这不外是因为其能够更好地实现思想之间的比较，而不是与其中的经验进行比较。[①] 这样一来，科学探索得到的知识不再是理想化的理

---

① Paul Karl Feyerabend, *Problems of Empiricism*, Cambridge University Press, 1981, p.67.

论，而是灵活多变的、日益增长的知识海洋。参与知识贡献的每个个体，无论所做的工作如何，都是对人类科学事业值得肯定的贡献。因此，费耶阿本德强调："主要的结论是扩散原则：发明并阐述与被广泛接受的观点不一致的理论，即使后者应该被高度确认和普遍接受。采用这一原则的任何方法将被称为多元化方法论。"①

此外，费耶阿本德还提出了"特设性假说法"（ad hoc hypothesis）的思想。在他看来，之前的科学家不大情愿使用这种反归纳的科学探索手段，这是因为，人们普遍认为新思想通常缺乏有力的依据。然而，鉴于科学探索的突破点在很大程度上是特设性的，如果一味排斥这种特设性，这就等于事先排除了获取新的科学发现的机会。例如，回顾科学史，我们可以看到，正是由于伽利略提出了自然运动理论这种特设性假说，天文学的研究范式才最终突破了亚里士多德理论的局限。②借助这个例子，我们可以清楚地看到，反归纳的特设性假说是切实可行的，因而在科学史上能够被广泛应用和推广，但是在费耶阿本德的时代，大部分科学家对此并不自知。

费耶阿本德认为，"前科学"知识在科学与观念的进展中同样存在无可替代的作用。他总结道："哥白尼学说、原子论、伏都教、中国医学等事例都证明最先进、最保险的理论也是不安全的。它能够被那些已经抛进历史垃圾堆中的无知自负的观念所修

---

① Paul Feyerabend, *Philosophical Papers*（*Vol.*1）: *Realism*，*Rationalism & Scientific Method*，Cambridge University Press，1981，p.50.

② Paul Karl Feyerabend, *Against Methods*，Verso，2010，p.201.

正，甚至完全推翻。这就是今天的知识为何会变成明天的神话，而最可笑的神话为何会最终转变成为最稳固的科学。"① 因此，费耶阿本德认为，当前的优秀理论并不一定完全脱离自现代的学科范式与认识范式，而是早就以种种形式隐含在古老的观念中了。甚至在一定的情况下，还可以通过追溯性的"回复"创造方式来使得古老观念焕发青春。

费耶阿本德在科学哲学领域的重大理论贡献就是引入了所谓的"非理性"方法。他指出，历史上的每一个时代都存在着差异：文化、科技的发展有先后之分，人与社会的心理也存在相当的差异。其中非理性的一面非但不能被排除，还要将其看作推动科学进步的强力要素。因此人们在科学探索中不能仅仅考察科学技术与科学史本身，还要考察当时存在的神话、哲学等世界观层面的要素，唯有如此，我们才能获取更为全面的科学发现。

（二）实用主义

实用主义思想与费耶阿本德的科学哲学观有着不解之缘。不可否认，皮尔士、詹姆士、杜威对实用主义的哲学阐述对社会实践，特别是科学哲学产生了持久且深远的影响。皮尔士认为应当通过实际效果来考察概念的意义；类似地，杜威的"工具主义"则主要是一种实践的、行动的哲学纲领。20 世纪以来的社会实践已经充分表明，"有用就是价值"。在这些实用主义者看来，真理是相对的，因为真理之所以为真理，就在于它的有用性。这就是

---

① Paul Karl Feyerabend, *Against Methods*, Verso, 2010, p.52.

实用主义与之前的本质主义视角的区别之所在。同时，实用主义者尊重社会的多样性，把人类幸福作为追求的目标。在费耶阿本德看来，这些观点都与他的理论具有内在的一致性。按照他的观点，理性对科学而言不一定具有普适性，因此从实用主义的观点来看，不能排除非理性的因素。他在一篇文章中称："所有的观念都必须从相应的视角来看待。不要太认真对待他们。"① 总体上看，实用主义对费耶阿本德的多元主义方法论产生了重要影响。这种影响的具体体现是，费耶阿本德认为，否证的方法由于强调一致性原则，因而是不足取的。而且，即使一种理论或方法被否证了，但因为在否证过程中所用的"事实"本身可能存在谬误，所以这些被否证的理论和方法未必就是错误的，因而如果我们轻易地舍弃它们，那么这就可能会伤害到科学真理本身。凡此种种，费耶阿本德用他的多元方法、独特的认识论路径丰富了实用主义思想的内涵，并通过反对描述世界的一元论，推动了我们对各种认识传统的重新思考。

费耶阿本德认为各种认识传统都是平等的，并在这一学术观点当中加入了反对西方中心主义，支持多元文化共存的内涵。他认为："平等意味着属于不同种族和文化的成员现在有了参与到科学、技术，医学、政治等曾受'白人的狂热'所支配领域的好机会。"② 通过理论探索的逐步深入，费耶阿本德倡导人们不仅仅要看到问题，发现谬误，更重要的是问题的解决。他强调，人的行

---

① Paul Feyerabend, How to Defend Society Against Science, *Radical Philosophy*, Vol.2, No.3, 1975.

② Paul Karl Feyerabend, *Against Methods*, Verso, 2010, p.264.

动是解决问题的途径，所以我们更应该注重现实性与时效性，以便通过改造现实促进人类发展与社会进步。在费耶阿本德那里，上述洞见的缘由很大程度上源于他发现了传统科学主义的局限性。按照他的观点，在摆脱科学霸权的前提下，持有实用主义观点的科学家自然可以从前科学或所谓"非科学"方法中受益，而这与实用主义对科学世界的必然性和规律性的怀疑，以及对知识和真理普遍有效性的重新思考不谋而合。在这些观点下，我们可以看到，尽管证实主义、证伪主义或是其他科学方法对科学家的工作具有借鉴意义，但我们也应该看到，在科学工作中凡是能推动研究进程的方法都是值得采用的。在这一点上，费耶阿本德的科学哲学思想受到了美国后现代主义哲学家罗蒂的认同。与罗蒂主张解构传统西方哲学观念、发扬后哲学文化的思想类似，费耶阿本德的理论旨在解构一切建立在传统科学哲学本体论之上的科学概念。

通过上面的论述，我们可以清楚地看到，费耶阿本德的观点并非是在主张一种相对主义的思想，而在于倡导这样一种原则，即一切科学文化传统都有平等生存的权利，这就是费耶阿本德科学观当中的"民主"原则。他把思想的交流分为"受节制的交流"和"开放的交流"两类，进而基于这种区分主张科学交流的开放性。[①]这意味着在实用主义传统的引领下，费耶阿本德所称的"自由社会"中应当允许一切传统存在，以及自由发展与自由竞争。在这个意义上，他对自由社会的认知便可以概括为：在自

① P. K. 费耶阿本德:《反对方法——无政府主义知识论纲要》，上海译文出版社，1992年，第256页。

由社会中，所有思想传统都享有平等的权利。总之，费耶阿本德通过强调非理性因素与社会文化的多样性，反思了以往认识论立场当中科学与非科学因素的界限，凸现了不同传统的作用，这些都体现了他的后现代科学哲学立场。

（三）怎么都行

"怎么都行"是费耶阿本德科学方法论的一贯主张。他指出："我的意图并非用一种总体规则来替代另一种；而是让读者知道，所有的方法论都具有局限性。"[1] 费耶阿本德否认了当时盛行的逻辑经验主义科学观，特别是"理论依赖于观察""科学问题本质上是语言问题"等主张。在波普尔对逻辑经验主义的批判性观点的基础上，他借助"怎么都行"的主张，加入了自己对唯科学方法论的思考。

费耶阿本德指出，科学家采用的方法论原则是因解决何种具体问题而异的，其原则并不会独立于它们所赖以存在的（和使用的）具体场域而获得一种抽象的存在。当科学家进入新的研究阶段或领域时，会大幅度地修订甚至替换自己的理论和实验仪器。因此，在科学内部，并不存在什么普遍适用的规则或方法。从事科学研究的科学家也并没有什么普遍使用的规则，因为科学家们在科学活动中对方法的获取取决于他们对特殊环境的理解和反应。此外，费耶阿本德还认为，所有理论方法或准则的适用性都是有限的，尽管它们在一定程度上可能为真。

---

[1]　Paul Karl Feyerabend，*Against Methods*，Verso，2010，p.231.

不可否认，在科学领域存在着各种各样的规则：自然法则、物理规则、逻辑规则等等。在费耶阿本德看来，这些规则并没有陈述任何事实，也不会提示科学家如何获取真理。因为没有任何一套单一的程序或准则能够宣称可以构成所有研究的基础，并保证其科学性与可靠性。换言之，任何方案、理论和程序都必须根据其自身的优劣，根据适应于它所应付的那些过程的标准加以判断。费耶阿本德指出，没有哪种科学常规是不容挑战的，无论其在学科发展中的地位如何，产生过什么样的影响。从实质上看，科学的发展其实就是范式的转换。原子论、日心说、光子说、量子论等学说，就是对旧有常规的突破而产生的。这种范式的转换并不是偶然性事件，而是由先前的大量学科积累而造成的，而非某种"偶发事件"或者"错误"所导致的。

现在看来，这种主张"怎么都行"的多元主义方法观实质上也是对科学探索中创造性过程的鼓励与尊重。此外，科学研究过程还具有历史性，伟大的科学家往往是多方法论者，突破性的科学发现往往出现在多个方法的交汇地带。例如，阿基米德发现了浮力现象，牛顿发现了万有引力定律，凯库勒梦见大蛇咬尾而发现了苯环，爱因斯坦开创了相对论等，都是出现在理性与非理性二者的交界处的。这些事例都表明了这样一个事实，即科学方法并非永恒不易，而科学发现也没有普遍规则。在这种情况下，多元主义方法论则更多地体现为对科学创造的肯定。正如费耶阿本德所认为的那样，若科学哲学家总是倾向于以永恒的形式对待知识问题，不顾科学发展的规律，而固守既定的思维模式，那么就只会阻碍科学的发展，毕竟科学是一种"复杂的、多质杂合的历史过程"①。与这种情形相对照，费耶阿本德"怎么都行"的多元主义方法论则有助于让人们认识到传统理性观念和科学方法仅仅是人类认识论方法整体之中的一部分。

以此观之，费耶阿本德的"怎么都行"这一观念对解放人们的思想，反对权威、破除迷信，探索新的方法，促进知识的进步具有一定的积极意义。在费耶阿本德看来，"怎么都行"有利于促进知识的进步和人的自由。传统的科学方法论认为，人们一旦找到一种绝对正确的方法或规则，便可使用它来发现客观知识、规律和真理。然而如果人们找到了自认为"绝对正确"的方法，就通常不会使自身的心态对其他方法保持开放，甚至有可能排斥新方法、新理论或新学说，使科学观变得僵化和教条化，从而影响科学进步。作为改善这种情形的一种努力，费耶阿本德"怎么都行"的多元主义方法论主张人们在科学研究中要根据具体的实践需求，自主选择自己喜爱的、适合解决问题的方法，不管是理性的还是非理性的，只要适合自己的实践需求，都可以为我所用；同时，使用多元的方法、提出多元的理论，从而为对象世界提供多方面的描述，可以为促进知识的增长和进步提供有益的借鉴。

（四）费耶阿本德名言及译文

（1）The following essay is written in the conviction that anarchism, while perhaps not the most attractive political

---

① Paul Karl Feyerabend, *Against Methods*, Verso, 2010, p.106.

philosophy, is certainly excellent medicine for epistemology, and for the philosophy of science.①

本书确信的是，无政府主义可能不是最有吸引力的政治哲学，但它是认识论与科学哲学的灵丹妙药。

（2）This is shown both by an examination of historical episodes and by an abstract analysis of the relation between idea and action. The only principle that does not inhibit progress is：anything goes.②

对历史的考察与理念和行动的关系都表明，唯一不阻碍进步的原则是：怎样都行。

（3）There is no idea, however ancient and absurd, that is not capable of impruving our knowledge. The whole history of thought is absorbed into science and is used for impruving every single theory. Nor is political interference rejeaed. It may be needed to uvercome the chauvinism of science that resists alternatives to the status quo.③

无论多么陈旧、荒谬，每种思想都能改善我们的知识。思想的整个历史被吸收到科学中，而且被用来改进每种理论。政治干预也没有被排斥。需要以之来克服拒绝改变现状的科学沙文主义。

（4）No theory ever agrees with all the facts in its domain, yet it is not always the theory that is to blame. Facts are constituted by older ideologies, and a clash between facts and theories may be proof

---

① Paul Karl Feyerabend, *Against Methods*, Verso, 2010, p.9.
② Ibid., p.14.
③ Ibid., p.33.

of progress. It is also a first step in our attempt to find the principles implicit in familiar observational notions.[①]

没有理论会认同该领域中的所有事实，但理论并不总是要受指责的。事实是由较旧的意识形态构成的，而且事实和理论之间的冲突可能是进步的征兆。这也是寻找常见观测概念当中原则的第一步。

（5）On the other hand, there are some telescopic phenomena which are plainly Copernican. Gaileo introduces these phenomena as independent evidence for Copernicus while the situation is rather that one refuted view–Copernicanism–has a certain similarity to phenomena emerging from another refuted view–the idea that telescopic phenomena are faithful images of the sky.[②]

另一方面，一些用望远镜获取的现象是哥白尼式的。伽利略将这些现象作为哥白尼观点的独立证据，虽然这种状况是：一种被驳倒的观点——哥白尼主义——与产生另一种被驳倒的观点——从望远镜观测的现象是天空的可信景象——相类似。

（6）Galileo s method works in other fields as well. For example, it can be used to eliminate the existing arguments against materialism and to put an end to the philosophical mind/body problem. It does not follow that it should be universally applied.[③]

伽利略的方法在其他领域同样适用。例如，可以用来消灭唯

---

① Paul Karl Feyerabend, *Against Methods*, Verso, 2010, p.39.
② Ibid., p.103.
③ Ibid., p.116.

物唯心之间的现有争论，而且终结哲学的身体／心灵问题。它并不遵循被广泛认同的观点。

（7）Galileo's inquiries formed only a small part of the so-called Copernican Revolution. Adding the remaining elements makes it still more difficult to reconcile the development with familiar principles of theory evaluation.[①]

伽利略的研究形成了所谓"哥白尼革命"的仅仅一小部分。其余要素的增加使其更难与类似理论评估原则的发展相协调。

（8）Yet it is possible to evaluate standards of rationality and to improve them. The principles of improvement are neither above tradition nor beyond change and it is impossible to nail them down.[②]

尽管能够评估理性的标准并加以改进，改进的原则既没有超越传统，也没有超过变化，而且不能将它们固定住。

（9）Science is neither a single tradition, nor the best tradition there is, except for people who have become accustomed to its presence, its benefits and its disadvantages. In a democracy it should be separated from the state just as churches are now separated from the state.[③]

科学既不是单一的传统，也不是最好的传统，除了对于那些习惯于它们的存在和所带来的好处与缺点的人而言。在民主社会中，这应当与国家相分离，正如教会与国家相分离那样。

---

① Paul Karl Feyerabend, *Against Methods*, Verso, 2010, p.135.
② Ibid., p.230.
③ Ibid., p.238.

（10）This is what makes intercultural understanding and scientific change possible: potentially every culture is all cultures. We can of course imagine a world where cultures are well defined and strictly separated and where scientific terms have finally been nailed down. In such a world only miracles or revelation could reform our cosmology.[①]

这使得跨文化理解和科学变革成为可能：潜在的每一种文化都是文化。我们当然可以想象一个世界，那里的文化被很好地加以定义，被严格地加以区分，科学术语终于被确定下来。在这样的世界里，只有奇迹或启示才能革新我们的宇宙观。

三、主要影响

（一）促进思想解放

首先，费耶阿本德的多元主义方法论思想对潜科学和前科学的包容值得我们借鉴。为了清楚地理解这一点，我们在这里首先要辨明科学、潜科学与伪科学之间的区别。第一个步骤是在科学与非科学之间划界。从证伪和证实两个角度来看，如果不能将理论所包含的任何陈述与经验证据相比较，那么这种理论就是不可证伪也不可证实的，无论是从证伪的观点还是从证实的观点来看，这样的理论都不能被称之为"科学的"，而只能是"非科学"的。正如拉卡托斯所言，说某一东西是伪科学是指它本来是非科

---

① Paul Karl Feyerabend, *Against Methods*, Verso, 2010, p.272.

学，却试图利用人们的无知，僭称自己是科学。正如邪教、气功、算命、看相这样的不可证实，也不可证伪的所谓"理论"和实践，自然都不能被称为是"科学"的。

其次，费耶阿本德在科学理论场域中引入了竞争机制，从而冲破了单一范式造成的科学霸权主义。他指出，科学受到偏爱不一定是方法或成果的优越性所导致的，而是在一定程度上受惠于威权，只有科学与威权分离后，我们才能有效克服科学中的沙文主义。费耶阿本德对科学（在现代文化中）霸权地位的批判进一步与科学家联系在一起。在他看来，在科技理性高度发达的当代社会，科学技术的文化霸权地位日益凸显，科技专家对话语的垄断已经暴露出了一些严重的问题，例如排挤大众权利和其他文化的问题，这自然需要受到批判。费耶阿本德自知，他并没有超脱于这种霸权的中心之外，他本身是也一位"专家"，但与众不同的是，他敢于批判、剖析自己所属的群体，这无疑说明了他的勇敢。当然，我们说费耶阿本德批判的对象是发达国家，但这并不意味着他的思想对我们发展中国家而言毫无意义，它的预警作用还是十分明显的，他所批判的某些现象在发展中国家也已经出现，并造成了不良的影响。因此，我国在发展科学技术的过程中，也应该不断警醒我们的科研人员，以避免科学霸权主义的出现。

再次，从科学社会学的角度来看，费耶阿本德的多元主义思想对科学民主、科学精神、科学体制均有促进作用。他强调，要允许科学发展走弯路，努力排除科学发展中的其他干扰，体现价值中立。费耶阿本德指出，不同背景，不同流派的专家，会对同样的问题得出不同的结果，而且不可能是完全正确的。常言道，有多少科学家就会有多少见解，因而纵使科学家在某些领域达成了共识，即形成"公认"的公理或定理，在科学的社会语境下，这种"意见一致"也要被看做是利益的一致。换言之，纵使有人掌握了事情的真相，也仍然有可能会受到共同体的反对和压制。回顾科学发展的历史，我们常常会看到，来自旧范式的强大压力，会阻碍探索者的脚步，延误科学突破的进展。更为糟糕的是，这种"一言堂"的局面，还表明了社会批判意识的降低。费耶阿本德由此得出结论：科学不具有天生的优越性，因为科学及其方法是有限的。对此，他曾用"无知"一词来表达这种有限性，而他写作《自由社会中的科学》一书的目的不外是想让更多的公众知道某些"内行"惊人的无知。费耶阿本德对"专家"的批判表明，在科学探索领域应当实行"先理解而后判断"的原则。因此，专家话语的霸权地位是不应当受到积极拥戴的，而"专家"本身的社会地位也不能因其垄断地位而高高在上。

最后，费耶阿本德的自由社会思想还体现了后现代主义对人类中心主义的消解。在后现代情境下，人与人、人与自然均处在一种联系的状态，存在于一定的关系之中。换言之，人是关系的存在，永远处于与他人联系的链条之中。有鉴于此，在人与人的关系中，后现代价值观主张抛弃极端的个人主义，倡导互主体性，以对话沟通而非武力作为应对突发问题的方式；费耶阿本德强调，在人与自然的关系上，行为者需要在与自然的互动中承认其内在价值，追求绿色、环境友好型的生活与生产方式，谋求人与自然的共生、共荣，并且以此为基础，通过善待自然来努力改善人类的生存境遇，克服资本主义下人的异化、精神迷失和片面发展的状态，从而促进人与自然的和谐发展。总体而言，当代多元的社会思想强调人、社会和自然的可持续发展。如果说传统的发展观将经济增长和经济成效置于首要的地位，认为发展的意义就在于社会和个人福利的增进，增加财富是提高人民幸福水平的最有效手段，那么费耶阿本德所倡导的后现代价值观则把环境保护、文化问题置于优先地位。后现代价值观认为，判断一个发展过程是否是善的，不能依赖单一的经济指标，要看这个发展过程能否保持良好的生态环境，会不会对后代的发展构成不利的影响。

（二）促进多元价值观的形成

人类社会的发展是一个不断从低级向高级发展演变的历史过程。建立平等、互助、协调的和谐社会，一直是人类的美好理想与追求。从现实着眼，建立在多元价值观基础上的多元文化乃至经济、社会格局是当今世界发展的必然。但不可否认的是，多元文化之间的冲突也构成了当今世界和平发展的障碍，而这种冲突又集中表现为价值观的冲突。在全球化时代，价值多元化更加凸显。如何从"多元"中求"和谐"，尊重价值观的多元化，是人类面临的一个共同挑战。这也是多元主义价值观的限度所在。在任何一种社会形态及其发展阶段中，人的需求、社会意识形态、制度体制、经济组织方式都不尽相同，由此导致价值观也各不相同。不仅如此，价值观随着社会的发展也日趋多元化，因为社会和人的发展导致人的需求的发展，进而与客观对象建立起更加多样的价值关系。同时，人不断意识到自己生命和生活的独特意义，注重自己的自由选择权利，相对于先前的和谐与秩序，主体之间的价值追求也就会呈现出多样化的态势。

因为费耶阿本德反对的并不是科学，而是以科学之名义来扼杀人的能动性的西方意识形态。不过，我们也应该看到，费耶阿本德对科学哲学以及人类文化的许多领域的探索，也具有非理性主义和无政府主义的特征。主要原因是他抹煞了科学的常态和革命、动态和静态以及发现和证明这些具有重要方法论意义的区别，夸大了非理性因素的作用。他的多元主义方法论的片面性或者说错误主要在于把科学发现归结为纯粹非理性过程以及取消证明方法论，从而撤除了科学的两大支柱——逻辑和经验。

值得肯定的是，他的多元主义方法论思想也包含着相当的积极意义。这一方法论思想对潜科学和前科学持包容态度。从科学动力学角度来说，他的思想对于保护各种观点和学派有好处。因为他强调，从引入竞争机制开始，就要冲破库恩的范式造成的科学霸权主义。从科学社会学角度来说，他的思想对科学民主、科学精神、科学体制有促进作用。费耶阿本德还指出，科学哲学史上的流派各执一端，因而我们应从总体上来考察各个流派，这种总体的视角从认识论角度来说无疑是一种很大的进步。此外，为了更加深入地理解他的思想，我们还要清楚地认识到，费耶阿本德批判的是科学方法、人们的意识，而不是反对科学，他追求的是科学研究中的独立精神、自由思想，这具有一定的积极意义。如果说文艺复兴运动是促进科学发展的外在因素，那么费耶阿本德的思想就是在科学内部鼓励科学的发展。他正确地指出，科学理性的理想蕴涵在科学活动的社会实践之中，科学具有内在的"双刃剑"效应，科学与人文有着既对立又统一的辩证关系。因而反对唯科学主义是正确的，但也应当尊重科学精神，因为科学解放实际上是人的解放。这一点在马克思的《1844 年经济学和哲学手稿》中已经得到论述，鉴于"科学技术是第一生产力"，对科学的探索毋庸置疑是人类最终实现共产主义的主要力量之一。

费耶阿本德把多元主义方法论原则加以推广并应用到对科学、教育和社会的分析中去，形成了他的"自由解放"思想。费耶阿本德的多元主义在方法论上体现了后现代主义的特征，影响了后现代主义的思想发展，进而从价值观角度影响了人们对科学、文化、社会思想的认识。然而如何从"多元"中求"和谐"，尊重价值观的多元化，仍然是人们需要继续思考的问题。因而在费耶阿本德看来，主张多元、平等的后现代科学观是有现实意义的。因为他深信，每一种科学观在各自的历史情境当中都具有自身的价值。

四、启示

费耶阿本德把多元主义方法论原则推广和应用到对科学、教育和社会的分析中去，形成了他的"自由社会"思想。从这里开始，费耶阿本德从批判科学方法论转向对科学本身的批判，矛头直指处于社会中心地位的科学。在他的《反对方法》一书的最后一章中，自由社会思想已初见端倪："科学惹人注目、哗众取宠而又冒失无礼，只有那些已经决定支持某一种意识形态的人，或者那些已接收了科学但从未审查过科学的优越性和界限的人，才会认为科学天生就是优越的"①。总的来说，费耶阿本德的自由社会思想集中体现在他的《自由社会中的科学》一书中，主要包括以下几个方面的内容：

（一）科学在社会进步中的作用

在当前社会中，思想观念多样性和复杂性的事实是不容忽略的。一些观点主张科学方法的优越性，认为科学方法在获得科学成果上产生了绝大部分的作用，而人文领域则对科学成果的贡献较小，更不用说前科学、潜科学了。然而费耶阿本德认为，没有什么能够证明科学独一无二的优越性，也没有什么能够证明科学论证的绝对可靠性。在 20 世纪理性主义的浪潮中，能够坚持这样的观点是难能可贵的。从今天来看，费耶阿本德的思想是富有洞见的，特别有助于我们对现代性与后现代性的反思。

在费耶阿本德看来，自然科学和社会科学的共性在于都会或多或少地跟随某种传统，因此我们的科学视阈总会或多或少地受到这种传统的影响。这与早期历史主义科学哲学学派的观点类似。在他看来，作为工具的科学也有可能出错，因此其充当"仲裁人"角色的可信度不能不受到质疑。费耶阿本德认为，在一个开放社会中，各传统应当自由发展、自由竞争，而认为某一种传统占有垄断地位则是一种武断的、不可取的行为。在这个意义上，多元主义方法论在解放思想，反对权威、破除迷信、开拓方

---

①　Paul Karl Feyerabend，*Against Methods*，Verso，2010，p.33.

法论和新视野并促进知识进步和人类幸福的过程中，的确具有不可忽视的积极作用。

在费耶阿本德看来，非理性不等于荒诞，这就如宗教不等同于迷信一样。社会实践已经向我们表明，"怎么都行"的开放包容态度确实有利于促进知识的进步和人的自由。但要注意的是，这绝不表明任何荒诞的思想都有必要受到认可。例如永动机等毫无根据的奇谈怪论，以及"水变油"等明显的伪科学骗局，是没有必要扩散的。

在科学哲学领域，如何在"科学"与"非科学"间划定一条界线始终是一个重要的论题。各种学派都试图设计出用以衡量理论真理性与科学性的标准，这项工作从科学刚刚诞生以来就开始了，在经验科学的发展史上，证实、证伪主义等理论都曾经是这样的"尺子"。但是由于不同学术派别间的观念不同，世界观与方法论也就不可避免地会存在差异，这些都会导致他们对科学概念给出不同的定义。从马克思主义哲学的观点看，科学研究是人们实事求是地认识客观世界的实践活动，是人们认识自然的思想武器和通过实践活动改造自然的手段。例如对我国来说，在20世纪70年代末有关"真理标准大讨论"之后，困扰着科学事业的旧观念、旧规律被打破，人们的思想爆发出了空前的创造力，新思想、新理论、新方法层出不穷，科学迎来了发展的新阶段。马克思主义思想大大地解放了人们的思想，推动了我国科学事业的前行。

（二）倡导民主监督科学

费耶阿本德对"民主监督科学"这一论题进行了深入的讨论。他说："科学可能影响社会，但只能处在任何政治或其他压力团体被允许影响社会的程度上。有关重大项目可以咨询科学家，但最终的判决必须由民主选举产生的咨询机构。"[①] 费耶阿本德认为，我们应该对科学的社会作用加以限制，并进行反思。他指出，对科学家的成果盲目认同而不作进一步考察是愚蠢且不负责任的。对"专家"观点的判定必须通过艰苦研究。在这个过程中，科学评价者必须仔细钻研科学家的论断与成果。例如，从科学史上我们可以了解到，对进化论进行考察时最初遇到了神创论的阻力，后来通过收集经验材料，在不断发展的知识积累下才最终驳倒了神创论的攻击。通过这个例子我们可以清楚地看到，在所有情况下，评判的权力不是专家独有的，而是来自公众对科学的民主监督。在当前知识获取与信息收集日渐便捷的情况下，公众更容易获得必要的知识来检验专家的说辞，并且发现他们是否存在谬误。在自由社会中，知识分子没有特殊的、高人一等的话语权；单凭"专家意见"无法解决问题，因为在大多数情况下，难题必须通过所有相关人员的协作才能最终得到化解。在费耶阿本德所指的这种社会中，传统意义上的科学家和知识权威不再享有任何特权，"专家"的意见也就不再是万能的，而这样便可以很好地监督、制约科学成果滥用的问题。

---

① Paul Feyerabend, How to Defend Society Against Science, *Radical Philosophy*, Vol.2, No.3, 1975, p.57.

在现代社会中，费耶阿本德的多元文化主义理论已经获得了比较广泛的认同。这一趋势的发展与后现代主义理论的广泛传播有着密切的关系。如果没有后现代主义思潮，多元文化主义可能还缺乏哲学层面上强有力的论证，以及更为深刻的思想资源。这一思潮强调文化平等并（在文化属性与民族属性层面上）表现出对西方传统科学评价标准的挑战姿态，以及对传统"西方中心主义"的消解。因此，可以说费耶阿本德哲学思想所体现的多元文化主义与后现代思想中的核心精神是一致的，即它们都强调自由、平等的正义观并倡导用民主来监督科学，而非依凭话语霸权。

（三）批判科学沙文主义

费耶阿本德曾说："无论多么古老和荒谬，每一种思想都能够提升我们的知识。思想的整个历史都被吸收到科学中，被用来改进每一种理论。也许需要克服抵制对现状的科学的沙文主义。"[①] 在这里，费耶阿本德所谓的"沙文主义"主要指的是这样一种现象，即某些科学共同体掌控着科学话语及其解释权，并通过对其他不同观念的驳斥，来提升自身权威性。这种科学沙文主义除了用极富专业性的话语来压倒与之竞争的其他科学文化传统之外，还拒绝公众对其科学观点的质疑和监督。从科学伦理的角度来看，现代科学的理论与实践客观上占用着大量社会资源。

然而，在费耶阿本德看来，科学不能凌驾于社会和公众利益

---

① Paul Karl Feyerabend，*Against Methods*，Verso，2010，p.33.

之上。他曾一针见血地指出，科学话语霸权所自称的"优越性"不一定来自严谨的研究和论证，而是部分地受到政治、制度，甚至军事需求的影响。近现代以来，科学知识凭借社会和政治威权的推动而成为权威。极端的理性主义和科学主义用一整套固定的、呆板的意识形态来限制并窒息了本应丰富多彩、富有生机的社会生活，把人变成了缺乏魅力与幽默感的机械性存在。令人担忧的是，现如今极端科学主义还在继续扩张，对其他思想意识欠缺包容，力图把自以为是的科学方法、科学规则推广到科学领域之外，使之普遍化，以支配整个社会。由此可见，科学沙文主义使得科学理性变成了教条主义。有鉴于此，费耶阿本德认为，克服科学沙文主义的举措不仅应使科学与政治分开，还要进一步把科学与教育分开。就此而言，他认为我们必须克服（垄断科学话语权的某种）教育体系对其他传统的遏制："我们必须按照自由社会的基本规定的要求，让所有传统一起自由地发展"①。在他看来，陈旧的教育手段以分数为唯一的评判法则，并且利用对失败的恐惧来塑造年轻人的头脑，直到他们丧失掉所有的激情与想象力。正如费耶阿本德所言："有许多种整理我们周围世界的方式；一套标准的可恶约束可能因自由接受另一种标准而被打破；不必拒斥一切秩序，让自己蜕变为嘀嘀咕咕的意识流。如果一个社会立足于一套完全确定的、严格的法则，以致做一个人就等同于服从这些法则，那么它就迫使持异议者进入一片根本没有法则的无人地

---

① ［美］费耶阿本德：《自由社会中的科学》，兰征译，上海译文出版社，1990年，第22页。

带，从而使他丧失理性和人性。"①

五、术语解读与语篇精粹

（一）归原，归谬（Reductio）

1. 术语解读

"归谬"这一概念主要指，在论证和非形式逻辑中，通过扩大对手论点的逻辑荒谬性以反驳对方主张的观点的方法。它有时也被称为反证法，后者也可以指"相反的是真实的东西"，即所谓的间接证明。在古希腊时期，柏拉图《理想国》讲述了苏格拉底是如何试图引导他的听众对正义的信念和民主得出逻辑结论的，其中的逻辑论证过程便是通过反证法而完成的。在科学哲学中，归谬和反证都是逻辑推理和论证的重要方法。在费耶阿本德的观念中，归谬法的运用可以让我们很容易看到理论的不可通约性是如何呈现的。

2. 语篇精粹

语篇精粹 A

If an argument uses a premise, it does not follow that the author accepts the premise, claims to have reasons for it, regards it as plausible. He may deny the premise but still use it because

---

① ［美］费耶阿本德：《反对方法——无政府主义知识论纲要》，上海译文出版社，1992 年，第 259 页。

his opponent accepts it and, accepting it, can be led in a desired direction. If the premise is used to argue for a rule, or a fact, or a principle violently opposed by those holding it, then we speak of a reduction ad absurdum (in the wider sense).[①]

译文参考 A

如果一个论证运用了预述，它不会如作者所认同的那种预述，声称其具备理由，将其认为是可信的，而且加以认同，能够被引导到一个所期望的方向。如果一个预述是用来论述一个规则或事实、原则，受到支持者的强烈反对，那么可以在广义上称我们说的是一种归谬法。

语篇精粹 B

In order to show that.all ravens are black. is upheld by questionable means, it is sufficient to produce one white raven...one may safely ignore the many black ravens which no doubt also exist.[②]

译文参考 B

为了表示"所有的乌鸦是黑的"的陈述是应该受到质疑的，那么制造一只白色的乌鸦足以证明这一点……人们可以放心地忽略，有些乌鸦是黑色的。

语篇精粹 C

Philosophers are not always so fortunate as Feyerabend appears to be, in the respect of finding a systematic vindication of their ideas

① G. Radnitzky and G. Andersson eds., *Boston Studies in the Philosophy of Science*, Springer, 1978, p.156.

② Paul Karl Feyerabend, *Against Methods*, Verso, 2010, p.112.

through an intertheoretic reduction by a later and more penetrating theoretical framework. One must be intrigued by the convergence of principle here, and one must be impressed by the insight that motivated Feyerabend's original articulation and defense of the five theses listed. It seems likely that each one of these important theses will live on, and grow, now in a neurocomputational guise.[①]

译文参考 C

哲学家并不总是如费耶阿本德那样幸运，他通过一个后来的更加深入的理论框架简化了不同的理论，从而系统化地证明了他的观点。哲学家们必须对这里提到的总体原则产生兴趣，并且必须对费耶拉本德最初阐明的观点以及捍卫五篇论文时表现出的洞察力所折服。实际上，这些重要论文当中的每一篇所表达的观点都有可能继续流传下去，并在科学哲学的范畴里得到不断地发展。

（二）反对方法（Against Methods）

1. 术语解读

"反对方法"（即方法论的无政府主义）是费耶阿本德的重要观点之一，也是他时常为人称道的理论观点。20 世纪以来，科学主义在欧洲思想界的地位日益提升，科学技术解决实际问题的广阔前景和优越能力使得公众对科学崇敬备至，不过同时也使得非科学的观点受到排斥，进而导致人文精神出现了危机。而这又进

① G. Radnitzky and G. Andersson eds., *Boston Studies in the Philosophy of Science*, Springer, 1978, p.22.

一步导致了科学与人文之间的"傲慢与偏见"，以及工具理性的泛滥。费耶阿本德认为，科学的垄断地位必须被打破，尽管科学研究是科学家的事情，但是对科学理论与成果的评判权力应当被赋予社会公众。此外，公共工程的决策权也应当被归于公众，科学家仅负有建议之责。由此，他对科学是否具有最大的优越性进行了深刻的反思，并与其自由社会思想观念加以结合，最终形成了"反对方法"等一系列概念和思想。从总体上看，这些思想和概念都有利于对当前社会"技术理性"的泛滥进行反思。

2. 语篇精粹

语篇精粹 A

The preceding defense of the proliferation of methodologies does not justify exactly the position that Feyerabend outlined in Against Method. He is there reacting to the shortcomings of an old tradition in methodological research，rather than anticipating the possible virtues of a new tradition. But that is all right. The bottom line is that proliferating methodologies is a still a very good idea，and for reasons beyond those urged by Feyerabend.[①]

译文参考 A

对方法论传播不断增长的辩护，并未恰当地如费耶阿本德在《反对方法》中所提到的那种立场那样。他在方法论研究的一个旧传统的缺点，而不是预测可能的美德、一个新的传统。但这一

---

① G. Radnitzky and G. Andersson eds.，*Boston Studies in the Philosophy of Science*，Springer，1978，p.22.

切都是正确的。最重要的是，传播着的方法论仍然是一个很好的想法，并由此超越那些费耶阿本德所称的原因。

语篇精粹 B

I often told the students to go home—the official notes would contain everything they needed. As a result an audience of 300，500，even 1，200 shrank to 50 or 30. I wasn't happy about that；I would have preferred a larger audience，and yet I repeated my advice until the administration intervened. Why did I do it?Was it because I disliked the ecamination system，which blurred the line between thought and routine?Was it because I despised the idea that knowledge was a skill that had to be acquired and stabilized by rigorous training？ Or was it because i didn't think much of my own performance？ All these factors may have played a role.[①]

译文参考 B

我们经常告诉学生们可以回家——书里正式的注解会包含他们所需要的一切。结果原本300人或者500人，甚至1200人的听众减少到了50人或30人。我对此并不满意，我希望有更多的观众，但我重复了我的建议，直到行政管理部门不得不介入。我为什么要这么做呢？难道是因为我不喜欢考试制度，它模糊了思维和常规之间的界限吗？难道是因为我鄙视知识是一种必须通过严格的训练才能获得的牢固技能吗？还是因为我不太重视自己的教学呢？所有这些因素可能都起了一定的作用。

---

① Paul karl Feyerabend, *Against Methods*, Verso，2010，p.122.

语篇精粹 C

One of my motives for writing *Against Method* was to free people from the tyranny of philosophicalobfuscators and abstract concepts such as "truth", "reality", or "objectiveity", which narrow people's vision and ways of being in the world. Formulating what I thought were my own attitude and convictions, I ended up by introducing concepts of similar rigidity, such as "democracy", "tradition", or "relative truth". Now that I am aware of it, I wonder how it happened. The urge to explain one's own ideas, not simply, not in a story, but by means of a "systematic account", is powerful indeed.[①]

译文参考 C

我写《反对方法》这本书的动机之一是想使人们摆脱哲学当中一些模糊的和抽象的概念的束缚，如"真理""现实"或"客观"，因为这些概念限制了人们在世界上的视野和存在方式。我提出了我自己的态度和信念，最后引入了类似的有些呆板的概念，如"民主""传统"或"相对真理"。既然我已经意识到了这一点，我想知道这是如何发生的。想要清楚地解释自己的想法并不容易，并不是简单地讲故事而已，而是要通过一个"系统性的叙述"。这样的叙述确实很有力。

---

① Paul Karl Feyerabend, *Against Methods*, Verso, 2010, pp.179–180.

（三）多元主义（Pluralism）

1. 术语解读

费耶阿本德"多元主义"的方法论，无政府主义并非意在否定科学本身，或让人们回到"前科学"时代，而是旨在反对独断的、一元的和僵化的科学教条。由此，费耶阿本德对理性主义一元方法论进行了批判。从理论检验的角度来看，费耶阿本德的多元检验体现了方法的创新，特别是对存在不可通约性的诸多理论来说，单一的实验方法并不总是可取的。要对研究成果进行检验，就要回归到研究过程本身当中，让效用来评判研究。他还认为，归谬法与理论证伪的运用，意味着多元的理论证明途径都是可行的。

2. 语篇精粹

语篇精粹 A

Pluralism of theories and metaphysical views is not only important for methodology, it is also an essential part of a humanitarian outlook. Progressive educators have always tried to develop the individuality of their pupils and to bring to fruition the particular, and sometimes quite unique, talents and beliefs of a child. Such an education, however, has very often seemed to be a futile exercise in daydreaming. For is it not necessary to prepare the young for life as it actually is? Does this not mean that they must learn one particular set of views to the exclusion of everything else? And, if a trace of their imagination is still to remain, will it not find its proper application in the arts or in a thin domain of dreams that has but little to do with the world we live in? Will this procedure not finally lead to a split between a hated reality and welcome fantasies, science and the arts, careful description and unrestrained self-expression? The argument for proliferation shows that this need not happen. It is possible to retain what one might call the freedom of artistic creation and to use it to the full, not just as a road of escape but as a necessary means for discovering and perhaps even changing the features of the world we live in.[①]

译文参考 A

理论和形而上学观点的多元化不仅是方法论的重要内容，也是人道主义观的重要组成部分。进步的教育者一直试图发展自己的学生的个性，并使其取得成果，并时而培养出独特的、有才能和信念的孩子。然而，这样的教育似乎常常是白日做梦的徒劳。因为真的有必要像这样去规划年轻人的一生吗？这难道不意味着他们必须要学习一整套特定的观念而忽略了其他的一切吗？而且，如果他们的头脑当中尚留有一丝想象力的话，难道这一点儿想象力不能够在艺术或者与现实世界无关的梦想中的某个细微的领域当中发挥作用吗？这样的规划难道不会最终导致厌恶的现实与愉悦的梦境、科学与艺术、严谨的描述与自由奔放的自我表达之间的分裂吗？对这一观点的越来越多的

---

① Paul Karl Feyerabend, *Against Methods*, Verso, 2010, p.38.

争论表明这种情况不应发生。保留人们所说的艺术创作的自由度并加以充分发挥是有可能实现的。这不是一种逃避之路，而是在我们所居住的世界当中发现，甚至是改变它的某些特色的一个必要的途径。

语篇精粹 B

The point of these remarks should now be clear. Feyerabend's defense of his own pluralism and anarchism is to a large extent based on the claim that the Popperian answer is in fact personally and socially destructive.[①]

译文参考 B

这些言论现在应该是明确的。费耶阿本德对自己多元主义的和无政府主义观点的辩解在很大程度上是基于这样的观点：波普尔的答案实际上无论是对个人还是对社会都具有毁灭性。

语篇精粹 C

The early Feyerabend was famous for his espousal of a methodology. This call for a pluralistic methodology can be derived uncontroversially from Popper's notions of basic statements, potential falsifiers, and empirical content; all of which are indelibly linked to the central notion of falsifiability. However, even though pluralism follows from Popper's philosophy, no one emphasised the value of pluralism as much as Feyerabend. Thus, Feyerabend exhorted scientists to work with sets of incompatible general theories, so as

---

① Gonzalo Muneva ed., *Beyond Reason: Essays on the Philosophy of Paul Feyerabend*, Springer, 1975, p.114.

to maximise criticism, falsification, and progress: to produce the best science. Moreover, Feyerabend contended that some potential falsifiers of any one theory could only be found with the help of incompatible alternative. At this stage in his philosophy, Feyerabend saw pluralism as an essential ingredient of criticism, to the extent that he contended that "variety of opinion is a methodological necessity for the sciences and, a fortiori, for philosophy".[①]

译文参考 C

　　早期他以对多元论的支持而出名。这一观点倡导一种多元的方法论。这种方法论很显然源于波普尔的基本观点，潜在的可证伪性和经验主义的内容；所有这些内容都显然与可证伪性这个重要的观念有联系。然而，尽管多元主义是从波普尔的哲学发展而来，但是没有人比费耶阿本德更加重视多元主义的价值。因此，费耶阿本德劝告科学家们应该致力于研究各种不相容的总体理论以便最大限度地进行反思，证伪，并最终取得最大的进步——创造出最完善的科学。此外，费耶阿本德认为任何一种理论的一些潜在的谬误只能在不相容的方法的帮助下，才能被发现。在费耶阿本德的研究中，"多元主义被视为哲学批评的一个必要的因素"。

---

① Robert P. Farrell, Will the Popperian Feyerabend Please Step Forward: Pluralistic, Popperian Themes in the Philosophy of Paul Feyerabend, *International Studies in the Philosophy of Science*, Vol.14, No.3, 2000.

（四）现实主义（Realism）

1. 术语解读

费耶阿本德反对教条和脱离实际的空谈，强调对现实的改造，因而他在研究中始终坚持"现实主义"的态度。与此相对照，他对科学研究以及方法论的观点则充满了实用主义精神。实用主义的传统认为，"有用"的，因而能为社会生活做出贡献的科学成就以及能促进科学创新的思想理论，就都是具有效用的，反之则不然。实用主义的科学观认为，科学理论和实践的探索，不应当受到威权的束缚，也不应当被所谓的"思想传统"自缚手脚。在费耶阿本德那里，这种实用的、现实的科学观启示着我们，不能拘泥于"先见"，科学要具有开创精神和探索精神，只有这样，它才能取得真正具备理论和现实意义的突破。

2. 语篇精粹

语篇精粹 A

The first sign that Feyerabend seems to be aware of the problems in his philosophy occurs in his 1964 article，"Realism and instrumentalism：comments on the logic of factual support". In this article，Feyerabend argues that local instrumentalism is an unobjectionable move in science. For example，Feyerabend argues that the proposal by Osiander to treat the Copernican hypothesis instrumentalistically enabled the Copernican hypothesis to survive.

If the Copernican hypothesis had been treated realistically, then, according to the accepted science of the time, it should have been rejected as utterly falsified. However, treating the Copernican hypothesis as an instrument of prediction saves it from rejection.[①]

译文参考 A

费耶阿本德第一次意识到他的哲学的问题是在 1964 年发表的文章当中，"现实主义和工具主义：是支持事实逻辑的不同评论罢了"。在这篇文章当中，费耶阿本德认为，局部的工具主义是科学研究当中不那么令人反感的一个举动。例如，费耶阿本德认为，阿西安得提出的对哥白尼假设的应对方法实际上使得哥白尼假设得以存在了下来。如果哥白尼假设得到的是一种真实的处理方式，那么依据那个时代被人们所认可的科学观点，哥白尼的假设应该被当作完全错误的观点而遭到拒绝。然而，将哥白尼的假设被当作了一种预言的工具则使它免于被完全排斥掉。

语篇精粹 B

This shift in Feyerabend's attitude about realism should also please C. A. Hooker, who uses evolutionary considerations in his attemptsto justify realism. In an analysis that I find very perceptive, Hooker shows how the problem of realism is best approached along the lines drawn by Einstein and Bohr over the interpretation of quantum mechanics. Hooker draws from Einstein the lesson that the

---

① Robert P. Farrell, Will the Popperian Feyerabend Please Step Forward: Pluralistic, Popperian Themes in the Philosophy of Paul Feyerabend, *International Studies in the Philosophy of Science*, Vol.14, No.3, 2000.

job of science is to find invariance in nature. This lesson he places in an evolutionary context, with the result that diverse points of view bring to the surface phenomena that may point to deeper invariance in nature. Thus pluralism is not the basis for relativism but for a deeper, evolutionary realism.[①]

译文参考 B

费耶阿本德对现实主义观念的转变也应该令 C. A. 胡克感到很高兴。胡克运用了进化论的观点试图为现实主义进行辩护。在一篇我认为非常有洞察力的分析当中，胡克表明了现实主义的问题是如何通过遵循了爱因斯坦和波尔对量子力学解释的方法而得到了最好的解决的。胡克从爱因斯坦那里获得的启示是：科学的任务就是在自然界当中找到恒定性。这样的启示再加上进化论的背景因素就使他得出了这样的结论：多种多样的观点会使不同的现象浮现出来，这些现象可以指向自然界中深层次的恒定性。因此，多元主义不会导致相对主义，相反，多元主义是走向更深层次的进化论式的现实主义的基础。

语篇精粹 C

Now it is not clear why it should be more "natural" to copy memory images than images of perception which are better defined and more permanent. We also find that realism often precedes more schematic forms of presentation. This is true of the Old Stone Age, of

---

① Robert P. Farrell, Will the Popperian Feyerabend Please Step Forward: Pluralistic, Popperian Themes in the Philosophy of Paul Feyerabend, *International Studies in the Philosophy of Science*, Vol.14, No.3, 2000.

Egyptian Art，of Attic Geometric Art. In all these cases the "archaic style" is the result of a conscious effort（which may of course be aided，or hindered，by unconscious tendencies and physiological laws）rather than a natural reaction to internal deposits of external stimuli.[1]

译文参考 C

现在还不清楚为什么相对于定义更为完善且更持久的感知映像而言，对记忆映像的复制应该是更"自然的"。我们也发现现实主义经常展现出更为严谨的表现形式。这对旧石器时代、古埃及艺术，以及古希腊艺术来说皆是如此。在所有这些例子中，"古典式样"是意识努力的一个结果（当然会得到无意识的倾向或生理法则的补充或阻碍）而非外在刺激的内在积累的自然反应。

（五）证伪（Falsification）

1. 术语解读

"证伪"是理论检验的手段之一，当理论未能经受实验证实时，就会失去效用。这种通过观察检验来确定理论不为真的方法，即证伪方法。20 世纪的著名科学哲学家波普尔，被认为是证伪主义的开创者，他针对归纳法的缺陷，提出了相对完善的证伪方法。后来，费耶阿本德把"证伪"这一方法进一步地完善并细化。在接承波普尔证伪观点的基础上，通过对教条主义的反对与方法论"无政府主义"的叙述，费耶阿本德强调，证伪一个理论

---

[1]　Paul Karl Feyerabend，*Against Methods*，Verso，2010，p.178.

的关键从来不在于采用何种方法，而在于对所获得的知识所持的态度。因而在这个意义上，这种方法能够体现对前科学和潜科学的包容，事实上更有利于科学创造。在他看来，能够确保批判精神和怀疑态度的是波普尔提出的真理的"似真性"原理。然而不可否认的是，对归纳法的片面否定通常又会造成了对证伪方法的滥用。

2. 语篇精粹

语篇精粹 A

If he is right, Kuhn, Feyerabend, and Lakatos have all attacked a straw-man version of falsificationism (although his critical falsificationism reminds me much of what Lakatos called "methodological falsificationism"). Anderson argues that typically scientists make no ad hoc moves to save theories, for all statements and hypotheses are open to criticism, and thus we simply come to criticize a hypothesis that we had been kind to before (what Feyerabend would describe as assuming uncritically) and to replace it with a more plausible statement or hypothesis. This critical falsificationism will then presumably avoid the distressing epistemological anarchy proclaimed by Feyerabend.[①]

---

① Robert P. Farrell, Will the Popperian Feyerabend Please Step Forward: Pluralistic, Popperian Themes in the Philosophy of Paul Feyerabend, *International Studies in the Philosophy of Science*, Vol.14, No.3, 2000.

译文参考 A

如果他是对的，库恩、费耶阿本德和拉卡托斯攻击的就是扭曲了的证伪主义（尽管他批判的证伪主义使我相当地明白了拉卡托斯所称的"方法论证伪主义"）。安德森称通常的科学家不为维护理论而做特别的行动，因为所有的陈述和假说是对批判开放的，而且由此我们简单地来批判一种假说，即我们要对过去（费耶阿本德会称之为不加批判的假设）而且用更为可信的陈述和假设来取代。批判的证伪主义会避免费耶阿本德所称的令人不安的认识论无政府主义。

语篇精粹 B

Falsificationism: new observations refuted important assumptions of the old astronomy and led to the invention of a new one. This is not correct for Copernicus and the domain of astronomy. The "refutation" of the immutability of the heavens was neither compelling nor decisive for the problem of the motion of the earth. Besides, the idea of the motion of the earth was in big trouble or, if you will, "refuted". It could survive only if it was treated with kindness. But if it could be treated with kindness, then so could the older system.[①]

译文参考 B

证伪主义：新的观察会拒绝重要的旧有宇宙观的假设，而且会导致新观点的发生啊。这对哥白尼和宇宙主导论而言并不正确。对天空永恒性的"反驳"对地球运动问题来说既不是不可抗

---

① Paul Karl Feyerabend, *Against Methods*, Verso, 2010.

拒的，也不是决定性的。除此之外，对地球运动的观念是有着相当多问题的，或者你会"反驳"，它仅仅在被宽容对待的情况下才会存在。但是如果要宽容地对待的话，那么我们对旧有的体系也应如此。

语篇精粹 C

Having formulated a problem，one tries to solve it. Solving a problem means inventing a theory that is relevant，falsifiable（to a degree larger than any alternative），but not yet falsified. In the case mentioned above（planets at the time of Plato），the problem is：to find circular motions of constant angular velocity for the purpose of saving the planetary phenomena. A first solution was provided by Eudoxos and then by Heracleides of Pontos.[①]

译文参考 C

问题形成了，就有人试图解决它。解决问题意味着发明一种相关的，可证伪（在程度上，要比其他的更大）的理论，但不是被证伪的。在之前的例子中（柏拉图时代的行星运动观念），这个问题就是：来发现维持行星运动现象的恒定角速度。第一个解决方法由尤多克索斯提出，而后是赫拉克利特。

（六）自由社会（Free Society）

1. 术语解读

科学哲学家对社会问题有着独特而深邃的视角。科学发现崇

---

① Paul Karl Feyerabend，*Against Methods*，Verso，p.152.

尚自由探索，而温和与宽容的社会氛围，是科学家得以完全发挥其创造力的必要条件。在哥白尼、牛顿、伽俐略的时代，科学探索难免受到当时顽固势力的干预，这往往导致科学家不得不远走他乡，或秘密地从事开创性的研究。在 20 世纪，科学界见证了纳粹政权的种种迫害行为，也做出了相应的反思与行动。体现在科学家的论述当中，费耶阿本德的"自由社会"概念就是一个例子。在一系列著作中，他对自由社会这一概念给出了详尽的说明，这极大地促进了人们对这一问题的探索和反思，通过这种反思人们逐渐认识到，打破对"科学"权威的迷信是促进社会创造力进一步发展的重要一步。只有我们成功地实现了自由社会的理想，科学与前科学、潜科学与非科学文化才能在自由的思想氛围中共存。

2. 语篇精粹

语篇精粹 A

A free society is a society in which all traditions should be given equal rights no matter what other traditions think about them. So respect for the opinions of others, choice of the lesser evil, chance of making progress–all these things argue infavour of letting all medical systems come out into the open and freely compete with science. And with this you have the answer to the question from which we started: who is going to determine what it means to be healthy and what it means to be sick? You said: physicians, scientific physicians. I would say that health and sickness are to be determined by the tradition to which the healthy or sick person belongs and within this tradition again by the particular ideal of life an individual has formed for himself.[①]

译文参考 A

一个自由社会，是所有的传统均被赋予同等权利，无论它被其他的传统如何看待。所以就其他人的观点来看，选择不那么邪恶的，获得进步的机会——所有的这些是支持所有的医疗体系走向对不同于科学的方法的开放与自由，而据此你就能回答一开始的问题：谁来决定健康和疾病的定义？你说，病理学家，科学的病理学家。我会说，健康和疾病是由健康或生病的人所属的传统，而且在这个传统中再一次地由个体为自身所形成的特定生活理念所决定。

语篇精粹 B

The problem of knowledge and education in a free society first struck me during my tenure of a state fellowship at the Weimar Institut zur Methodologischen Erneuerung des Deutschen Theaters, which wasa continuation of the Deutsches Theater Moskau under the directorship of Maxim Vallentin. Staff and students of the Institution periodically visited theatres in Eastern Germany. A special train brought us from city to city. We arrived, dined, talked to the actors, watched two or three plays. After each performance, the public was asked to remain seated while we started a discussion of what we had just seen. There were classical plays, but there were also new

① Paul Feyerabend, *Three Dialogues in Knowledge*, Blackwell Publishers Inc., 1989, p.75.

plays which tried to analyse recent events. Most of the time they dealt with the work of the resistance in Nazi Germany. They were indistinguishable from earlier Nazi plays eulogizing the activity of the Nazi underground in democratic countries. In both cases there were ideological speeches, outbursts of sincerity and dangerous situations in the cops and robbers tradition. This puzzled me and I commented on it in the debates: how should a play be structured so that one recognizes it as presenting the "good side"?[1]

译文参考 B

　　我第一次思考自由社会的知识与教育困境，是我在魏玛德意志剧院方法论创新研究所任职期间。这个研究所的前身是德国莫斯科剧场，马克西姆·瓦伦丁是目前研究所的主任。研究所的职员和学生会定期走访德国东部的剧院，我们乘坐专列走访各个城市。我们每到一座城市，都会聚餐，和演员交谈，看两三部戏。每场演出后，我们会要求观众留在座位上，然后我们开始讨论刚才看的戏。有古典戏剧，也有试图分析近期事件的新剧。大部分新剧讲的是纳粹德国时期的反抗工作。它们和那些早期讴歌民主国家纳粹地下活动的纳粹戏剧并无二致。它们都含有具有意识形态的演说，感情的爆发以及传统警匪剧的危险处境。我对此感到困惑，于是在讨论中发表了看法：我们该如何构思戏剧结构，才能让人们意识到它是在呈现"好的一面"？

---

[1]　Paul Feyerabend, *Three Dialogues in Knowledge*, Blackwell Publishers Inc., 1989, pp.76–77.

语篇精粹 C

Lawyers show again and again that an expert does not know what he is talking about. Scientists, especiallyphysicians, frequently come to different results so that it is up to the relatives of the sick person (or the inhabitants of a certain area) to decide by vote about the procedure to be adopted. How often is science improved, and turned into new directions by non-scientific influences! It is up to us, it is up to the citizens of a free society to either accept the chauvinism of science without contradiction or to overcome it by the counterforce of public action……Let us follow their example and let us free society from the strangling hold of an ideologically petrified science just as our ancestors freed us from the strangling hold of the One True Religion![①]

译文参考 C

律师一再表示，一个专家并不知道他在谈论什么。科学家，特别是病理学家，时常得出不同的结果，因此由病人的亲属（或某一地域的居民）来投票决定过程是否应当被采纳。科学进步的频率如此之快，而且是通过非科学的影响来转化到新的方向！这取决于我们，这取决于自由社会中的人民，来没有争议地认同科学的沙文主义，或是通过公共行动的反作用力来克服……让我们来循着他们的例子，让自由的社会免于受思想僵化的科学的束缚，正如我们的祖先让我们从唯一宗教的束缚中解脱出来那样。

---

① Paul Karl Feyerabend, *Against Methods*, Verso, 2010, pp.7–8.

参考文献

一、中文文献

1.〔奥〕波普尔:《波普尔思想自述》,赵月瑟译,上海译文出版社,1988 年。

2.〔奥〕波普尔:《猜想与反驳:科学知识的增长》,傅季重、纪树立、周昌中等译,上海译文出版社,1986 年。

3.〔奥〕波普尔:《无穷的探索》,邱仁宗译,福建人民出版社,1983 年。

4.陈瑞华:《论法学研究方法》,北京大学出版社,2009 年。

5.杜任之、涂纪亮:《当代英美哲学》,中国社会科学出版社,1988 年。

6.〔美〕费耶阿本德:《反对方法》,周昌忠译,上海译文出版社,1992 年。

7.〔美〕费耶阿本德:《告别理性》,陈健、柯哲等译,江苏人民出版社,2002 年。

8.〔美〕费耶阿本德:《自由社会中的科学》,兰征译,上海译文出版社，1990年。

9. 郭汉英：《爱因斯坦与相对论体系》，《现代物理知识》，2005年第5期。

10. 海森堡：《物理学和哲学：现代科学中的革命》，范岱年译，商务印书馆，1981年。

11. 洪谦：《洪谦选集》，吉林人民出版社，2005年。

12. 江天骥：《当代科学哲学》，中国社会科学出版社，1984年。

13. 江怡：《分析哲学教程》，北京大学出版社，2009年。

14. 库恩：《科学知识作为历史产品》，纪树立译，《自然辩证法通讯》，1988年第5期。

15. 李醒民：《爱因斯坦：批判学派科学哲学思想之集大成者和发扬光大者》，《自然辩证法通讯》，2005年第27期。

16. 刘大椿：《科学哲学通论》，中国人民大学出版社，1998年。

17. 卢特：《新实证主义》，《哲学译丛》，1979年第9期。

18. 冒丛虎等编：《欧洲哲学通史（上）》，南开大学出版社，1985年。

19. 蒙田：《蒙田随笔全集》（上卷），潘丽珍等译，译林出版社，1996年。

20. 培根：《新工具》，北京出版社，2007年。

21. 邱仁宗：《科学方法和科学动力学——现代科学哲学概述》，知识出版社，1984年。

22. ［德］石里克：《普通认识论》，李步楼译，商务印书馆，

2005 年。

23. ［德］石里克:《自然哲学》，陈维杭译，商务印书馆，1997 年。

24. 舒炜光:《当代西方科学哲学述评》，中国人民大学出版社，1987 年。

25. 宋惠芳:《论爱因斯坦对宗教与科学关系的辩证诠释及其引发的思考》，《哲学研究》，2001 年第 11 期。

26. 孙世雄:《科学方法论的理论与历史》，科学出版社，1989 年。

27. ［奥］维特根斯坦:《逻辑哲学论》，王平复译，九州出版社，2007 年。

28. 许良英:《爱因斯坦的唯理论思想和现代科学》，《自然辩证法通讯》，1984 年第 2 期。

29. 章士嵘:《西方认识论史》，吉林人民出版社，1983 年。

30. 邹铁军:《自由主义的历史重建》，人民出版社，1997 年。

二、外文文献

1. Albert Einstein，*Ideas and Opinions*，Crown Publishers Inc.，1960.

2. David C. Cassidy，*Beyond Uncertainty*，Bellevue Literary Press，2008.

3. Don A. Howard，*Albert Einstein as a Philosopher of Science*. Physics Today，2005.

4. Edward Craig, *The Shorter Routledge Encyclopedia of Philosophy*, Routledge, 2005.

5. Karl Popper, *The Logic of Scientific Discovery*, Taylor & Francis, 2005.

6. Karl R. Popper, *The Open Society And Its Enemies*, Routledge, 1962.

7. Michel Janssen, Christoph Lehne, *The Cambridge Companion to Einstein*, Cambridge University Press, 2014.

8. Moritz Schlick, *Allgemeine Erkenntnislehre*, Berlin, Verlag von Julius Springer, 1925.

9. Moritz Schlick, *General Theory of Knowledge*, Springer-Verlag New York Wien, 1974.

10. Moritz Schlick, *Problems of Ethics*, Prentice Hall, 1939.

11. Paul Karl Feyerabend, *Against Methods*, Verso, 2010.

12. Paul Karl Feyerabend, *Knowledge, Science and Relativism*, Cambridge University Press, 1999.

13. Paul Karl Feyerabend, *Problems of Empiricism*, Cambridge University Press, 1981.

14. Paul Karl Feyerabend, *Realism, Rationalism and Scientific Method*, Cambridge University Press, 1981.

15. Peter L. Galison et al, *Einstein for the 21st century: His Legacy in Science, Art and Modern Culture*, Princeton University Press, 2008.

16. Spenta R. Wadia. *The Legacy of Albert Einstein: A Collection*

of Essays in Celebration of the Year of Physics. World Scientific Publishing Co. Pte. Ltd., 2007.

17. Thomas Kuhn. *The Copernican Revolution*. Harvard University Press, 1985.

18. Thomas Kuhn. *The Road Since Structure*. University of Chicago Press, 1954.

19. Thomas Kuhn. *The Structure of Scientific Revolutions*. The University of Chicago Press, 1996.

20. Werner Heisenberg, *Physics and Philosophy*: *The Revolution in Modern Science*, Harper & Row Publishers, 1962.

后　记

　　"西方哲人智慧丛书"是我于 2014 年在美国佛罗里达州立大学（Florida State University）从事国际访问学者项目期间策划的选题，也是我在主持完成国家社会科学基金项目《西方后现代主义哲学思潮研究》(天津人民出版社，2003 年）和天津市哲学社会科学重点项目《全球化与后现代思潮研究》(天津人民出版社，2012年）及《当代西方生态哲学思潮》(天津人民出版社，2017 年）基础上继续探索的新课题。

　　我在美国从事国际访问学者项目期间，天津外国语大学原校长修刚教授、校长陈法春教授、原副校长王铭钰教授、副校长余江教授等对我和欧美文化哲学研究所的学科建设和科研工作给予了真挚的帮助，在此深表敬谢！本丛书得以出版要感谢天津外国语大学求索文库编委会的大力支持。

　　我在美国佛罗里达州立大学从事学术研究期间，得到了该校劳伦斯·C. 丹尼斯教授（Professor Lawrence C. Dennis）、斯蒂芬·麦克道尔教授（Professor Stephen McDowell）和国际交流中心交流访问学者顾问塔尼娅女士（Ms. Tanya Schaad，Exchange Visitor Advisor，Center for Global Engagement）的热情帮助，他们为我提供了良好的科研条件。佛罗里达州立大学图书馆为我从事项目研究，提供了珍贵的经典文献和代表性的有关资料。美国佛罗里达州立大学蓝峰博士和夫人刘婍（Dr. Feng Lan and Mrs. Duo Liu）等给予了多方面的关照和帮助，在此一并致谢。

　　天津外国语大学欧美文化哲学研究所设置的外国哲学专业于2006年获批硕士学位授权学科。2007年至2018年已招收培养11届共71名研究生。2012年外国哲学获批天津市"十二五"综合投资重点学科，2016年评估合格。在外国哲学学科基础上发展为哲学一级学科，主要有三个学科方向：外国哲学、马克思主义哲学、中国哲学。2017年获批"天津市高校第五期重点（培育）学科"。2018年获批教育部哲学硕士一级授权学科。

　　十余年的学科建设历程，我们得到了南开大学陈晏清教授、周德丰教授、阎孟伟教授、王新生教授、李国山教授、北京大学赵敦华教授、北京语言大学李宇明教授、中国社会科学院黄行研究员、山西大学江怡教授、北京师范大学王成兵教授、河北大学武文杰教授、中山大学陈建洪教授、天津大学宗文举教授、天津医科大学苏振兴教授、美国中美后现代研究院王治河教授、清华大学卢风教授、北京林业大学周国文教授、天津社联副主席张博颖研究员、原秘书长陈跟来教授、天津社科院赵景来研究员、秘书长李桐柏、天津市哲学社会科学工作领导小组办公室主任袁世军、天津社联科研处处长杨向阳等同志的关怀、帮助和支持，在此深表敬谢！

　　山西大学江怡教授（长江学者特聘教授、中国现代外国哲学学会荣誉理事长）在百忙之中应邀为本丛书作序，是对我团队全体编写人员的鼓励。江怡教授学识渊博，世界哲学视野宽广，富有深刻的哲学洞察力和严谨的逻辑思想，在学界享有赞誉，短短几天，洋洋洒洒万言总序，从宏观上对西方两千五百年的哲学史做了全面概括，阐述了深刻的哲学思想并做了实事求是的评价，值得我们认真学习。江怡教授对书稿有关内容提出了宝贵的修改意见，感谢江怡教授对我们工作的支持和鼓励！

特别要感谢授业恩师南开大学车铭洲教授对我一如既往的关怀和帮助。记得每次拜望车先生，聆听老人家对西方哲学的独到见解，总有新的收获。祝车先生和师母身体健康！

本丛书能顺利出版，要感谢天津人民出版社副总编王康老师。本丛书的出版论证、方案设计、篇章结构、资料引用、插图（包括图片收集的合法途径）及样稿等，均得到天津人民出版社的帮助和认可。特别要感谢王康老师曾把我们提交的样稿和图片咨询了天津人民出版社法律顾问和有关律师，目的是尊重知识产权，尊重前人成果，以符合出版规范和学术规范。天津人民出版社责任编辑郑玥老师、林雨老师、王佳欢老师等为本丛书的出版做了大量编审工作，在此深表敬谢！

我希望通过组织编写这套丛书，带好一支学术队伍，把"培养人才，用好人才"落实在学科建设中，充分发挥中青年教师的才智，服务学校事业发展，而我的任务就是为中青年才俊搭桥铺路。外国哲学的研究离不开外语资源，把哲学教师和英语教师及研究生组织起来，能够发挥哲学与外语学科相结合的优长，锻炼一支在理论研究和文献翻译方面相结合的队伍，在实践中逐步凝练天津外国语大学欧美哲学团队精神，"凝心聚力，严谨治学，实事求是，传承文明，服务社会"，同时为"十三五"学科评估积累科研成果，我的想法得到了学校领导和有关部门的大力支持和帮助，在此深表致谢！

　　编写这套丛书，自知学术水平有限，只有虚心向哲学前辈们学习，传承哲学前辈们的优良传统，才能做好组织编写工作。我们要求每一位参加编写的作者树立敬业精神，撰写内容必须符合学术规范和出版规范；要求每一位作者和译者坚持文责自负、译文质量自负的原则，签订郑重承诺，履行郑重承诺的各项条款，严格把好政治质量关和学术质量关。由于参加编写的人数较多，各卷书稿完成后，依照签订的承诺，验收"查重报告"，组织有关教师审校中文和文献翻译，做了数次审校和修改，以提高成果质量。历经五年多的不懈努力，丛书终于面世了，在此向每一位付出辛勤劳动的作者，深表感谢！

　　由于我们编著水平有限，书中一定存在诸多不足和疏漏之处，欢迎专家学者批评指正。

佟　立
2019 年 4 月 28 日